大学物理
同步辅导与训练

冷文秀　周广刚　林春丹　编著

上

清华大学出版社
北京

内容简介

本套教材为《大学物理学》的辅导教材，内容安排与大学物理课程教学同步。本书分上、下两册，上册内容为力学、狭义相对论和电磁学，共 8 章；下册内容为光学、热学和量子力学，共 9 章。每章内容由 8 个板块组成：基本要求、知识要点、知识梗概框图、基本题型、解题方法介绍、典型例题、课堂讨论与练习和解题训练。每个板块内容各有其侧重点，且相辅相成。本书以系统地介绍大学物理解题方法和培养学生解题能力为主线，所选题目由易到难，既有侧重基础知识、基本方法和技能训练的基础题，又有侧重知识灵活运用、知识拓展以及能力提高的综合题，旨在实现对大学生学习方法的引导与能力训练。

本书不仅适合作为不同层次的理工科院校的大学物理课程的辅导书，还可作为大学物理教师教学以及其他读者自学的参考书。

图书在版编目（CIP）数据

大学物理同步辅导与训练. 上 / 冷文秀，周广刚，林春丹编著. -- 北京 ：清华大学出版社，2025. 3.
ISBN 978-7-302-68519-7

Ⅰ. O4

中国国家版本馆 CIP 数据核字第 2025EQ1392 号

责任编辑：陈凯仁
封面设计：傅瑞学
责任校对：王淑云
责任印制：沈　露

出版发行：清华大学出版社
　　网　　址：https://www.tup.com.cn，https://www.wqxuetang.com
　　地　　址：北京清华大学学研大厦 A 座　　**邮　　编**：100084
　　社 总 机：010-83470000　　**邮　　购**：010-62786544
　　投稿与读者服务：010-62776969，c-service@tup.tsinghua.edu.cn
　　质量反馈：010-62772015，zhiliang@tup.tsinghua.edu.cn
印 装 者：天津鑫丰华印务有限公司
经　　销：全国新华书店
开　　本：185mm×260mm　　**印　张**：13　　**字　　数**：316 千字
版　　次：2025 年 3 月第 1 版　　**印　　次**：2025 年 3 月第1次印刷
定　　价：58.00 元

产品编号：103299-01

前　　言

大学物理是理工科院校学生必修的一门重要基础理论课程，对培养学生的创新意识和科学素养具有重要作用。本套书依据教育部高等学校大学物理课程教学指导委员会编制的《理工科类大学物理课程教学基本要求》(2023 年版)，在中国石油大学(北京)大学物理课程多位教师多年教学改革成果的基础上编写而成。

本套书立足于大学物理课程实际教学，每个章节包括 8 个板块，其中基本要求、知识要点、知识梗概框图、基本题型、解题方法介绍和典型例题部分以知识辅导为目的，以介绍大学物理解题方法为主线，对典型例题进行一题多解、一题多问和一题多变，突出解题方法的归纳总结和指导，注重启发和引导大学生学习的方法；课堂讨论与练习和解题训练部分通过大量的习题练习，旨在强化思维训练，提高学生分析问题和解决问题等综合能力。

本套书部分题目难度较高，尽管配有题解，但可能会存在部分学生看不懂、不能完全理解的情况。针对这一问题，本套书附有部分典型题的教师讲解视频，以帮助学生更好地学习。

上册内容编写分工：冷文秀编写第 1～4 章，林春丹编写第 5～6 章，周广刚编写第 7～8 章。刘子龙、韦世明、吴冲、王晓慧参加了校对及习题答案的验算。

下册内容编写分工：高磊编写第 1～2 章，陈少华编写第 3～4 章，覃方丽编写第 5～9 章。王晓慧、宁鲁慧、郭翠仙、张超、刘子龙参加了校对及习题答案的验算。

尽管我们在编写过程中尽了最大努力，但由于学识有限，书中难免有错误、疏漏和不妥之处，恳请读者批评指正，以帮助我们不断改进和完善本套教材。

编　者

2024 年 9 月

目　　录

第1章 质点运动学

一、基本要求

1. 掌握位置矢量、速度和加速度等描述质点运动的物理概念，理解运动的矢量性、相对性和瞬时性。

2. 掌握运动的叠加原理，并利用其处理复杂运动。

3. 利用自然坐标系计算切向加速度和法向加速度，掌握质点做圆周运动时的角速度、角加速度、切向加速度和法向加速度的概念及其计算方法。

4. 掌握运用高等数学的微积分手段解决运动学两类问题的求解方法。

5. 理解运动的相对性原理和伽利略变换，并掌握质点相对运动问题的计算方法。

二、知识要点

1. 运动函数(或运动方程)

位置矢量：用以确定质点位置的矢量，其定义式为

$$\boldsymbol{r}=x(t)\boldsymbol{i}+y(t)\boldsymbol{j}+z(t)\boldsymbol{k}$$

位移：质点在一段时间内位置的改变，其定义式为

$$\Delta\boldsymbol{r}=\boldsymbol{r}(t+\Delta t)-\boldsymbol{r}(t)$$

2. 速度与加速度的定义

速度：位置矢量对时间的变化率，其定义式为

$$\boldsymbol{v}=\frac{\mathrm{d}\boldsymbol{r}}{\mathrm{d}t}$$

加速度：质点速度对时间的变化率，其定义式为

$$\boldsymbol{a}=\frac{\mathrm{d}\boldsymbol{v}}{\mathrm{d}t}=\frac{\mathrm{d}^2\boldsymbol{r}}{\mathrm{d}t^2}$$

3. 曲线运动的加速度

对于曲线运动，质点的加速度等于法向加速度与切向加速度的矢量和，即 $\boldsymbol{a}=\boldsymbol{a}_{\mathrm{n}}+\boldsymbol{a}_{\mathrm{t}}$。其中，法向加速度为 $\boldsymbol{a}_{\mathrm{n}}=\frac{v^2}{\rho}\boldsymbol{e}_{\mathrm{n}}$，切向加速度为 $\boldsymbol{a}_{\mathrm{t}}=\frac{\mathrm{d}v}{\mathrm{d}t}\boldsymbol{e}_{\mathrm{t}}$。

圆周运动：$a_{\mathrm{n}}=\frac{v^2}{R}=R\omega^2$，$a_{\mathrm{t}}=\frac{\mathrm{d}v}{\mathrm{d}t}=R\frac{\mathrm{d}\omega}{\mathrm{d}t}=R\alpha$。

4. 伽利略速度变换

一个质点在两个相对平动的参考系中的速度之间的关系为

$$\boldsymbol{v}=\boldsymbol{v}'+\boldsymbol{u}$$

其中,$\boldsymbol{v}$ 和 $\boldsymbol{v}'$分别表示质点相对于参考系 S 和 S'的速度,$\boldsymbol{u}$ 是参考系 S'相对于参考系 S 的速度。

三、知识梗概框图

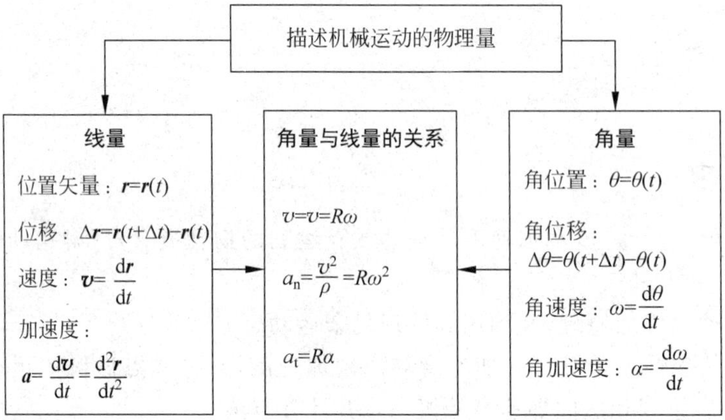

四、基本题型

1. 运动学第一类问题

已知运动函数(或运动方程)$\boldsymbol{r}=\boldsymbol{r}(t)$,求速度、加速度、切向加速度、法向加速度、平均速度、平均加速度、位移、路程、任一时刻的位置以及轨道方程等。

已知运动函数 $s=s(t)$或 $\theta=\theta(t)$,求速率、切向加速度、法向加速度、角位置、角位移、角速度、角加速度等。

2. 运动学第二类问题

已知加速度 $\boldsymbol{a}$(或速度$\boldsymbol{v}$)及初始条件,求速度和运动函数。其中,$\boldsymbol{a}$ 有三种表示情况:$\boldsymbol{a}=\boldsymbol{a}(t)$、$\boldsymbol{a}=\boldsymbol{a}(v)$和 $\boldsymbol{a}=\boldsymbol{a}(x,y,z)$。

已知角加速度 α(或角速度 ω)及初始条件,求角速度和角位置。其中,α 也有三种表示情况:$\alpha=\alpha(t)$、$\alpha=\alpha(\omega)$、$\alpha=\alpha(\theta)$。

3. 相对运动问题的求解

已知质点相对某一参考系的运动情况,求它相对另一参考系的运动情况。

五、解题方法介绍

1. 质点运动学第一类问题的求解方法

对于运动学第一类问题,求解它的数学方法为微分法。关键是求出质点的运动函数,然后对运动函数求导数,得到速度和加速度。题中运动函数可能是矢量方程,也可能是分量方程,对矢量方程可直接微分,无须转换为分量方程。运动函数可能是直接给出的,也可能是间接给出的,对于间接给出的运动函数的形式,要明确运动函数与已知条件之间的关系,列出包含中间变量的运动函数是关键,这类问题常涉及复合函数的微分运算。

2. 质点运动学第二类问题的求解方法

对于运动学第二类问题,求解它的数学方法为积分法。根据加速度的不同表达式,采用不同的积分方法。对于 $\boldsymbol{a}=\boldsymbol{a}(x)$ 或 $\alpha=\alpha(\theta)$ 这类问题，常涉及变量替换的问题，要求对定积分知识有较为全面的理解，从而掌握变量变换的技巧。

3. 相对运动问题的求解方法

求解这类问题，一般是从相对性原理和伽利略变换出发，运用矢量方法求解。首先要明确研究对象，然后选择两个参考系，画出三个速度之间关系的矢量示意图，再进行求解。正确地画出速度矢量示意图是解决这类问题的关键。

六、典型例题

例题 1.1　质点的运动函数为 $x=t$，$y=4t^2+5$，式中的量均采用 SI 单位。求：

(1) 质点运动的轨道方程；

(2) $t_1=1$ s 和 $t_2=2$ s 时，质点的位置、速度和加速度。

选题目的　掌握轨道方程、速度和加速度的计算方法。

分析　本题属于质点运动学第一类问题，题中已给出质点的运动函数，消去时间 t 即可得到轨道方程。根据速度和加速度的定义，通过微分计算，可以得到速度和加速度的矢量表示式。

解　(1) 消去运动函数中的 t，得轨道方程为

$$y=4x^2+5$$

即质点沿一抛物线运动。

(2) 由题可得质点的位矢为

$$\boldsymbol{r}=t\boldsymbol{i}+(4t^2+5)\boldsymbol{j}$$

因此，速度和加速度分别为

$$\boldsymbol{v}=\frac{\mathrm{d}\boldsymbol{r}}{\mathrm{d}t}=\boldsymbol{i}+8t\boldsymbol{j},\quad \boldsymbol{a}=\frac{\mathrm{d}\boldsymbol{v}}{\mathrm{d}t}=8\boldsymbol{j}$$

当 $t_1=1$ s 和 $t_2=2$ s 时，质点的位置分别为

$$\boldsymbol{r}_1=(\boldsymbol{i}+9\boldsymbol{j})\ \mathrm{m},\quad \boldsymbol{r}_2=(2\boldsymbol{i}+21\boldsymbol{j})\ \mathrm{m}$$

速度分别为

$$\boldsymbol{v}_1=(\boldsymbol{i}+8\boldsymbol{j})\ \mathrm{m},\quad \boldsymbol{v}_2=(\boldsymbol{i}+16\boldsymbol{j})\ \mathrm{m}$$

加速度为

$$\boldsymbol{a}_1=\boldsymbol{a}_2=(8\boldsymbol{j})\ \mathrm{m/s^2}$$

例题 1.2　已知质点的运动函数 $\boldsymbol{r}=R(\cos kt^2\boldsymbol{i}+\sin kt^2\boldsymbol{j})$，式中 R，k 均为常量，求：

(1) 质点运动的速度和加速度的表达式。

(2) 质点的切向加速度和法向加速度大小。

选题目的　掌握速度、加速度以及切向加速度和法向加速度的计算方法。

分析　本题已知运动函数求速度和加速度，属于运动学第一类问题。题中还涉及切向加速度和法向加速度的概念，可从定义出发计算结果。

解　(1) 根据速度的定义式可得质点运动的速度为

$$\boldsymbol{v}=\frac{\mathrm{d}\boldsymbol{r}}{\mathrm{d}t}=\frac{\mathrm{d}[R(\cos kt^2\boldsymbol{i}+\sin kt^2\boldsymbol{j})]}{\mathrm{d}t}$$

所以,质点运动的速度的表达式为

$$\boldsymbol{v}=2ktR(-\sin kt^2\boldsymbol{i}+\cos kt^2\boldsymbol{j}) \quad (\text{Ⅰ})$$

由 $\boldsymbol{a}=\frac{\mathrm{d}\boldsymbol{v}}{\mathrm{d}t}$ 计算并整理得,质点运动的加速度的表达式为

$$\boldsymbol{a}=-2kR(2kt^2\cos kt^2+\sin kt^2)\boldsymbol{i}+2kR(\cos kt^2-2kt^2\sin kt^2)\boldsymbol{j} \quad (\text{Ⅱ})$$

(2) 由速度表达式(Ⅰ)可以算出对应的速率大小为

$$v=\sqrt{v_x^2+v_y^2}=2ktR$$

因此,质点的切向加速度和法向加速度的大小为

$$a_{\mathrm{t}}=\frac{\mathrm{d}v}{\mathrm{d}t}=2kR,\quad a_{\mathrm{n}}=\frac{v^2}{R}=4k^2Rt^2$$

讨论 已知质点的运动函数,则可求得质点的速度,从而加速度就完全确定了。本题求出了直角坐标系中的加速度表达式,也用自然坐标系中的切向加速度 a_{t} 和法向加速度 a_{n} 表示加速度 $\boldsymbol{a}$,但二者的形式不同。

例题 1.3 一质点沿直线运动,加速度为 $a=4-t^2$(SI)。当 $t=3\ \mathrm{s}$ 时,$x=9\ \mathrm{m}$,$v=2\ \mathrm{m\cdot s^{-1}}$,求质点的运动方程。

选题目的 掌握已知加速度积分求解速度、运动方程的方法。

分析 本题属于质点运动学第二类问题,给出加速度的表达式是 t 的函数,可直接积分先求质点的速度,再积分求质点的运动方程。

解 先计算质点的速度,得

$$v=v_0+\int_0^t a\,\mathrm{d}t=v_0+\int_0^t(4-t^2)\mathrm{d}t=v_0+4t-\frac{1}{3}t^3 \quad (\text{Ⅰ})$$

再计算质点的运动方程,得

$$x=x_0+\int_0^t v\,\mathrm{d}t=x_0+\int_0^t\left(v_0+4t-\frac{1}{3}t^3\right)\mathrm{d}t=x_0+v_0t+2t^2-\frac{1}{12}t^4 \quad (\text{Ⅱ})$$

将已知条件:$t=3\ \mathrm{s}$ 时,$x=9\ \mathrm{m}$,$v=2\ \mathrm{m\cdot s^{-1}}$ 代入式(Ⅰ)和式(Ⅱ)得

$$x_0=0.75\ \mathrm{m},\quad v_0=-1\ \mathrm{m\cdot s^{-1}}$$

求得质点的运动方程为

$$x=0.75-t+2t^2-\frac{1}{12}t^4$$

讨论 本题给出的已知条件不是 $t=0$ 时刻的初始条件,而是 $t=3\ \mathrm{s}$ 时的运动状态,利用此条件求出 x_0,v_0 是解决本题的关键。

例题 1.4 一质点沿半径为 R 的圆周运动,质点所经过的弧长与时间的关系为 $S=v_0t-\frac{1}{2}bt^2$,其中 v_0,b 均为大于零的常数。求:

(1) t 时刻质点加速度的大小。

(2) t 为何值时,加速度在数值上等于 b。

(3) 当加速度达到 b 时,质点已沿圆周运行了多少圈。

选题目的 掌握已知路程计算速率及加速度的方法。

分析 本题已知路程求速率,属于质点运动学第一类问题。题中还涉及切向加速度和法向加速度的概念,可从定义出发计算加速度。

解　(1) 由题意可知，质点运动的速率为

$$v=\frac{\mathrm{d}S}{\mathrm{d}t}=v_0-bt$$

所以质点的切向加速度和法向加速度分别为

$$a_t=\frac{\mathrm{d}v}{\mathrm{d}t}=-b,\quad a_n=\frac{v^2}{R}=\frac{(v_0-bt)^2}{R}$$

故加速度的大小为

$$a=\sqrt{a_n^2+a_t^2}=\frac{\sqrt{R^2b^2+(v_0-bt)^4}}{R}$$

(2) 根据题意可知 $a=b$，所以

$$a=\frac{\sqrt{R^2b^2+(v_0-bt)^4}}{R}=b$$

由上式解得

$$t=\frac{v_0}{b}$$

(3) 由(2)的结果，则在时间 t 内运动的路程为

$$s=v_0t-\frac{1}{2}bt^2=\frac{v_0^2}{2b}$$

所以运动的总圈数 n 为

$$n=\frac{s}{2\pi R}=\frac{v_0^2}{4\pi Rb}$$

讨论　本题是自然坐标系表示下的质点运动学第一类问题，即已知路程求加速度。在已知 $s=s(t)$ 时，a_t 和 a_n 均可通过求质点的速率而得，因此，求切向加速度 a_t 和法向加速度 a_n 的大小的关键是求出质点的速率。

例题 1.5　一列车沿水平直线运动，刹车后列车的加速度与其速度关系为 $a=-kv$，k 为一正常数，刹车时的车速为 v_0，求刹车后列车最多能行进多远？

选题目的　由质点的加速度巧妙利用积分法求质点的运动函数。

分析　本题属于质点运动学第二类问题。可以在数学上采用降阶的办法，先求出速度，然后进一步积分求得位移，也可以利用换元法直接计算位移。

解　设列车沿 x 轴运动，初始位置为 $x_0=0$。

方法 1　由加速度的定义式可知

$$a=\frac{\mathrm{d}v}{\mathrm{d}t}=-kv \tag{Ⅰ}$$

分离变量得

$$\frac{\mathrm{d}v}{v}=-k\,\mathrm{d}t$$

对上式两边积分，并代入初始条件得

$$\int_{v_0}^{v}\frac{\mathrm{d}v}{v}=\int_0^t-k\,\mathrm{d}t$$

解得

$$v=v_0\mathrm{e}^{-kt} \qquad (\text{Ⅱ})$$

因为

$$x=x_0+\int_0^t v\,\mathrm{d}t$$

将式(Ⅱ)代入上式,计算可得

$$x=\frac{v_0}{k}(1-\mathrm{e}^{-kt})$$

当 $t\to\infty$ 时,得

$$x_{\max}=\frac{v_0}{k}$$

方法 2 由题中关系,利用 $\frac{\mathrm{d}x}{\mathrm{d}t}=v$ 作变量变换,即

$$a=\frac{\mathrm{d}v}{\mathrm{d}t}=\frac{\mathrm{d}v}{\mathrm{d}x}\frac{\mathrm{d}x}{\mathrm{d}t}=v\frac{\mathrm{d}v}{\mathrm{d}x}=-kv$$

分离变量,得

$$\mathrm{d}x=-\frac{1}{k}\mathrm{d}v$$

对上式两边积分,并代入初始条件,可得

$$\int_0^{x_{\max}}\mathrm{d}x=\int_{v_0}^0-\frac{1}{k}\mathrm{d}v$$

解得

$$x_{\max}=\frac{v_0}{k}$$

讨论 本题已知加速度与速度的函数关系,求速度、位移,属于质点运动学第二类问题。此类问题不能直接利用 $v=v_0+\int_0^t a\,\mathrm{d}t$ 计算,因为题目给出的加速度 a 是速度 v 的函数。本题方法 1 由加速度的定义式出发,先积分算出速度,再积分算出位移。方法 2 用变量 x 替换时间变量 t,积分算出位移与速度的关系。

例题 1.6 一质点沿 x 轴运动,其加速度与位置的关系为 $a=-kx$,k 为常数。已知 $t=0$ 时,质点瞬时静止于 $x=x_0$ 处。试求质点的运动方程。

选题目的 掌握利用变量替换的方法由加速度求解运动方程。

分析 本题属于质点运动学第二类问题。由加速度求运动方程,一般来说,在数学上要采用降阶的办法,即先求出速度,然后进一步积分求得位移。

解 根据题意和加速度的定义,有

$$a=\frac{\mathrm{d}v}{\mathrm{d}t}=-kx \qquad (\text{Ⅰ})$$

将上式分子、分母都乘以 $\mathrm{d}x$,并利用 $\frac{\mathrm{d}x}{\mathrm{d}t}=v$ 将变量 t 替换为 v,得

$$a=\frac{\mathrm{d}v}{\mathrm{d}x}\frac{\mathrm{d}x}{\mathrm{d}t}=v\frac{\mathrm{d}v}{\mathrm{d}x}=-kx \qquad (\text{Ⅱ})$$

分离变量，得

$$v\,\mathrm{d}v=-kx\,\mathrm{d}x$$

对上式两边积分，并代入初始条件，得

$$\int_0^v v\,\mathrm{d}v=\int_{x_0}^x -kx\,\mathrm{d}x$$

解得

$$v^2=k(x_0^2-x^2) \tag{Ⅲ}$$

将式(Ⅲ)代入$\dfrac{\mathrm{d}x}{\mathrm{d}t}=v$进行积分，并代入初始条件，得

$$\int_{x_0}^x \frac{\mathrm{d}x}{\sqrt{x_0^2-x^2}}=\int_0^t \pm\sqrt{k}\,\mathrm{d}t$$

积分，得

$$\arccos\left(\frac{x}{x_0}\right)=\pm\sqrt{k}\,t$$

故

$$x=x_0\cos\sqrt{k}\,t$$

讨论　本题已知加速度与位矢的函数关系为$a=a(x)$求位移，属于运动学第二类问题。此类问题不能直接积分，因为在式(Ⅰ)中存在着v、x和t三个变量，因此，必须消去一个变量，由于加速度为位移x的函数，所以只能消去时间变量t，先求出速度与位移之间的函数关系$v=v(x)$，然后再根据速度的定义，求出位移与时间的关系。

例题 1.7　一半径为 0.5 m 的飞轮在启动的短时间内，其角速度与时间的平方成正比。在$t=2.0$ s 时，测得轮子边缘一点的速率为$4.0\ \mathrm{m\cdot s^{-1}}$。求：

(1) $t=0.5$ s 时飞轮的角速度、轮子边缘一点的切向加速度和总加速度；

(2) 飞轮在 2 s 内转过的角度。

选题目的　掌握利用圆周运动的线量描述和角量描述的关系来计算角速度、切向加速度和法向加速度的方法。

分析　根据速率与角速度的关系，先求出$t=2.0$ s 的角速度，然后求出角速度与时间的函数关系(角速度的表达式)，再利用切向加速度和法向加速度的定义求出切向加速度和总加速度的大小，最后利用积分求出转过的角度。

解　(1) 当$t=2$ s 时，$\omega=\dfrac{v}{R}=8\ \mathrm{rad\cdot s^{-1}}$，设比例系数为$k$，根据题意得$\omega=kt^2$，所以

$$k=\frac{\omega}{t^2}=2\ \mathrm{rad\cdot s^{-3}}$$

则得

$$\omega=2t^2$$

因此，$t=0.5$ s 的角速度、角加速度、切向加速度和法向加速度分别为

$$\omega=2t^2=0.5\ \mathrm{rad\cdot s^{-1}}$$

$$\alpha=\frac{\mathrm{d}\omega}{\mathrm{d}t}=4t=2.0\ \mathrm{rad\cdot s^{-2}}$$

$$a_{\mathrm{t}}=\alpha R=1.0\ \mathrm{m\cdot s^{-2}}$$

$$a_n = \omega^2 R = 0.125\ \text{m} \cdot \text{s}^{-2}$$

故得总加速度为

$$a = \sqrt{a_t^2 + a_n^2} = 1.01\ \text{m} \cdot \text{s}^{-2}$$

(2) 飞轮在 2 s 内转过的角度为

$$\Delta\theta = \int_0^2 \omega \text{d}t = \int_0^2 2t^2 \text{d}t = 5.33\ \text{rad}$$

讨论 本题首先要根据已知条件得出角速度的表达式,即求出 k 值。要熟练掌握运用切向加速度和法向加速的定义式求解其数值。由角速度函数求转过的角度属于质点运动学第二类问题,要用积分求解。

例题 1.8 如图 1-1 所示,在离水面高度为 h 的岸边上,有人用绳子拉船靠岸,收绳的速率恒为 v_0,求船在离岸边的距离为 x 时的速度和加速度。

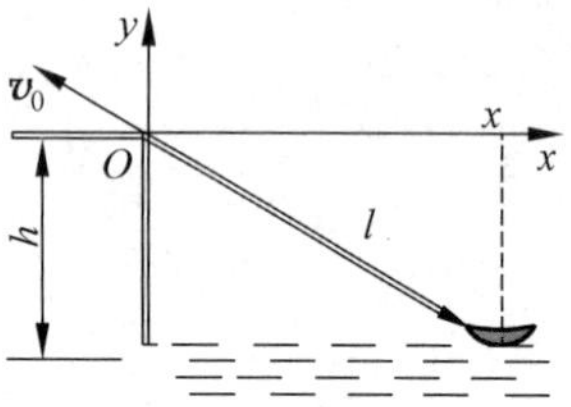

图 1-1 例题 1.8 用图

选题目的 应用加速度与速度的定义灵活计算。本题间接给出了运动函数的形式,要明确运动函数与已知条件之间的关系。

分析 本题根据运动函数求速度和加速度,属于质点运动学第一类问题。只是其运动函数不是直接给出的,需要通过已知条件建立运动函数。

解 方法 1 选择船为研究对象,建立如图 1-1 所示的直角坐标系,以 l 表示从船到定滑轮的绳长,依题意,有

$$v_0 = -\frac{\text{d}l}{\text{d}t}$$

由图示的几何关系,可得 $x = \sqrt{l^2 - h^2}$,于是得到船的速度为

$$v = \frac{\text{d}x}{\text{d}t} = \frac{\text{d}x}{\text{d}l}\frac{\text{d}l}{\text{d}t} = \frac{l}{\sqrt{l^2 - h^2}}\frac{\text{d}l}{\text{d}t} = -\frac{\sqrt{x^2 + h^2}}{x}v_0$$

负号表示船在水面上向岸靠近,沿 x 轴负向运动。

同样可得,船的加速度为

$$a = \frac{\text{d}v}{\text{d}t} = \frac{\text{d}v}{\text{d}l}\frac{\text{d}l}{\text{d}t} = \left[\frac{\text{d}}{\text{d}l}\left(\frac{l}{\sqrt{l^2 - h^2}}\right)v_0\right]v_0 = -\frac{h^2 v_0^2}{x^3}$$

方法 2 根据 v_0 的物理意义求解,由 $l = \sqrt{x^2 + h^2}$ 可得

$$v_0 = -\frac{\text{d}l}{\text{d}t} = -\frac{\text{d}}{\text{d}t}\sqrt{x^2 + h^2} = -\frac{x}{\sqrt{x^2 + h^2}}v_x$$

所以有

$$v_x = -\frac{\sqrt{x^2 + h^2}}{x}v_0$$

同样可得到上述结果。

讨论 (1) 由题意,已知条件为 $v_0 = -\dfrac{\text{d}l}{\text{d}t}$,表示绳的长度随时间减小;

(2) 从计算出的速度表达式可知,船的运动速度与位置 x 有关。即使拉绳的速度 v_0 为

常数，但船在不同的位置，它的速度还是不同，故船作变速运动；

(3) 本题还可用速度叠加原理以及其他方法求解。

例题 1.9 河宽为 d，岸边处水流速度为零。设河中央流速为 v_0，从岸边到河中央，流速按正比增大，如图 1-2 所示。某人划船以不变的划速 u（相对于水流）垂直于水流方向从岸边到河中央，求：

(1) 船的运动方程。

(2) 船的轨道方程。

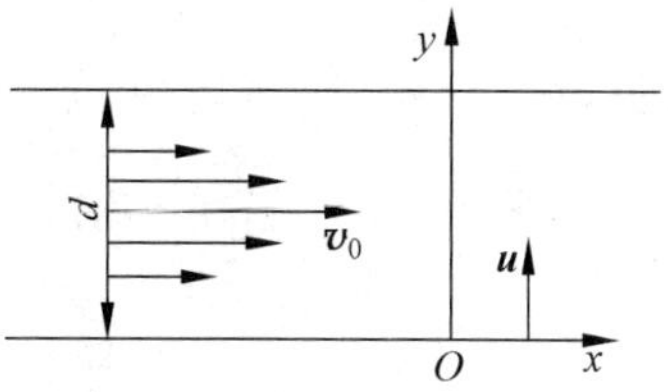

图 1-2 例题 1.9 用图

选题目的 相对运动、运动函数以及质点运动轨道的求解。

分析 本题为平面运动，可选择直角坐标系求解，利用伽利略速度变换求出船的速度，船速与位置坐标(x,y)相关，在求解时应引起注意。

解 以河岸为参考系，建立直角坐标系 xOy 如图 1-2 所示，船从点 O 出发，设船离岸时开始计时。

(1) 讨论从岸边到河中央$\left(0\leqslant y\leqslant\dfrac{d}{2}\right)$船的运动情况。根据伽利略速度变换可知，船相对于河岸的速度为

$$\boldsymbol{v}=\boldsymbol{u}+\boldsymbol{v}_{河}$$

所以船的速度在 x 轴和 y 轴方向的分量分别为

$$v_x=ky,\quad v_y=u$$

当 $y=\dfrac{d}{2}$时，$v_x=v_0$，可求得

$$k=\frac{v_x}{y}=\frac{2v_0}{d}$$

故

$$v_x=\frac{2v_0}{d}y$$

由 $y=\int_0^t u\,\mathrm{d}t=ut$ 可得

$$v_x=\frac{2v_0}{d}y=\frac{2v_0}{d}ut$$

且 $v_x=\dfrac{\mathrm{d}x}{\mathrm{d}t}$，积分可得

$$x=\int_0^t\frac{2v_0u}{d}t\,\mathrm{d}t=\frac{v_0u}{d}t^2$$

所以船的运动方程为

$$\begin{cases}x=\dfrac{v_0u}{d}t^2\\ y=ut\end{cases}$$

(2) **方法 1** 从运动方程中消去变量 t，即可得到船的轨道方程为

$$x=\frac{v_0}{ud}y^2$$

可见,在 $0\leqslant y\leqslant\frac{d}{2}$ 范围内,船的轨迹为一抛物线。

方法 2 由于船在 x 轴和 y 轴方向的速度分量分别为

$$v_x=\frac{\mathrm{d}x}{\mathrm{d}t}=ky=\frac{2v_0}{d}y$$

$$v_y=\frac{\mathrm{d}y}{\mathrm{d}t}=u$$

两式相除,消去参数 t,得

$$\frac{\mathrm{d}y}{\mathrm{d}x}=\frac{ud}{2v_0y}$$

分离变量,并两边积分得

$$\int_0^y y\,\mathrm{d}y=\frac{ud}{2v_0}\int_0^x \mathrm{d}x$$

故得

$$x=\frac{v_0}{ud}y^2$$

讨论 (1) 本题介绍了两种求轨道方程的方法,第一种方法是在求出运动方程(或运动函数)的基础上,消去变量 t 求得轨道方程,这是一种常用的方法;

(2) 本题还可以借助高等数学知识,采用先消去变量 t,得到一个关于 y 和 x 的微分方程 $\frac{\mathrm{d}y}{\mathrm{d}x}=\frac{ud}{2v_0y}$(也称为轨道微分方程),然后积分求得解。

例题 1.10 射击运动员欲射击一个活动靶,若靶以 10 m·s^{-1} 的速度向正东方向运动,子弹的出膛速度为 200 m·s^{-1},当靶运动到运动员的正北面时,扣动扳机。问运动员应瞄准什么方向才能正好打中靶心?

选题目的 相对运动及质点运动轨道的求解。

分析 本题属于相对运动的问题,题中涉及靶和地面两个参考系,要使子弹击中靶心,应使子弹相对靶的速度方向为正北方。

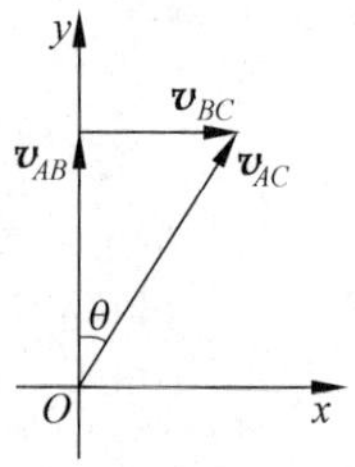

图 1-3 例题 1.10 用图

解 设子弹为 A,靶为 B,地面为 C,子弹对地的速度与竖直方向的夹角为 θ,如图 1-3 所示。由速度合成公式有

$$\boldsymbol{v}_{AB}=\boldsymbol{v}_{AC}-\boldsymbol{v}_{BC}$$

对速度进行分解,得

$$v_{BC}=v_{AC}\sin\theta$$

故

$$\theta=\arcsin\frac{v_{BC}}{v_{AC}}=\arcsin\frac{10}{200}=2.87°$$

即运动员的瞄准方向应该为北偏东 2.87°。

讨论 本题还可以运用运动叠加原理求解。正确画出速度矢量示意图是十分重要的,它可以帮助我们对问题的理解,而且由此可了解到各个速度的方向。再通过矢量示意图的边角关系，就可以比较容易求出各个速度的大小和表示方向的夹角。

例题 1.11　一飞机以速度 $\boldsymbol{v}$ 从 A 地飞到 B 地，A、B 两地之间的距离为 L。飞机遇到速度为 $\boldsymbol{v}_0$ 且方向与 AB 方向夹角为 θ 的大风，如图 1-4 所示。求飞机从 A 地到 B 地所用的最短时间。

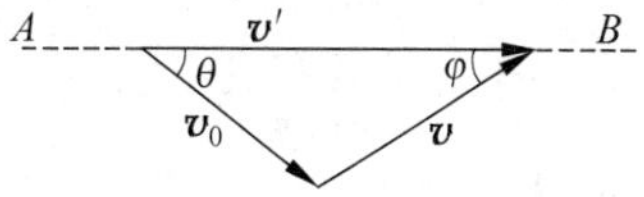

图 1-4　例题 1.11 用图

选题目的　相对运动及质点运动轨迹的求解。

分析　要使飞机从 A 地到 B 地所用的时间最短，需要满足飞机相对地面的速度方向为沿着 AB。

解　设飞机相对地面的速度为 $\boldsymbol{v}'$、风速为 $\boldsymbol{v}_0$ 和飞机相对风的速度为 $\boldsymbol{v}$，根据伽利略速度变换，三者满足

$$\boldsymbol{v}' = \boldsymbol{v} + \boldsymbol{v}_0$$

由图中几何关系可知

$$v_0 \sin\theta = v \sin\varphi$$

因此求得

$$\cos\varphi = \sqrt{1 - \frac{v_0^2}{v^2}\sin^2\theta}$$

又由于

$$v' = v_0\cos\theta + v\cos\varphi = v_0\cos\theta + \sqrt{v^2 - v_0^2\sin^2\theta}$$

因此可得

$$t_{\min} = \frac{L}{v'} = L\left(v_0\cos\theta + \sqrt{v^2 - v_0^2\sin^2\theta}\right)^{-1}$$

讨论　本题的关键是根据题意找到飞机运动的方向，画出三个速度矢量的示意图，根据图形求解。

七、课堂讨论与练习

(一) 课堂讨论

1. 试用作图法表示出 Δr、$|\Delta \boldsymbol{r}|$ 和 Δv、$|\Delta \boldsymbol{v}|$ 的大小，然后说明 $\mathrm{d}v/\mathrm{d}t$ 和 $|\mathrm{d}\boldsymbol{v}/\mathrm{d}t|$ 的物理意义。

2. 设在平面运动中，质点的运动方程为 $x=x(t)$，$y=y(t)$，在计算质点的速度和加速度大小时，有人先求出 $r=\sqrt{x^2+y^2}$，然后根据 $v=\mathrm{d}r/\mathrm{d}t$ 和 $a=\mathrm{d}^2r/\mathrm{d}t^2$ 求出结果；又有人先计算速度和加速度的 x 轴和 y 轴分量，再合成而求得结果，即：

$$v=\sqrt{\left(\frac{\mathrm{d}x}{\mathrm{d}t}\right)^2+\left(\frac{\mathrm{d}y}{\mathrm{d}t}\right)^2},\quad a=\sqrt{\left(\frac{\mathrm{d}^2x}{\mathrm{d}t^2}\right)^2+\left(\frac{\mathrm{d}^2y}{\mathrm{d}t^2}\right)^2}$$

你认为哪一种方法正确？为什么？两者之间的差别何在？

3. 如果 $|\mathrm{d}\boldsymbol{v}/\mathrm{d}t|=0$，质点做什么运动？如果 $|\mathrm{d}v/\mathrm{d}t|=0$，质点做什么运动？这两种运动有何区别？

4. 物体在某一时刻开始运动,在 Δt 时间后,经任一路径回到出发点,此时的速度大小与开始运动时相同,但方向不同,试问:在 Δt 时间内,平均速度是否为零?平均速率是否为零?平均加速度是否为零?

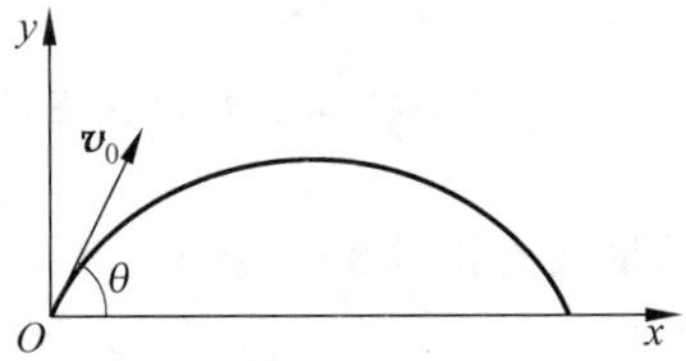

图 1-5 课堂讨论题 5 用图

5. 一质点从 O 点出发做抛体运动(忽略空气阻力),初速度为 $\boldsymbol{v}_0$,如图 1-5 所示。请回答以下问题:在运动过程中,

(1) $\frac{\mathrm{d}v}{\mathrm{d}t}$ 是否变化?

(2) $\frac{\mathrm{d}\boldsymbol{v}}{\mathrm{d}t}$ 是否变化?

(3) $\boldsymbol{a}_{\mathrm{n}}$ 是否变化?

(4) 轨道何处的曲率半径最大?其值是多少?

(二) 课堂练习

1. 一质点沿 Ox 轴做直线运动,运动方程为 $x=4.5t^2-2t^3$(SI),求:

(1) 第 1 s 末和第 2 s 末的瞬时速度;

(2) 第 1 s 末和第 2 s 末的瞬时加速度。

课堂练习题 2

2. 路灯距地面的高度为 H,一人在灯下水平路面上以匀速 v_0 步行,如图 1-6 所示,人身高为 h,求当人与灯的水平距离为 L 时,他的头顶在地面上的影子移动的速度 v 的大小。

3. 一质点在 xOy 平面上运动的加速度为 $a_x=-3\cos t\ \mathrm{m/s^2}$, $a_y=-4\sin t\ \mathrm{m/s^2}$,初始条件为:$t=0$ 时,$v_{0x}=0$, $v_{0y}=4\ \mathrm{m/s}$, $x_0=3\ \mathrm{m}$, $y_0=0$。求质点的轨道方程。

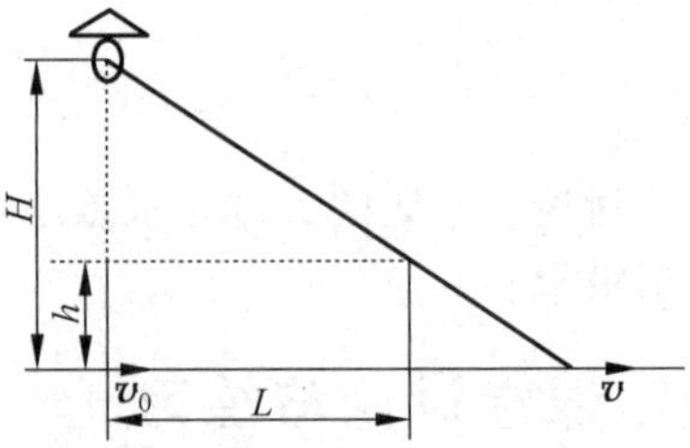

图 1-6 课堂练习题 2 用图

课堂练习题 4

4. 一质点沿着半径为 R 的圆周运动,在 $t=0$ 时经过 P 点,此后它的速率按 $v=A+Bt$(A,B 为已知常数)变化,求质点沿圆周运动一周再经过 P 点时的切向加速度 $\boldsymbol{a}_{\mathrm{t}}$ 和法向加速度 $\boldsymbol{a}_{\mathrm{n}}$。

课堂练习题 5

5. 如图 1-7 所示,一汽车在雨中沿直线行驶,其速度为 $\boldsymbol{v}_1$,雨滴下落的速度 $\boldsymbol{v}_2$ 的方向与铅直方向的夹角为 θ(偏向于汽车前进的方向),今在汽车车厢上放一长方形物体(长为 L),问,车速 $\boldsymbol{v}_1$ 为多大时,此物体刚好不会被雨水淋着?

6. 如图 1-8 所示,在倾角为 $\alpha=30°$ 的斜坡上,以初速度 $\boldsymbol{v}_0$ 发射炮弹,炮弹落在斜坡上,设 $\boldsymbol{v}_0$ 与斜坡的夹角为 $\beta=60°$。求炮弹落地点与发射点的距离。

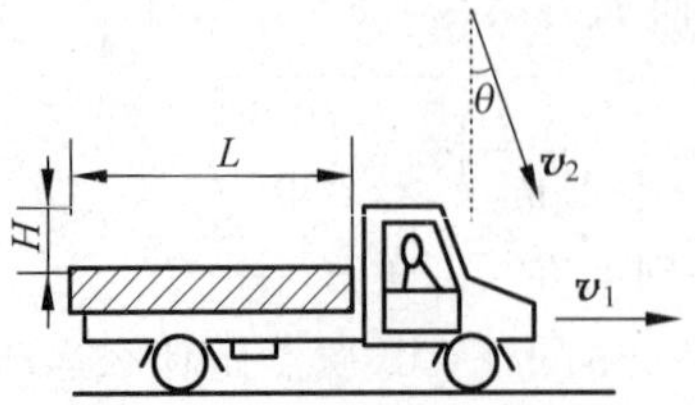

图 1-7 课堂练习题 5 用图

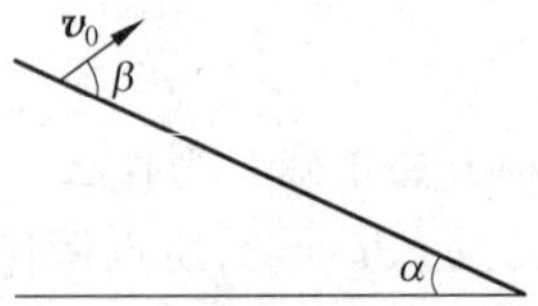

图 1-8 课堂练习题 6 用图

八、解题训练

(一) 课前预习题

1. 下列物理量中,不是矢量的量为[　　]。

A. 速度　　B. 加速度　　C. 速率　　D. 力

2. 一质点在平面上做一般曲线运动,其瞬时速度为$\boldsymbol{v}$,瞬时速率为 v,某一段时间内的平均速度为$\bar{\boldsymbol{v}}$,平均速率为 $\bar{v}$。它们之间的关系必定有[　　]。

A. $|\boldsymbol{v}|=v,|\bar{\boldsymbol{v}}|=\bar{v}$　　B. $|\boldsymbol{v}|\neq v,|\bar{\boldsymbol{v}}|=\bar{v}$

C. $|\boldsymbol{v}|\neq v,|\bar{\boldsymbol{v}}|\neq\bar{v}$　　D. $|\boldsymbol{v}|=v,|\bar{\boldsymbol{v}}|\neq\bar{v}$

3. 在下列五种运动中,$\boldsymbol{a}$ 保持不变的运动是[　　]。

A. 单摆的运动　　B. 匀速率圆周运动

C. 行星的椭圆轨道运动　　D. 抛体运动

E. 圆锥摆运动

4. 切向加速度 $\boldsymbol{a}_{\mathrm{t}}$ 是描述________变化快慢的物理量;法向加速度 $\boldsymbol{a}_{\mathrm{n}}$ 是描述________变化快慢的物理量。

5. 质点做一般曲线运动,当 $\boldsymbol{a}_{\mathrm{t}}=0,\boldsymbol{a}_{\mathrm{n}}=0$ 时,质点做________运动;当 $\boldsymbol{a}_{\mathrm{t}}=0,\boldsymbol{a}_{\mathrm{n}}\neq0$ 时,质点做________运动;当 $\boldsymbol{a}_{\mathrm{t}}\neq0,\boldsymbol{a}_{\mathrm{n}}=0$ 时,质点做________运动;当 $\boldsymbol{a}_{\mathrm{t}}\neq0,\boldsymbol{a}_{\mathrm{n}}\neq0$ 时,质点做________运动。

6. 在雨中,快速骑自行车和走路分别感受到的雨滴的速率和运动方向是否相同?

(二) 基础题

1. 一质点在 xOy 平面上运动,已知质点位置矢量的表达式为 $\boldsymbol{r}=at^2\boldsymbol{i}+bt^2\boldsymbol{j}$(其中 a、b 为常量),则该质点做[　　]。

A. 匀速直线运动　B. 变速直线运动　C. 抛物线运动　D. 一般曲线运动

2. 一运动质点在 xOy 平面上运动,在某瞬时的位矢为 $\boldsymbol{r}(x,y)$,其速度大小为[　　]。

A. $\dfrac{\mathrm{d}r}{\mathrm{d}t}$　　B. $\dfrac{\mathrm{d}\boldsymbol{r}}{\mathrm{d}t}$　　C. $\dfrac{\mathrm{d}|\boldsymbol{r}|}{\mathrm{d}t}$　　D. $\sqrt{\left(\dfrac{\mathrm{d}x}{\mathrm{d}t}\right)^2+\left(\dfrac{\mathrm{d}y}{\mathrm{d}t}\right)^2}$

3. 一质点沿 x 轴做直线运动,其 v-t 曲线如图 1-9 所示。在 $t=0$ 时,质点位于坐标原点,则当 $t=4.5$ s 时,质点在 x 轴上的位置为[　　]。

A. 0　　B. 5 m

C. 2 m　　D. −2 m

E. −5 m

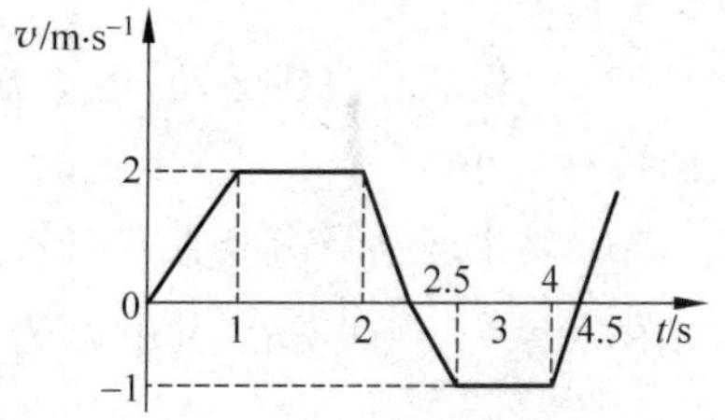

图 1-9 基础题 3 用图

4. 一质点做曲线运动,若以 $\boldsymbol{r}$ 表示位置矢量,s 表示路程,a_{t} 表示切向加速度,则关于下列 4 个公式的说法正确的是[　　]。

(1) $\bar{\boldsymbol{v}}=\dfrac{\Delta S}{\Delta t}$　　(2) $\dfrac{\mathrm{d}\boldsymbol{r}}{\mathrm{d}t}=v$　　(3) $\dfrac{\mathrm{d}s}{\mathrm{d}t}=v$　　(4) $\left|\dfrac{\mathrm{d}\boldsymbol{v}}{\mathrm{d}t}\right|=a_{\mathrm{t}}$

A. 只有(1)、(2)是正确的 B. 只有(2)、(4)是正确的

C. 只有(3)是正确的 D. 只有(4)是正确的

5. 一质点做圆周运动,则[ ]。

A. 切向加速度、法向加速度都改变

B. 切向加速度一定改变,法向加速度不变

C. 切向加速度可能不变,法向加速度一定改变

D. 切向加速度可能不变,法向加速度不变

6. 一质点做半径为 R 的变速圆周运动,其加速度大小为[ ](v 表示任一时刻质点的速率)。

A. $\dfrac{\mathrm{d}v}{\mathrm{d}t}$ B. $\dfrac{v^2}{R}$

C. v^2R D. $\left[\left(\dfrac{\mathrm{d}v}{\mathrm{d}t}\right)^2+\left(\dfrac{v^4}{R^2}\right)\right]^{\frac{1}{2}}$

7. 质点的运动满足 $\left|\dfrac{\mathrm{d}\boldsymbol{v}}{\mathrm{d}t}\right|=0$,这是________运动;$\dfrac{\mathrm{d}|\boldsymbol{v}|}{\mathrm{d}t}=0$ 是________运动。

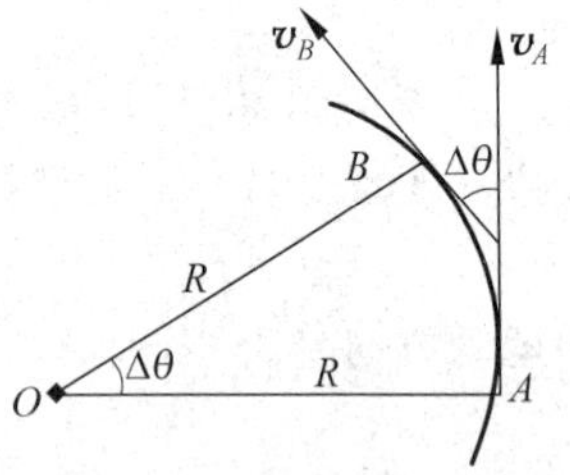

图 1-10 基础题 8 用图

8. 如图 1-10 所示,一质点以匀速率 v 做半径为 R 的圆周运动,在时间 Δt 内从 A 点到达 B 点,设质点在 A、B 两点的速度 $\boldsymbol{v}_A$ 与 $\boldsymbol{v}_B$ 所成夹角为 $\Delta\theta$,则质点在 Δt 时间内的位矢大小的增量 $\Delta r=$________;位移大小 $|\Delta\boldsymbol{r}|=$________;路程 $\Delta s=$________;平均速度的大小 $|\bar{\boldsymbol{v}}|=$________;平均速率 $\bar{v}=$________;平均角速度 $\bar{\omega}=$________。

9. 一质点以初速度 $\boldsymbol{v}_0$ 做斜上抛运动,$\boldsymbol{v}_0$ 与水平方向的夹角为 θ,则轨道最高点的曲率半径为________。

10. 已知一质点做平面运动,该质点在平面直角坐标系 xOy 中的运动方程为 $\boldsymbol{r}(t)=(3t+5)\boldsymbol{i}+(0.5t^2+2t-4)\boldsymbol{j}$ (SI),则当 $t=2$ s 时,

(1) 质点的速度大小 $v=$________;

(2) 质点加速度的大小 $a=$________。

11. 一质点的初速度为 $\boldsymbol{v}_0=2\boldsymbol{i}$ m/s,加速度为 $\boldsymbol{a}=2t\boldsymbol{j}$ m/s^2,则当 $t=2$ s 时,质点的速度 $\boldsymbol{v}=$________。

12. 一质点作直线运动,运动方程为 $x=6t-t^2$(SI),则在 t 由 0~4 s 的时间间隔内,质点的位移大小为________,走过的路程大小为________。

13. 跳水运动员沿竖直方向入水,接触水面时速度为 v_0,入水后在水中的速度 v 与加速度的关系为 $a=-kv^2$,其中 k 为一正常量。运动员在水中的速度 $v(t)=$________。

14. 某一电动机启动后转速随时间的变化关系为 $\omega=\omega_0(1-\mathrm{e}^{-\frac{t}{\tau}})$,则其角加速度 $\alpha(t)=$________;启动后 6.0 s 内转过的角度 $\Delta\theta=$________。

15. 一质点沿半径为 $R=1$ m 的圆周运动,运动方程为 $\theta=2+4t^3$(SI),$t=2$ s 时的角加速度 $\alpha=$________,$t=2$ s 时的加速度 $a=$________。

16. 质点在半径为 R 的圆周上运动,其速率 v 与时间 t 的关系为 $v=ct^2$(c 为常数),则

从 $t=0$ 到 t 时刻质点所走过的路程 $s(t)=$ ________；t 时刻质点的切向加速度 $a_t=$ ________；t 时刻质点的法向加速度 $a_n=$ ________。

17. 在一无风的下雨天，一列火车以 $u=20.0\ \mathrm{m\cdot s^{-1}}$ 的速率前进，在车内的旅客看见玻璃窗外的雨滴和铅垂线成 75°角下降，则雨滴相对地面下落的速率 $v=$ ________。

18. 一飞机相对空气的速度为 200 km/h，风速为 56 km/h，方向从西向东。地面雷达测得飞机的速度大小为 192 km/h，方向为 ________。

19. 一质点在 xOy 平面运动且由原点从静止出发，已知加速度 $\boldsymbol{a}=t\boldsymbol{i}+3t^2\boldsymbol{j}$，求 4 s 时质点的速度及位置。

20. 某质点沿 x 轴运动，其加速度的大小 $a=-4x\ (\mathrm{m/s^2})$。设质点位于 $x=0$ 处时的速率 $v_0=6$ m/s，求质点的速度大小与位置坐标的关系式。

21. 距河岸(看成直线)500 m 处有一静止的船，船上的探照灯以转速 $\boldsymbol{n}=1\ \mathrm{r\cdot min^{-1}}$ 转动。求当光束与岸边成 60°角时，光束沿岸边移动的速度 v。

22. 一船以速度$\boldsymbol{v}_0$ 在湖中匀速直线航行。一乘客在船中沿竖直向上以初速$\boldsymbol{v}_1$(相对船)抛出一石子，求站在岸上的观察者看石子运动的轨迹方程。

(三) 综合题

1. 高台跳水泳池的安全深度的计算。跳水运动员从高台跳入泳池中，若运动员入水后下落的深度 y 和时间 t 的关系为 $y=b\ln\left(\dfrac{v_0}{b}t+1\right)$(坐标原点 O 在水面上，y 轴正方向竖直向下)，其中，$b=\dfrac{2m}{C\rho A}$，C 为水的曳引系数，ρ 为水的密度，A 为人体的有效横截面积，m 为运动员质量，v_0 为运动员入水时的初速率。

(1) 求运动员入水后，其速度和加速度随时间变化的关系；

(2) 设 $m=50$ kg，$C=0.5$，$\rho=1.0\times10^3\ \mathrm{kg\cdot m^{-3}}$，$A=0.08\ \mathrm{m^2}$，人在水中的安全速度为 $2.0\ \mathrm{m\cdot s^{-1}}$，重力加速度 g 取 $10\ \mathrm{m\cdot s^{-2}}$。试计算，十米高台跳水泳池的水深 5.0 m 能否保证跳水运动员的安全？

2. 一气球以速率 v_0 从地面上升，由于风的影响，随高度的上升，气球的水平速度按 $v_x=by$ 的规律增大，其中，b 为正的常数，y 是从地面算起的高度，x 轴取水平向右为正。求气球沿轨道运动的切向加速度以及轨道的曲率半径与高度的关系。

3. 一架飞机从 A 处向北飞到 B 处，然后又向南飞回到 A 处，已知飞机相对于空气的速度为$\boldsymbol{v}$，而空气相对于地面的速度为 $\boldsymbol{u}$。设 A、B 之间的距离为 l，飞机相对于空气的速率 v 保持不变。无风(即空气速度为零)时，飞机往返的飞行时间为 t_0，试证：

(1) 如果空气的速度方向为由南向北，则飞机往返的飞行时间为 $t_1=\dfrac{t_0}{1-\dfrac{u^2}{v^2}}$；

(2) 如果空气的速度方向为由东向西，则飞机往返的飞行时间为 $t_2=\dfrac{t_0}{\sqrt{1-\dfrac{u^2}{v^2}}}$；

(3) 如果空气的速度方向偏离南北方向某一角度 θ，则飞机往返的飞行时间为

$$t_3=\frac{t_0\sqrt{1-\frac{u^2}{v^2}\sin^2\theta}}{1-\frac{u^2}{v^2}}。$$

4. 一个半径为 r 的轮子，在泥泞的平直道路上做无滑动的滚动，轮轴的速度恒为 $\boldsymbol{v}$，黏在轮沿上的泥粒不停地由轮子上各点向后甩出，试求 $v^2>gr$(g 为重力加速度的大小)时，泥粒所能达到的最大高度。

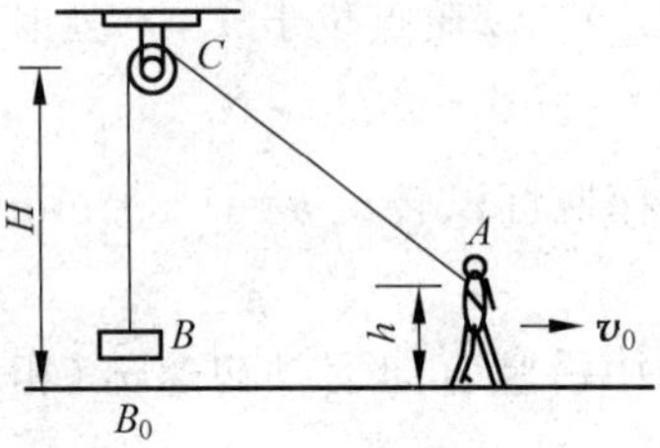

图 1-11 综合题 5 用图

5. 如图 1-11 所示，跨过滑轮 C 的绳子，一端挂有重物 B，另一端 A 被人拉着沿水平方向匀速运动，其速度大小为 $v_0=1\ \mathrm{m\cdot s^{-1}}$；$A$ 点与地面的距离保持为 $h=1.5$ m。运动开始时，重物在地面上的 B_0 处，绳 AC 在铅直位置，滑轮离地面的高度 $H=10$ m，其半径忽略不计。求：

(1) 重物 B 上升的运动方程。

(2) 重物在 t 时刻的速度和加速度。

(3) 重物 B 到达 C 处所需的时间。

解题训练答案及解析

(一) 课前预习题

1. C
2. D
3. D
4. 速率；速度方向
5. 匀速直线运动；匀速曲线运动；变速直线运动；变速曲线运动
6. 否、否

(二) 基础题

1. B

解 由定义可得 $\boldsymbol{v}=\frac{\mathrm{d}\boldsymbol{r}}{\mathrm{d}t}=2ta\boldsymbol{i}+2tb\boldsymbol{j}$，则速度 v 是时间 t 的函数，所以质点做变速运动；位置坐标 x 和 y 的比值为 a/b，所以质点做直线运动。故选 B。

2. D

解 由定义可知，$v=|\boldsymbol{v}|=\frac{|\mathrm{d}\boldsymbol{r}|}{\mathrm{d}t}\neq\frac{\mathrm{d}r}{\mathrm{d}t}$，$v=\sqrt{(\boldsymbol{v}_x)^2+(\boldsymbol{v}_y)^2}=\sqrt{\left(\frac{\mathrm{d}x}{\mathrm{d}t}\right)^2+\left(\frac{\mathrm{d}y}{\mathrm{d}t}\right)^2}$。故选 D。

3. C

解 位移是曲线与横轴所围的面积 s，由图 1-9 中的 v-t 曲线知 $t=4.5$ s 时质点在 x 轴

上的位置为

$$x=s=\left[\frac{1}{2}(2-1+2.5)\times 2+\frac{1}{2}(4-3+4.5-2.5)\times(-1)\right]\ \mathrm{m}=(3.5-1.5)\ \mathrm{m}=2\ \mathrm{m}$$

故选 C。

4. C

5. C

解　切向加速度反映了速率的改变,方向沿轨道切向,当质点做匀速率圆周运动时,其值为零。法向加速度反映了速度方向的改变,方向指向圆心,因此其方向一定改变。故选 C。

6. D

7. 匀速直线;匀速率

8. 0,$2R\sin\Delta\theta/2$;$R\Delta\theta$;$(2R\sin\Delta\theta/2)/\Delta t$;$R\Delta\theta/\Delta t$;$\Delta\theta/\Delta t$。

解　根据题意作位移矢量图,如图 1-12 所示。

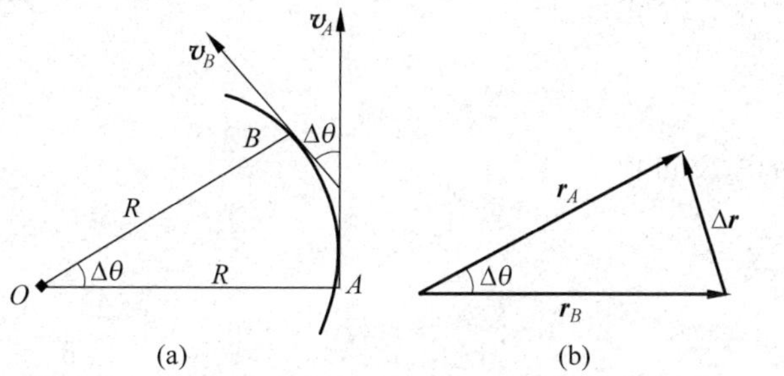

图 1-12　基础题 8 解答用图

由此可得:

(1) 位矢大小的变化为

$$\Delta r=|\boldsymbol{r}_A|-|\boldsymbol{r}_B|=0$$

(2) 位移大小为

$$|\Delta\boldsymbol{r}|=|\boldsymbol{r}_B-\boldsymbol{r}_A|=2|\boldsymbol{r}_A|\sin\frac{\Delta\theta}{2}=2R\sin\frac{\Delta\theta}{2}$$

(3) 路程为

$$\Delta s=\widehat{AB}=R\Delta\theta$$

(4) 平均速度大小为

$$|\bar{\boldsymbol{v}}|=\left|\frac{\Delta\boldsymbol{r}}{\Delta t}\right|=\frac{|\Delta\boldsymbol{r}|}{\Delta t}=\left(2R\sin\frac{\Delta\theta}{2}\right)\Big/\Delta t$$

(5) 平均速率为

$$\bar{v}=\frac{\Delta s}{\Delta t}=\frac{R\Delta\theta}{\Delta t}$$

(6) 平均角速度为

$$\bar{\omega}=\frac{\Delta\theta}{\Delta t}$$

9. $\rho=\dfrac{(v_0\cos\theta)^2}{g}$

解 由 $a_n=\dfrac{v^2}{\rho}$ 得 $\rho=\dfrac{v^2}{a_n}$。由于最高点速率为 $v_0\cos\theta$，$a_n=g$，因此有 $\rho=\dfrac{(v_0\cos\theta)^2}{g}$。

10. $5\ \mathrm{m\cdot s^{-1}}$；$1\ \mathrm{m\cdot s^{-2}}$

11. $2\boldsymbol{i}+4\boldsymbol{j}\ \mathrm{m\cdot s^{-1}}$

12. 8 m；10 m

解 由题意可得在 0～4 s 内，质点的位移为 $|\Delta\boldsymbol{r}|=|\Delta x|=|x_{t=4}-x_{t=0}|=8\ \mathrm{m}$。由速率的定义可得

$$v=|\boldsymbol{v}|=\left|\frac{\mathrm{d}x}{\mathrm{d}t}\boldsymbol{i}\right|=\begin{cases}6-2t, & t\leqslant 3\\ 2t-6, & t>3\end{cases}$$

因此可得

$$S=\int_0^4 v\,\mathrm{d}t=\int_0^3(6-2t)\mathrm{d}t+\int_3^4(2t-6)\mathrm{d}t=10\ \mathrm{m}$$

13. $\dfrac{v_0}{kv_0t+1}$

解 按加速度的定义可得

$$\frac{\mathrm{d}v}{\mathrm{d}t}=-kv^2$$

分离变量，得

$$\frac{\mathrm{d}v}{v^2}=-k\,\mathrm{d}t$$

对上式两边积分得

$$\int_{v_0}^{v}\frac{\mathrm{d}v}{v^2}=-k\int_0^t\mathrm{d}t$$

求解得

$$\frac{1}{v_0}-\frac{1}{v}=-kt$$

因此速度随时间的变化规律为

$$v=\frac{v_0}{kv_0t+1}$$

14. $\dfrac{\omega_0}{\tau}\mathrm{e}^{-\frac{t}{\tau}}$；$\omega_0(6+\tau\mathrm{e}^{-\frac{6}{\tau}}-\tau)$

解 由角加速度的定义得

$$\alpha=\frac{\mathrm{d}\omega}{\mathrm{d}t}=\frac{\omega_0}{\tau}\mathrm{e}^{-\frac{t}{\tau}}$$

因此，$t=6.0$ s 时转过的角度为

$$\Delta\theta=\int_0^6\omega\,\mathrm{d}t=\int_0^6\omega_0(1-\mathrm{e}^{-\frac{t}{\tau}})\,\mathrm{d}t=\omega_0(6+\tau\mathrm{e}^{-\frac{6}{\tau}}-\tau)$$

15. $48\ \mathrm{rad/s^2}$；$2\,305\ \mathrm{m/s^2}$

解　由角速度和角加速度的定义可得

$$\omega=\frac{\mathrm{d}\theta}{\mathrm{d}t}=12t^2,\quad \alpha=\frac{\mathrm{d}\omega}{\mathrm{d}t}=24t$$

因此，当 $t=2\ \mathrm{s}$ 时，$\alpha=48\ \mathrm{rad/s^2}$。

又由于 $a_t=\alpha R$，$a_n=\omega^2 R$，因此可得

$$a=\sqrt{a_t^2+a_n^2}=R\sqrt{\alpha^2+\omega^4}=24tR\sqrt{1+36t^6}$$

则当 $t=2\ \mathrm{s}$ 时，$a\approx 2\ 305\ \mathrm{m/s^2}$。

16. $\frac{c}{3}t^3$；$2ct$；$\frac{4c^2t^4}{R}$

解　由 $v=ct^2$ 和 $v=\frac{\mathrm{d}s}{\mathrm{d}t}$ 得

$$\int_0^s \mathrm{d}s=\int_0^t ct^2\,\mathrm{d}t$$

则得路程为

$$s=\frac{1}{3}ct^3$$

故在 t 时刻质点的切向加速度为

$$a_t=\frac{\mathrm{d}v}{\mathrm{d}t}=\frac{\mathrm{d}(ct^2)}{\mathrm{d}t}=2ct$$

法向加速度为

$$a_n=\frac{v^2}{R}=\frac{4c^2t^4}{R}$$

17. $5.4\ \mathrm{m\cdot s^{-1}}$

解　设火车相对地面的速度为 $\boldsymbol{u}$，雨滴相对地面的速度为 $\boldsymbol{v}$，雨滴相对火车的速度为 $\boldsymbol{v}'$，根据伽利略速度变换，三者之间满足下列关系：

$$\boldsymbol{v}=\boldsymbol{v}'+\boldsymbol{u}$$

用速度矢量图表示如图 1-13 所示。由图中的几何关系可得

$$v=\frac{u}{\tan 75^\circ}=5.4\ \mathrm{m\cdot s^{-1}}$$

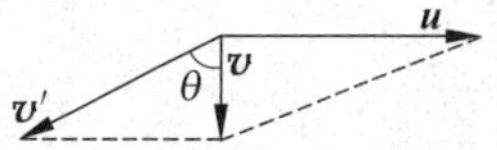

图 1-13　基础题 17 解答用图

18. 正南或正北

解　设风的速度为 $\boldsymbol{u}$，飞机相对空气的速度为 $\boldsymbol{v}'$，飞机相对地面的速度为 $\boldsymbol{v}$（雷达测得的速度），根据伽利略速度变换，三者之间满足下列关系：

$$\boldsymbol{v}=\boldsymbol{v}'+\boldsymbol{u}$$

用速度矢量图表示如图 1-14 所示。由于

$$200=\sqrt{(56)^2+(192)^2}$$

所以飞机的方向为正南或正北。

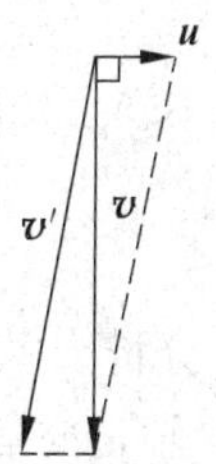

图 1-14　基础题 18 解答用图

19. **分析**　本题属于质点运动学第二类问题，应运用积分方法求解。

解　由加速度与速度的关系可得

$$\boldsymbol{v}=\boldsymbol{v}_0+\int_0^t \boldsymbol{a}\,\mathrm{d}t=\int_0^t (t\boldsymbol{i}+3t^2\boldsymbol{j})\,\mathrm{d}t=0.5t^2\boldsymbol{i}+t^3\boldsymbol{j}$$

则当 $t=4$ s时，$\boldsymbol{v}=8\boldsymbol{i}+64\boldsymbol{j}$ m/s。由速度与位矢的关系可得

$$\boldsymbol{r}=\boldsymbol{r}_0+\int_0^t \boldsymbol{v}\,\mathrm{d}t=\int_0^t (0.5t^2\boldsymbol{i}+t^3\boldsymbol{j})\,\mathrm{d}t=\frac{1}{6}t^3\boldsymbol{i}+\frac{1}{4}t^4\boldsymbol{j}$$

则当 $t=4$ s时，$\boldsymbol{r}=\frac{32}{3}\boldsymbol{i}+64\boldsymbol{j}$ m。

20. **分析** 本题属于质点运动学第二类问题，应运用积分方法求解。在求解过程中涉及变量替换的问题。

解 由 $a=\frac{\mathrm{d}v}{\mathrm{d}t}$，且 $a=-4x$，得

$$\frac{\mathrm{d}v}{\mathrm{d}t}=\frac{\mathrm{d}v}{\mathrm{d}x}\cdot\frac{\mathrm{d}x}{\mathrm{d}t}=v\frac{\mathrm{d}v}{\mathrm{d}x}=-4x$$

分离变量，并对两边积分，可得

$$\int_{v_0}^{v} v\,\mathrm{d}v=\int_0^x -4x\,\mathrm{d}x$$

代入数据，则得

$$v=2\sqrt{9-x^2}\ \mathrm{m/s}$$

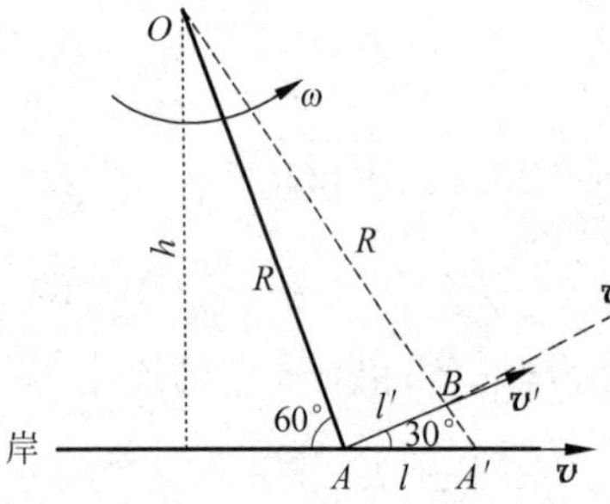

图 1-15 基础题 21 解答用图

21. **分析** 探照灯的光束以转速 n 绕 O 点做圆周运动，在求解时应作图分析各量关系。

解 如图 1-15 所示，设 t 时刻，光束与岸边成 60°角，光束与岸边的交点为 A，设此时刻光束的速度为 $\boldsymbol{v}'$，其方向与岸边夹角为 30°，光束沿岸边移动的速度为 $\boldsymbol{v}$。设 $t+\Delta t$ 时刻，光线与岸边的交点为 A'。设 AB 距离为 l'，AA'距离为 l。

由图中的关系，有

$$\lim_{\Delta t\to 0}\frac{l'}{\Delta t}=v'=R\omega \qquad (\mathrm{I})$$

又由于 $R\sin 60°=h$，$\omega=\frac{2\pi}{60}$，所以得

$$v'=\frac{h}{\sin 60°}\cdot\frac{2\pi}{60} \qquad (\mathrm{II})$$

由图中的关系，还有

$$v=\lim_{\Delta t\to 0}\frac{l}{\Delta t}=\frac{l'}{\Delta t\cos 30°}=\frac{v'}{\cos 30°} \qquad (\mathrm{III})$$

将式(Ⅱ)代入式(Ⅲ)得

$$v=\frac{h}{\sin^2 60°}\cdot\frac{2\pi}{60}=\frac{200\pi}{9}\ \mathrm{m\cdot s^{-1}}=69.8\ \mathrm{m\cdot s^{-1}}$$

22. **分析** 本题为质点作相对运动的问题。设船沿 x 轴方向航行，乘客抛出的石子相对船沿 y 轴正向运动。由已知条件可求石子的运动轨迹。

解 设初始时刻石子相对地面的速度为$\boldsymbol{v}$，由题意可得

$$\boldsymbol{v}=\boldsymbol{v}_0+\boldsymbol{v}_1$$

在任意时刻，石子速度相对地面的 x 轴分量和 y 轴分量分别为

$$v_x=v_0$$

$$v_y=v_1-gt$$

因此得

$$x=v_0t$$

$$y=v_1t-\frac{1}{2}gt^2$$

消去 t 可得石子的轨迹方程为

$$y=v_1\cdot\frac{x}{v_0}-\frac{1}{2}g\cdot\left(\frac{x}{v_0}\right)^2=\frac{v_1}{v_0}x-\frac{1}{2}\frac{g}{v_0^2}x^2$$

(三) 综合题

1. **分析**　本题第一问已知运动函数，利用微分求速度、加速度。第二问要在第一问的结果基础上求出速度为 2.0 $\mathrm{m\cdot s^{-1}}$ 的时间。

解　对于一维直线运动，建立坐标系确定方向后，位矢、速度、加速度等不必用矢量符号表示，就只要用正、负号表示其方向。

(1) 运动员的速度 v 和时间 t 的关系为

$$v=\frac{\mathrm{d}y}{\mathrm{d}t}=\frac{bv_0}{v_0t+b}$$

加速度 a 和时间 t 的关系为

$$a=\frac{\mathrm{d}v}{\mathrm{d}t}=-b\left(\frac{v_0}{v_0t+b}\right)^2$$

式中，负号表示加速度 $\boldsymbol{a}$ 的方向沿 y 轴负方向向上，与 $\boldsymbol{v}$ 的方向相反，运动员入水后做减速运动。

(2) 根据已知数据可得运动员入水时的初速率和系数 b 分别为

$$v_0=\sqrt{2gh}=\sqrt{2\times10\times10.0}\ \mathrm{m\cdot s^{-1}}=14.0\ \mathrm{m\cdot s^{-1}}$$

$$b=\frac{2m}{C\rho A}=\frac{2\times50}{0.5\times1.0\times10^3\times0.08}\ \mathrm{m}=2.5\ \mathrm{m}$$

由入水后运动员速率与时间关系 $v=\dfrac{bv_0}{v_0t+b}$ 可知，速率 v 减为 2.0 $\mathrm{m\cdot s^{-1}}$ 时，所经历的时间为

$$t=b\left(\frac{1}{v}-\frac{1}{v_0}\right)=2.5\left(\frac{1}{2.0}-\frac{1}{14.0}\right)=1.07\ \mathrm{s}$$

将 $t=1.07$ s 代入 $y=b\ln\left(\dfrac{v_0}{b}t+1\right)$，可得此时运动员的入水深度为

$$y=2.5\ln\left(\frac{14.0}{2.5}\times1.07+1\right)\ \mathrm{m}=4.86\ \mathrm{m}$$

所以水深 5.0 m 能保证跳水运动员的安全。

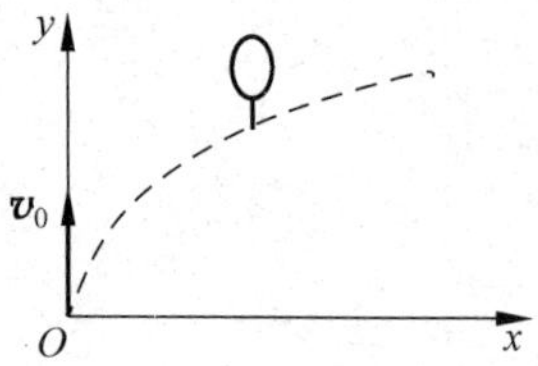

图 1-16 综合题 2 解答用图

2. **分析** 本题已知的是在直角坐标系中的速度分量，而所要求的是自然坐标系的切向加速度和曲率半径等问题，因此，本题将应用直角坐标法和自然坐标法联合求解。

解 建立如图 1-16 所示的直角坐标系，取 $t=0$ 时，气球位于坐标原点(地面)，由已知条件 $v_x=by$，$v_y=v_0$，显然有

$$\frac{\mathrm{d}x}{\mathrm{d}t}=by=v_x=bv_0t$$

对上式分离变量，并两边积分可得

$$\int_0^x \mathrm{d}x=\int_0^t bv_0t\,\mathrm{d}t$$

解得

$$x=\frac{bv_0}{2}t^2$$

所以气球的运动方程为

$$\boldsymbol{r}=\frac{bv_0}{2}t^2\boldsymbol{i}+v_0t\boldsymbol{j}$$

消去时间 t 可得轨道方程为

$$x=\frac{b}{2v_0}y^2$$

因此，球的运动速率为

$$v=\sqrt{v_x^2+v_y^2}=\sqrt{b^2y^2+v_0^2}=\sqrt{b^2v_0^2t^2+v_0^2}$$

气球的切向加速度为

$$a_{\mathrm{t}}=\frac{\mathrm{d}v}{\mathrm{d}t}=\frac{b^2v_0y}{\sqrt{b^2y^2+v_0^2}}$$

因 $a_{\mathrm{n}}=\sqrt{a^2-a_{\mathrm{t}}^2}$，且有 $a^2=a_x^2+a_y^2=\left(\frac{\mathrm{d}v_x}{\mathrm{d}t}\right)^2+\left(\frac{\mathrm{d}v_y}{\mathrm{d}t}\right)^2=b^2v_0^2$，则气球的法向加速度为

$$a_{\mathrm{n}}=\sqrt{a^2-a_{\mathrm{t}}^2}=\frac{bv_0^2}{\sqrt{b^2y^2+v_0^2}}$$

又由 $a_{\mathrm{n}}=\frac{v^2}{\rho}$ 得

$$\rho=\frac{v^2}{a_{\mathrm{n}}}=\frac{(b^2y^2+v_0^2)^{\frac{3}{2}}}{bv_0^2}$$

3. **分析** 本题属于相对运动问题，题中涉及飞机相对参考系空气和地面的运动问题，所要求的是在空气相对地面的三种运动情况下，飞机向南或向北飞行的运动时间问题，仍应从相对运动的伽利略速度变换公式 $\boldsymbol{v}'_{飞对地}=\boldsymbol{v}_{飞对空}+\boldsymbol{v}_{空对地}$ 出发来着手分析求解。

解 (1) 由伽利略速度变换公式，有

$$\boldsymbol{v}'_{飞对地}=\boldsymbol{v}_{飞对空}+\boldsymbol{v}_{空对地}=\boldsymbol{v}+\boldsymbol{u}$$

因为 $\boldsymbol{v}'$ 与 $\boldsymbol{u}$ 均沿南北方向，故 $\boldsymbol{v}$ 也沿南北方向。飞机由 A 处飞至 B 处时，$v'=v+u$；飞机从 B 处飞至 A 处时，$v'=v-u$，所以

$$t_1=\frac{l}{v+u}+\frac{l}{v-u}=\frac{(v-u)l+(v+u)l}{v^2-u^2}=\frac{2vl}{v^2-u^2}=\frac{2\frac{l}{v}}{1-\frac{u^2}{v^2}}=\frac{t_0}{1-\frac{u^2}{v^2}}$$

(2) 飞机往返的速度矢量图如图 1-17(b)和(c)所示。因

$$v'=\sqrt{v^2-u^2}$$

所以

$$t_2=\frac{2l}{v'}=\frac{2l}{\sqrt{v^2-u^2}}=\frac{t_0}{\sqrt{1-\frac{u^2}{v^2}}}$$

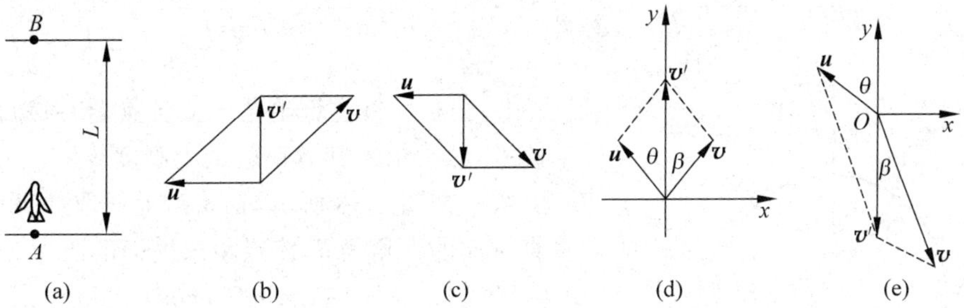

图 1-17 综合题 3 解答用图

(3) 当飞机从 A 处飞至 B 处时，空气速度 $\boldsymbol{u}$ 的方向偏离南北方向的角度为 θ，飞机相对空气的速度 $\boldsymbol{v}$ 偏离南北向东的角度为 β，如图 1-17(d)所示。由图中几何关系可知，飞机对地面的速度沿 x 轴和 y 轴方向的分量分别为

$$v'_x=v\sin\beta-u\sin\theta=0 \qquad (\text{Ⅰ})$$

$$v'_y=v\cos\beta+u\cos\theta \qquad (\text{Ⅱ})$$

由式(Ⅰ)，得

$$\sin\beta=\frac{u}{v}\sin\theta \qquad (\text{Ⅲ})$$

将上式代入式(Ⅱ)，有

$$v'_y=v\sqrt{1-\sin^2\beta}+u\cos\theta=\sqrt{v^2-u^2\sin^2\theta}+u\cos\theta$$

故得

$$t=\frac{l}{v'_y}=\frac{l}{\sqrt{v^2-u^2\sin^2\theta}+u\cos\theta}$$

当飞机从 B 处返回 A 处时，速度矢量图如图 1-17(e)所示。从图中可看出，在 x 轴方向，有

$$u\sin\theta=v\sin\beta$$

即得

$$\sin\beta=\frac{u}{v}\sin\theta \qquad (\text{Ⅳ})$$

在 y 轴方向，有

$$v' = v\cos\beta - u\cos\theta$$

将式(Ⅳ)代入上式,得

$$v' = v\sqrt{1-\frac{u^2}{v^2}\sin^2\theta} - u\cos\theta = \sqrt{v^2-u^2\sin^2\theta} - u\cos\theta$$

所以

$$t' = \frac{1}{v'} = \frac{l}{\sqrt{v^2-u^2\sin^2\theta} - u\cos\theta}$$

因此,飞机往返飞行的时间为

$$t_3 = t + t' = \frac{l}{\sqrt{v^2-u^2\sin^2\theta}+u\cos\theta} + \frac{l}{\sqrt{v^2-u^2\sin^2\theta}-u\cos\theta} = \frac{t_0\sqrt{1-\frac{u^2}{v^2}\sin^2\theta}}{1-\frac{u^2}{v^2}}$$

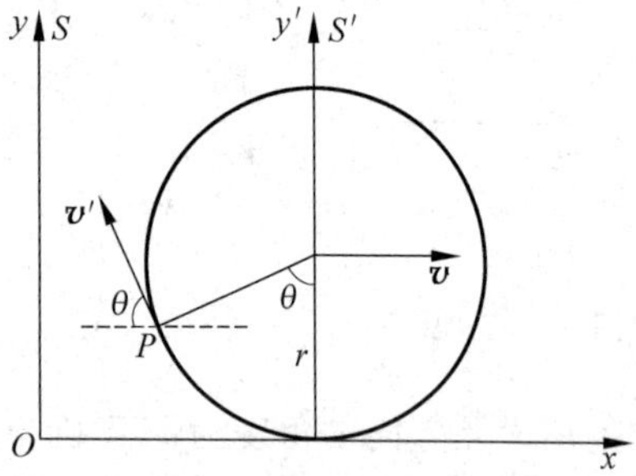

图 1-18 综合题 4 解答用图

4. **分析** 首先算出轮子上各点(相对地面)的运动速度,然后求出其运动的最大高度。

解 如图 1-18 所示,在轮沿上任取一点 P,其与竖直方向的夹角为 θ,该点距离地面的高度为

$$y_0 = r - r\cos\theta$$

已知轮轴速率为 v,轮子无滑动滚动,所以轮沿上各点相对轮心的运动速率为 v。根据伽利略速度变换,P 点相对地面的速度为

$$\boldsymbol{u}_0 = \boldsymbol{v}' + \boldsymbol{v}$$

这也是该点的泥粒离开轮子的初速度。因为受到重力的作用,泥粒离开轮子后的速度沿 y 轴的分量为

$$u_y = v\sin\theta - gt$$

因此,泥粒沿 y 轴方向的运动方程为

$$y = y_0 + vt\sin\theta - \frac{1}{2}gt^2$$

飞到最高点的时间为

$$t = \frac{v\sin\theta}{g}$$

将上式代入沿 y 轴的运动方程得运动的高度为

$$y = y_0 + \frac{v^2\sin^2\theta}{2g} = r - r\cos\theta + \frac{v^2\sin^2\theta}{2g}$$

显然,y 是 θ 的函数,即轮沿上不同点的泥粒飞出的高度不同。记泥粒的最大高度为 $y_{\max}$,为求 $y_{\max}$,将 y 对 θ 求导,得

$$\frac{dy}{d\theta} = r\sin\theta + \frac{v^2\sin\theta\cos\theta}{g}$$

令其等于 0,得

$$\sin\theta = 0 \quad 或 \quad \cos\theta = -rg/v^2$$

当 $\sin\theta=0$ 时，$y=0$，是最小值。当 $\cos\theta=-rg/v^2$ 时，只要满足条件 $v^2>gr$，该式就成立，y 就可取得最大值，则得

$$y_{\max}=r+\frac{r^2g}{2v^2}+\frac{v^2}{2g}$$

5. **分析**　本题涉及人的运动和物的运动问题，可先利用图中几何关系写出运动方程，再利用运动方程求解所需的物理量。

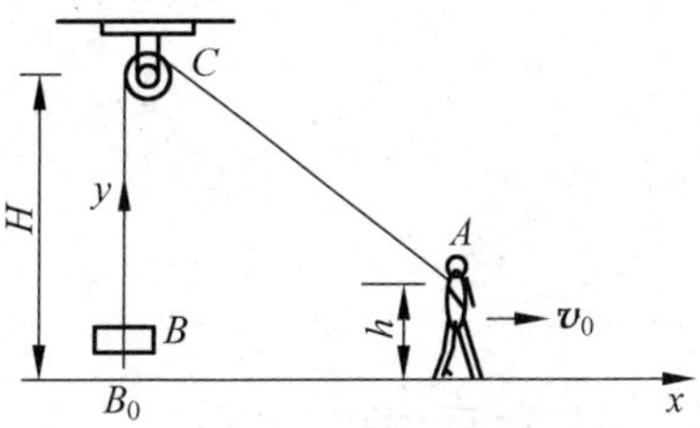

图 1-19　综合题 5 解答用图

解　(1) 建立直角坐标系如图 1-19 所示，其中取 B_0 处为坐标原点。物体在 B_0 处时，滑轮右边的绳长为 $l_0=H-h$，当重物的位移为 y 时，右边的绳长为

$$l=\sqrt{l_0^2+x^2}=\sqrt{(H-h)^2+v_0^2t^2}$$

因绳长为 $H+l_0=l+(H-y)$，由上式可得重物的运动方程为

$$y=l-l_0=\sqrt{(H-h)^2+(v_0t)^2}-(H-h)$$

代入数据得

$$y=\sqrt{72.25+t^2}-8.5$$

(2) 由运动方程可得重物 B 的速度和加速度分别为

$$v=\frac{\mathrm{d}y}{\mathrm{d}t}=\frac{\mathrm{d}}{\mathrm{d}t}(\sqrt{72.25+t^2}-8.5)=\frac{t}{\sqrt{72.25+t^2}}$$

$$a=\frac{\mathrm{d}v}{\mathrm{d}t}=\frac{72.25}{(72.25+t^2)^{3/2}}$$

(3) 由 $y=\sqrt{72.25+t^2}-8.5$ 知

$$t=\sqrt{(y+8.5)^2-72.25}$$

当 $y=10$ m 时，$t=16.43$ s。

第2章 质点动力学与守恒定律

一、基本要求

1. 掌握牛顿三大定律及其适用条件；掌握运用牛顿运动定律解题的基本思路和方法，对物体作受力分析是关键。

2. 理解质点系的动量和角动量的概念，会计算变力的冲量；掌握运用动量定理和角动量定理及相应的守恒定律解题的基本思路和计算方法。

3. 理解功、动能、保守力、势能和机械能的概念，会计算变力的功及三种势能；掌握运用动能定理、功能原理和机械能守恒定律解题的基本思路和计算方法。

4. 了解质心概念和质心运动定理。

二、知识要点

1. 牛顿运动定律

第一定律：惯性和力的概念，惯性系的定义。

第二定律：$\boldsymbol{F}=\frac{\mathrm{d}\boldsymbol{p}}{\mathrm{d}t}=\frac{\mathrm{d}(m\boldsymbol{v})}{\mathrm{d}t}$，当 m 为常数时，$\boldsymbol{F}=m\boldsymbol{a}$。

第三定律：$\boldsymbol{F}_{12}=-\boldsymbol{F}_{21}$，两个力大小相等，方向相反，是同种性质的力。

2. 动量

动量的定义：对质点 $\boldsymbol{p}=m\boldsymbol{v}$，对质点系 $\boldsymbol{p}=\sum_i \boldsymbol{p}_i$。

动量定理：$\Delta\boldsymbol{p}=\boldsymbol{p}-\boldsymbol{p}_0=\boldsymbol{I}$，式中 $\boldsymbol{I}=\int_{t_0}^{t}\boldsymbol{F}\mathrm{d}t=\int_{t_0}^{t}\sum\boldsymbol{F}_{外}\,\mathrm{d}t$ 为合外力的冲量。

动量守恒定律：当合外力 $\sum\boldsymbol{F}_{外}=0$ 时，即 $\boldsymbol{p}=\sum_i\boldsymbol{p}_i=\boldsymbol{C}_1$，式中 $\boldsymbol{C}_1$ 为常矢量。

3. 角动量

角动量的定义：相对于惯性系中的固定参考点 O，速度为 $\boldsymbol{v}$ 的质点的角动量为

$$\boldsymbol{L}=\boldsymbol{r}\times m\boldsymbol{v}$$

对于质点系，角动量定义为

$$\boldsymbol{L}=\sum_i\boldsymbol{L}_i=\sum_i\boldsymbol{r}_i\times m\boldsymbol{v}_i$$

角动量定理：$\sum\boldsymbol{M}_{外}=\frac{\mathrm{d}\boldsymbol{L}}{\mathrm{d}t}$，其中 $\sum\boldsymbol{M}_{外}=\boldsymbol{r}_i\times\boldsymbol{F}_{i外}$ 为系统所受的相对于 O 点的合外力矩。

角动量守恒定律：当 $\sum \boldsymbol{M}_{外}=0$ 时，$\boldsymbol{L}=\boldsymbol{C}_2$，式中 $\boldsymbol{C}_2$ 为常矢量。

4. 功与能量原理

功的定义：$A=\int \boldsymbol{F}\cdot \mathrm{d}\boldsymbol{r}$。

动能：对于质点 $E_{\mathrm{k}}=\dfrac{1}{2}mv^2$，对于质点系 $E_{\mathrm{k}}=\sum\limits_i E_{\mathrm{k}i}=\sum\limits_i \dfrac{1}{2}m_i v_i^2$。

动能定理：$\Delta E_{\mathrm{k}}=E_{\mathrm{k2}}-E_{\mathrm{k1}}=A$。

势能：$E_{\mathrm{p}}=mgh$，$\Delta E_{\mathrm{p}}=-A_{保守力}$。　　机械能：$E=E_{\mathrm{k}}+E_{\mathrm{p}}$。

功能原理：$\Delta E=A_{外力}+A_{非保守内力}$。

机械能守恒定律：当 $A_{外力}+A_{非保守内力}=0$ 时，$E=C_3$，式中 C_3 为常量。

5. 质心运动定理

$$\boldsymbol{F}=m\boldsymbol{a}_C$$

式中，$\boldsymbol{a}_C$ 是系统质心运动的加速度。

三、知识梗概框图

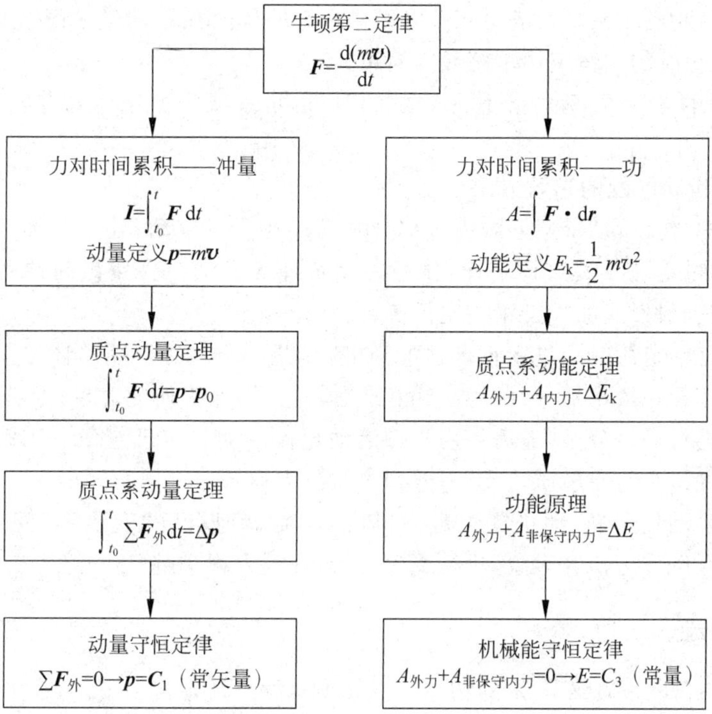

四、基本题型

1. 变力的冲量、动量、角动量、变力的功、动能、势能等物理量的计算。
2. 应用牛顿运动定律求解质点动力学问题。
3. 应用动量定理、角动量定理、动能定理以及功能原理求解质点动力学问题。
4. 应用动量守恒定律、角动量守恒定律和机械能守恒定律求解质点或质点系动力学问题。
5. 综合应用。

五、解题方法介绍

1. 两种方法

质点系动力学问题常用到的解题方法主要包括整体法和隔离体法。整体法是指选取整体作为研究对象(将该研究对象称为“系统”),利用有关定理和定律综合分析计算该系统的相关问题的方法。

所谓隔离体法,是指根据问题的需要,选出一个或多个物体作为研究对象(可称为“隔离体”),分析其周围环境对它们的作用力和隔离体的运动情况,再利用有关定理或定律求解相关问题的方法。

2. 应用质点动力学定理及其守恒定律解题的步骤

对质点或质点系动力学问题原则上都可以用牛顿运动定律求解,但求解一些具体问题时,利用质点动力学定理及其守恒定律求解更直接和方便。

应用质点动力学定理及其守恒定律解题的主要步骤如下:

(1) 明确物理过程,选定研究对象(质点或质点系);

(2) 如果研究对象是质点,则对质点进行受力分析。如果是质点系,则对系统进行受内力、外力分析,判断质点系是否满足相关守恒条件(动量守恒、角动量守恒以及机械能守恒),如果满足,则用相应的守恒定律求解最为简单;

(3) 选定惯性参考系,建立坐标系,根据相应的定理或守恒定律列方程求解,并进行必要的讨论。

3. 变质量运动问题的求解方法

经典力学的“变质量”特指系统内各部分之间存在质量移动,处理此类问题经常用到牛顿运动定律、动量定理及其守恒定律、质心运动定理等方法。虽然该问题属于经典力学范畴,但却不可用一般形式的牛顿第二定律 $\boldsymbol{F}=m\boldsymbol{a}$ 求解。

运用牛顿运动定律或动量定理求解“变质量”问题主要采用“隔离体法”和微积分方法。即先根据题目选择一微小部分(称为“微元”或“质量元”)作为研究对象,并将其视为“质点”,然后对“质点”进行受力分析,最后运用牛顿运动定律或动量定理求解。求解这类问题的关键是选择合适的研究对象(“质量元”),并列出微分方程。

运用质点系动量定理、动量守恒定律、质心运动定理求解“变质量”问题则采用“整体法”,即把整个系统作为研究对象,进行受力分析,并列方程求解。

六、典型例题

例题 2.1 假设一质量为 m 的物体在空气中由静止开始自由下落,在下落过程中,该物体所受到的阻力 f 大小与物体的速度 v 成正比,而方向相反,即 $f=-kv$,其中 k 为大于零的常数。如果取竖直向下为 y 轴的正方向,则

(1) 求物体运动的收尾速度(即物体不再加速时的速度)。

(2) 求出速度随时间变化的表达式,并作出 v-t 的曲线图。

(3) 定性地画出这种运动的 y-t 以及 a-t 的曲线图。

选题目的 应用牛顿运动定律解决质点运动学第二类问题——变力下的单体问题。

分析 本题属于质点动力学问题,即已知受力规律,求加速度、速度和运动学方程,解题

时，对落体进行受力分析并列出方程，用积分法求解。求解时，要注意落体达到收尾速度时，其加速度为零。

解　(1) 对下落物体进行受力分析，并建立坐标系如图 2-1(a)所示。物体受到重力和空气阻力的作用，因此，其在 y 轴方向受到的合力为 $mg-kv$，根据牛顿第二定律，有

$$mg-kv=m\frac{\mathrm{d}v}{\mathrm{d}t}=ma \tag{Ⅰ}$$

则得物体下落的加速度为

$$a=\frac{mg-kv}{m} \tag{Ⅱ}$$

当物体达到收尾速度即不再加速时，$a=0$。由式(Ⅱ)即可得到物体的收尾速度为

$$v_{\mathrm{T}}=\frac{mg}{k} \tag{Ⅲ}$$

(2) 将式(Ⅲ)代入式(Ⅰ)后分离变量，得

$$\frac{\mathrm{d}v}{v_{\mathrm{T}}-v}=\frac{k}{m}\mathrm{d}t$$

对上式两边积分，并代入初始条件，可得

$$\int_0^v\frac{\mathrm{d}v}{v_{\mathrm{T}}-v}=\int_0^t\frac{k}{m}\mathrm{d}t$$

解得

$$\ln\frac{v_{\mathrm{T}}-v}{v_{\mathrm{T}}}=-\frac{k}{m}t$$

故得

$$v=v_{\mathrm{T}}(1-\mathrm{e}^{-\frac{k}{m}t}) \tag{Ⅳ}$$

(3) 由式(Ⅳ)及 $v=\mathrm{d}y/\mathrm{d}t$，可得

$$y=\int_0^t v_{\mathrm{T}}\mathrm{d}t-v_{\mathrm{T}}\int_0^t\mathrm{e}^{-\frac{k}{m}t}\mathrm{d}t=v_{\mathrm{T}}t+v_{\mathrm{T}}\left(\frac{m}{k}\mathrm{e}^{-\frac{k}{m}t}-\frac{m}{k}\right)=v_{\mathrm{T}}t+v_{\mathrm{T}}\frac{m}{k}(\mathrm{e}^{-\frac{k}{m}t}-1)$$

而

$$a=\frac{\mathrm{d}v}{\mathrm{d}t}=g\,\mathrm{e}^{-\frac{k}{m}t} \tag{Ⅴ}$$

综上所述，可绘制出 v-t 和 y-t 以及 a-t 的曲线，分别如图 2-1(b)～(d)所示。

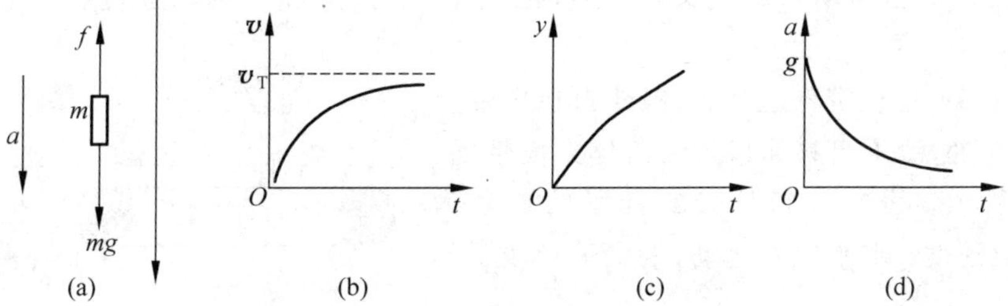

图 2-1　例题 2.1 用图

讨论 (1) 当 $t\to\infty$ 时，$v=v_T=\dfrac{mg}{k}$，而当 $t=\dfrac{k}{m}$ 时，$v=v_T\left(1-\dfrac{1}{e}\right)=0.632v_T$。

(2) 只要 $t\gg\dfrac{k}{m}$ 时，就可以认为 $v\approx v_T$，我们把 v_T 叫作收尾速度(或极限速度)，当物体下降的时间满足 $t\gg\dfrac{k}{m}$ 时，物体就以收尾速度匀速下降。

(3) 当物体下降速度达到收尾速度时，其加速度为 0。由式(Ⅴ)和图 2-1(d)可知，物体起初的加速度为 g，而最终的加速度为 0。

(4) 本例题具有实际意义，在一般情况下，空气和液体中下降的物体都存在类似情况，典型例子(十分近似)如下：雨点的收尾速度为 $7.6\ \mathrm{m\cdot s^{-1}}$；烟粒的收尾速度为 $10^{-3}\ \mathrm{m\cdot s^{-1}}$；高空跳伞时，人降落的收尾速度为 $7.6\ \mathrm{m\cdot s^{-1}}$。

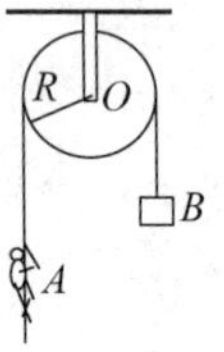

图 2-2 例题 2.2 用图

例题 2.2 如图 2-2 所示，一不可伸长的轻绳绕过一质量可以忽略、半径为 R 的定滑轮，一质量为 m 的人抓住绳子的一端 A，绳子的另一端系一个质量为 m 的重物 B，开始时，重物和人都静止不动。试求当人相对于绳子以匀速 u 向上爬时，重物 B 相对地面上升的速度。

选题目的 掌握用角动量守恒定律求解问题。

分析 本题涉及相对运动的问题，要求出人相对地面的速度及系统的角动量和合外力矩。

解 选取人、滑轮、绳子、重物组成的系统为研究对象，则人和重物的重力、滑轮受到轴的力是系统所受的外力，以 O 为参考点，系统所受的合外力矩为

$$M=M_A+M_B=-mgR+mgR=0$$

因此，系统对 O 点的角动量守恒。人相对绳子的速度是 $\boldsymbol{u}$，设左端绳子向下的速度是 $\boldsymbol{v}$，根据伽利略速度变换，人相对地面的速率为

$$v'=|\boldsymbol{v}'|=|\boldsymbol{u}+\boldsymbol{v}|=u-v$$

系统相对于 O 点的角动量守恒，初始状态系统的角动量为零。人向上爬时，系统相对于 O 点的角动量大小为

$$L=Rmv-Rm(u-v)=0$$

于是得到

$$v=0.5u$$

所以重物的速度为 $0.5u$。

讨论 本题的关键点是运用角动量守恒定律求解。利用伽利略速度变换求出人相对于地面的速度。掌握角动量的定义，求系统的角动量时，人和重物的速度都是相对地面的速度。

例题 2.3 用皮带输送沙子，料斗口在皮带上方高度为 h 处，沙子自料斗口自由落体到皮带上，如图 2-3 所示。设料斗口连续卸沙子的流量为 m_0，皮带以速度 $\boldsymbol{v}$ 水平向右运动，求皮带对沙子的作用力。

选题目的 应用动量定理求解"变质量"问题。

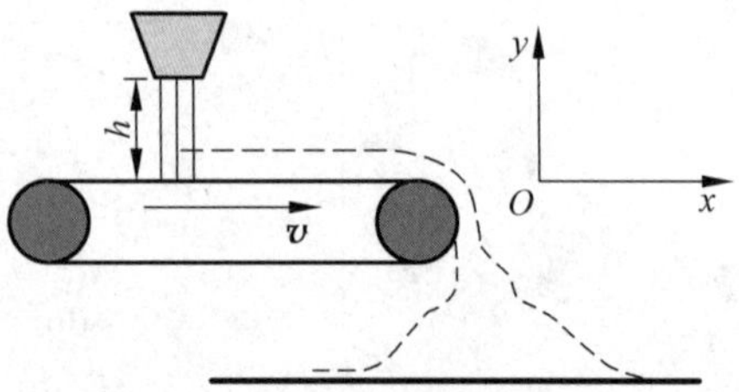

图 2-3 例题 2.3 用图

分析　本题的关键是正确地选择研究对象。沙子落到皮带上，受到皮带的作用力，瞬间速度变为$\boldsymbol{v}$，之后不再受到皮带的作用力。因此选择刚刚落到皮带上的沙子为研究对象。

解　将任一元过程 $\mathrm{d}t$ 内，落于皮带的沙子作为研究对象，其质量元 $\mathrm{d}m=m_0\mathrm{d}t$，建立如图 2-3 所示的直角坐标系。落到皮带上的沙子受到皮带的作用，在竖直方向上的动量增量为

$$\mathrm{d}p_y=\mathrm{d}m(0-v_{y0})=\sqrt{2gh}\cdot\mathrm{d}m$$

由动量定理有

$$F_y\mathrm{d}t=\mathrm{d}p_y=\sqrt{2gh}\cdot m_0\mathrm{d}t$$

则得

$$F_y=\sqrt{2gh}\cdot m_0$$

$\mathrm{d}m$ 在水平方向上的动量增量为

$$\mathrm{d}p_x=\mathrm{d}m(v-0)=v\mathrm{d}m$$

由动量定理有

$$F_x\mathrm{d}t=\mathrm{d}p_x=v\cdot m_0\mathrm{d}t$$

则得

$$F_x=vm_0$$

因此皮带对沙子的作用力的大小为

$$F=\sqrt{F_x^2+F_y^2}=m_0\sqrt{v^2+2gh}$$

方向为

$$\theta=\arctan\left(\frac{\sqrt{2gh}}{v}\right)$$

讨论　本题的关键是根据沙子运动状态进行分析，选择刚落到皮带上的沙子为研究对象，并写出其质量元的表达式。

例题 2.4　质量为 m 的子弹 A，穿过如图 2-4 所示的静止摆锤 B 后，速率由 v 减少到 $v/2$。已知摆锤的质量为 m'，摆线长度为 l，如果摆锤能在垂直平面内完成一个完全的圆周运动，子弹速率 v 的最小值应为多少？

选题目的　综合运用多个守恒定律求解问题。

分析　该题可分两个过程进行分析。首先是子弹穿过摆锤的过程。选取子弹与摆锤组成系统，由于子弹瞬间穿过摆锤，可认为系统在水平方向不受外力的冲量作用，系统在该方向上动量守恒。其次，摆锤在做圆周运动的过程中，摆锤与地球组成的系统满足机械能守恒定律。根据这两个守恒定律即可求解本题。

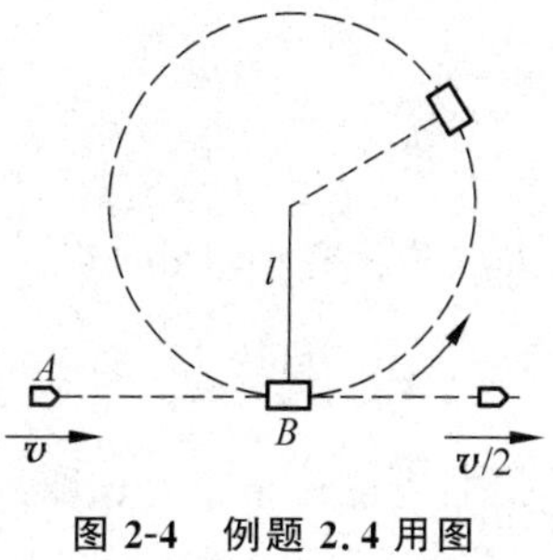

图 2-4　例题 2.4 用图

解　对于子弹与摆锤组成的系统，由于水平方向的动量守恒定律，有

$$mv=m\frac{v}{2}+m'v'$$

为使摆锤恰好能在垂直平面内做圆周运动，在最高点时，摆线中的张力 $F=0$，摆锤的重力提供圆周运动的向心力，设摆锤到达最高点的速度为 v_h'，则

$$m'g = \frac{m'v'^2_h}{l}$$

摆锤在垂直平面内做圆周运动的过程中,满足机械能守恒定律,故有

$$\frac{1}{2}m'v'^2 = 2m'gl + \frac{1}{2}m'v'^2_h$$

联立上述三个方程,可得所需子弹速率的最小值为

$$v = \frac{2m'}{m}\sqrt{5gl}$$

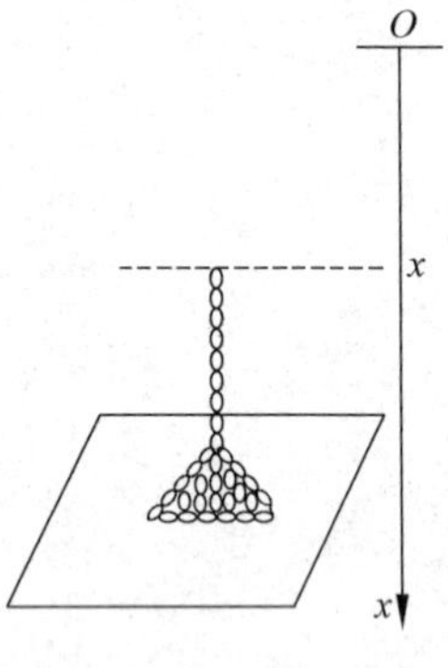

图 2-5 例题 2.5 用图

例题 2.5 手提一柔软长链条的上端,使其下端刚好与桌面接触,然后松手使链条自由下落。试证明链条下落过程中,桌面受到的压力等于已落在桌面上的链条的重力的 3 倍。

选题目的 应用动量定理和质心运动定理求解"变质量"问题。

分析 本题属于"变质量"问题。求解这类问题的关键是要选择一个确定的对象。本题可采用"隔离体法",在长链中选择一部分作为研究对象,通过研究该部分在选定的过程前后的动量变化和受力情况,列出方程求解。也可以采用"整体法",把整根链条作为研究对象,运用质点系动量定理、质心运动定理求解。

证明 **方法 1** 如图 2-5 所示,设在松手后的 t 时刻,链条的上端已自由下落了 x 的距离。这时已落在桌面上的链条的长度也就等于 x,其质量为 $m'=\rho x$,其中 ρ 为链条单位长度的质量(视为常数),这时空中链条的速度为 $v=\sqrt{2gx}$(自由下落)。在此后的 $\mathrm{d}t$ 时间内,将有质量为 $\mathrm{d}m=\rho\mathrm{d}x=\rho v\mathrm{d}t$ 的一小段链条落在桌面上,其速度由 v 变为 0。选取这一小段链条为研究对象,因为这一段链条和桌面接触,对桌面有压力,其受到重力 $\mathrm{d}m\cdot g$ 和支持力 N 的作用,由动量定理 $\boldsymbol{F}\mathrm{d}t=\mathrm{d}\boldsymbol{p}$,有

$$[\mathrm{d}m\cdot g - N]\mathrm{d}t = \mathrm{d}m(0-v)$$

即

$$\mathrm{d}m\cdot g\mathrm{d}t - N\mathrm{d}t = -v\mathrm{d}m$$

略去二阶无穷小量 $\mathrm{d}m\cdot\mathrm{d}t$,即得

$$N = \frac{\mathrm{d}m}{\mathrm{d}t}v = \rho v^2 = \rho\cdot 2gx$$

t 时刻,下落在桌子上长度为 x 的链条受到的支持力为

$$N' = m'g = x\rho g$$

可得桌面受到的总压力为

$$N_{总} = N + N' = 3\rho xg = 3mg$$

讨论 (1) 当所取的研究对象的质量随时间变化(称为"变质量"问题)时,不能再用 $\boldsymbol{F}=m\boldsymbol{a}=m\dfrac{\mathrm{d}\boldsymbol{v}}{\mathrm{d}t}$求解了,而应改用动量定理 $\boldsymbol{F}\mathrm{d}t=\mathrm{d}\boldsymbol{p}$ 求解,注意,由于 m 随时间变化,则不能将质量 m 从微分号内提出来;

(2) 由于链条在下落过程中,对桌面产生冲力,所以,落入桌面的链条对桌面产生的压

力大于其本身的重力，计算结果表明压力等于已落到桌面上的链条的重力的 3 倍。

方法 2　用质点系的动量定理求解。

以整根链条为研究对象，系统的总质量不变。在如图 2-5 所示的坐标系中，设链条的总长度为 l，t 时刻链条落到桌面上的长度为 x，则空中剩余部分的链条长度为 $(l-x)$，其动量为 $p_1=\rho(l-x)v$，而桌面部分的链条静止，其动量为 $p_2=0$，因此系统的总动量为

$$p=p_1+p_2=\rho(l-x)v$$

当取整根链条为研究对象时，其所受的合外力为整个链条的重力 $M\boldsymbol{g}$ 和桌面对绳子的支持力 N，即

$$F_{合}=Mg-N$$

根据质点系的动量定理，可得

$$F_{合}=Mg-N=\frac{\mathrm{d}p}{\mathrm{d}t}=\frac{\mathrm{d}[\rho(l-x)v]}{\mathrm{d}t}$$

由此可得

$$Mg-N=\rho(l-x)\frac{\mathrm{d}v}{\mathrm{d}t}-\rho v^2=m_1 g-\rho v^2$$

即得

$$N=(M-m_1 g)+\rho v^2=mg+\rho v^2$$

以下求解过程与方法 1 的相同，可得到同样的结果。

方法 3　应用质心运动定理求解。

以整根链条为研究对象。设整根链条的总质量为 M，在如图 2-5 所示的坐标系中，当链条下落长度为 x 时，空中剩余部分的链条的质量为 $m_1=\rho(l-x)$，质心在 $x_1=\frac{1}{2}(l+x)$ 处，桌面部分的质量为 $m_2=\rho x$，质心在 $x_2=l$ 处，因此，整个系统的质心为

$$x_C=\frac{m_1x_1+m_2x_2}{m_1+m_2}=\frac{\rho(l-x)^2}{2M}$$

根据质心运动定理，可得

$$F_{合}=Mg-N=Ma_C=M\frac{\mathrm{d}^2x_C}{\mathrm{d}t^2}=\frac{\mathrm{d}^2}{\mathrm{d}t^2}\left[\frac{\rho}{2}(l-x)^2\right]$$

即得

$$F_{合}=Mg-N=Ma_C=\frac{\mathrm{d}[\rho(l-x)v]}{\mathrm{d}t}$$

以下求解过程与方法 2 的相同，可得到同样的结果。

讨论　利用质心运动定理求解“变质量”问题，也是一种很好的方法，有时可以使问题变得简单易求，但要注意研究对象的选取。

例题 2.6　在粗糙的桌面上平放着一根质量为 m、总长度为 l 的均匀链条，它的下端垂在桌的边缘，下垂的长度为 a。当链条从静止开始下滑时，求：

(1) 在链条全部从桌面滑下的过程中，作用在链条上的摩擦力做的功(设摩擦因数为 μ)。

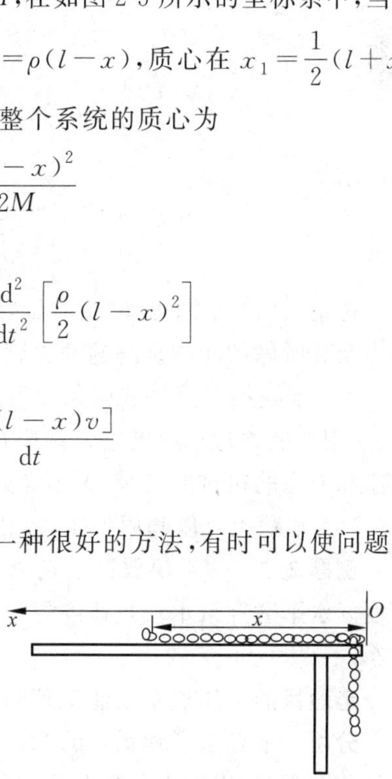

图 2-6　例题 2.6 用图

例题 2.6

(2) 链条离开桌面时的速度。

选题目的 功的计算与功能原理的应用。

解 (1) 建立如图 2-6 所示的 Ox 坐标系，以链条为研究对象，以桌面为参考系。设 t 时刻桌面上的链条的长度为 x，则桌面上的链条的质量为 $\rho x=\frac{m}{l}x$，作用在链条上的摩擦力为 $f=\mu\frac{m}{l}xg$，摩擦力所做的元功为

$$dA=\boldsymbol{f}\cdot d\boldsymbol{r}=f\,dx=\mu\frac{m}{l}xg\,dx$$

链条开始下落时，$x=l-a$，链条全部下滑时，$x=0$，故得

$$A=\int dA=\int_{l-a}^{0}\mu\frac{m}{l}xg\,dx=-\frac{1}{2l}\mu mg(l-a)^2$$

(2) 利用功能原理求解速度。选取链条和地球为研究对象，以桌面作为重力势能零点，则系统在初态和末态的机械能分别为

初态：$E_1=-\frac{1}{2}\frac{m}{l}aga=-\frac{1}{2l}mga^2$

末态：$E_2=-\frac{1}{2}mgl+\frac{1}{2}mv^2$

而 $A_{\text{内力非保守力}}=0$，所以，由功能原理，得

$$\Delta E=A_{\text{外力}}+A_{\text{内力非保守力}}=A_{\text{摩擦力}}+0=-\frac{1}{2l}\mu mg(l-a)^2$$

故得

$$\left(-\frac{1}{2}mgl+\frac{1}{2}mv^2\right)-\left(-\frac{1}{2l}mga^2\right)=-\frac{1}{2l}\mu mg(l-a)^2$$

因此求得

$$v=\sqrt{\frac{g(l^2-a^2)-\mu g(l-a)^2}{l}}$$

讨论 (1) 本题也是“变质量”问题，所求摩擦力做的功为变力之功，因此，正确写出摩擦力及其所做的元功是解题的关键，事实上，功的定义中被积分项就是元功 $dA=\boldsymbol{f}\cdot d\boldsymbol{r}$。

(2) 本题第二问是求链条离开桌面时的速度，由于我们已经求出摩擦力所做的功，所以，采用功能原理求速度应为首选方法，在已知内外力所做的功时，我们只需要求出系统在初态和末态的机械能增量，无须考虑中间过程的细节，即可求解。

(3) 本题也可以利用牛顿运动定律，通过积分求出速度 v，请读者自己练习。

例题 2.7 一木块放置于光滑水平面上，其质量为 M，长度为 L。质量为 m 的子弹以速度 v 水平射穿该木块且速度降为 $v/2$，假定子弹受到木块的摩擦力是恒定的，求摩擦力的大小。

选题目的 质点系动能定理的运用。

分析 本题求子弹受到的摩擦力，没有给出力的作用时间，也没有给出子弹在受力过程中的移动距离(以地面为参考系)，所以不能单独以子弹为研究对象运用动量定理或动能定理求解。研究对象应选择子弹和木块组成的系统。

解　设子弹所受的摩擦力大小为 f，子弹射穿木块后木块的速度为 u。由于水平面光滑，子弹与木块组成的系统的动量守恒，即

$$mv=\frac{1}{2}mv+Mu$$

则得

$$u=\frac{mv}{2M}$$

子弹与木块之间的一对摩擦力所做的功为

$$A_f=-fL$$

根据质点系的动能定理，可得

$$-fL=\frac{1}{2}m\left(\frac{v}{2}\right)^2+\frac{1}{2}Mu^2-\frac{1}{2}mv^2$$

把 $u=mv/(2M)$代入上式，得摩擦力的大小为

$$f=\frac{mv^2}{8L}\left(3-\frac{m}{M}\right)$$

讨论　本题的关键是根据题意选择子弹与木块组成的系统为研究对象，利用公式简单地计算出一对摩擦力所做的功，从而计算出摩擦力的大小。

例题 2.8　在平滑的水平面上放置一质量为 M 的大炮，其仰角为 θ，大炮发射出质量为 m 的炮弹，炮弹出炮口速度大小为 $\boldsymbol{v}_0$（相对地面）。求炮弹的水平射程。

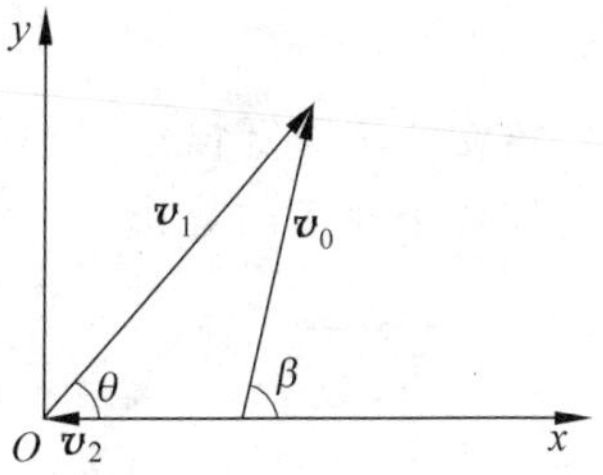

图 2-7　例题 2.8 用图

选题目的　动量守恒定律的应用。

分析　根据题意，可将大炮和炮弹作为系统，此系统仅受到垂直方向的重力和支持力的作用，而水平方向不受任何外力作用，因此水平方向动量守恒。

解　由题可知，炮弹相对于大炮的速度 $\boldsymbol{v}_1$ 的方向与水平方向成 θ 角；大炮相对于地面的速度为 $\boldsymbol{v}_2$，方向为沿 x 轴负方向；已知炮弹相对于地面的速率为 $\boldsymbol{v}_0$（由于大炮本身也在运动），设其方向与水平方向成 β 角，如图 2-7 所示。

由速度合成公式可知

$$\boldsymbol{v}_0=\boldsymbol{v}_1+\boldsymbol{v}_2$$

分别在 x 轴方向和 y 轴方向投影得

$$v_0\cos\beta=v_1\cos\theta-v_2 \tag{Ⅰ}$$

$$v_1\sin\theta=v_0\sin\beta \tag{Ⅱ}$$

在 x 轴方向（水平方向）动量守恒，即

$$mv_0\cos\beta+(-Mv_2)=0 \tag{Ⅲ}$$

由式（Ⅱ）得

$$v_1=\frac{v_0\sin\beta}{\sin\theta} \tag{Ⅳ}$$

由式（Ⅲ）得

$$v_2=\frac{mv_0\cos\beta}{M} \tag{Ⅴ}$$

将式(Ⅳ)、式(Ⅴ)代入式(Ⅰ)得

$$\frac{v_0 \sin\beta}{\sin\theta}\cos\theta = \frac{m v_0 \cos\beta}{M} + v_0 \cos\beta$$

经过化简可求得

$$\cos\beta = \sqrt{\frac{1}{\tan^2\theta\left(\frac{m}{M}+1\right)^2+1}} \tag{Ⅵ}$$

$$\sin\beta = \sqrt{1-\cos^2\beta} = \sqrt{\frac{\tan^2\theta\left(\frac{m}{M}+1\right)^2}{\tan^2\theta\left(\frac{m}{M}+1\right)^2+1}} \tag{Ⅶ}$$

因为水平射程公式为

$$x = \frac{2v_0^2 \sin\beta\cos\beta}{g}$$

将式(Ⅵ)、式(Ⅶ)代入上式得

$$x = \frac{2v_0^2}{g}\left[\frac{\tan\theta\cdot\left(\frac{m}{M}+1\right)}{\tan^2\theta\cdot\left(\frac{m}{M}+1\right)^2+1}\right]$$

讨论 动量守恒定律中的速度是相对同一惯性系的速度,在有相对运动时,要特别注意对物体各个速度的分析。

例题 2.9 如图 2-8 所示,弹性系数为 k 的轻弹簧,原长为 L_0,下端挂着质量为 m 的物体,弹簧的伸长量为 l_0。以平衡位置为 x 轴的原点,x 轴向下,求物体位置坐标为 x 时系统的势能。

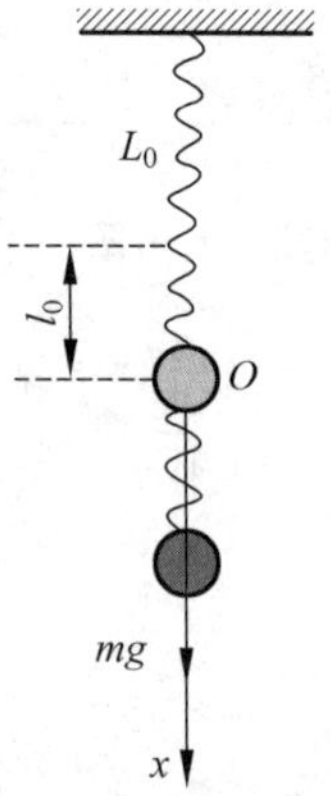

图 2-8 例题 2.9 用图

选题目的 如何选择势能零点。

分析 系统由弹簧和物体组成,题中没有给出势能零点,需要自己设定,通常选择原长状态为弹簧势能零点,本题分别选择原长和坐标原点为系统的势能零点进行计算并比较两者的结果。

解 **方法 1** 选择弹簧原长为系统的势能零点,当物体位置坐标为 x 时,弹簧的弹性势能等于

$$E_{p1} = \int_p^{p_0} \boldsymbol{f}\cdot d\boldsymbol{r} = \int_x^{-l_0} -k(x+l_0)\cdot dx = \frac{1}{2}k(x+l_0)^2$$

重力势能为

$$E_{p2} = -mg(x+l_0)$$

因此,系统的势能为

$$E_p = E_{p1} + E_{p2} = \frac{1}{2}k(x+l_0)^2 - mg(x+l_0)$$

根据题意可得 $kl_0 = mg$,代入上式得

$$E_p = \frac{1}{2}k(x^2 - l_0^2)$$

方法 2　选择坐标原点为系统的势能零点，当物体位置坐标为 x 时，弹簧的弹性势能等于

$$E_{p1}=\int_{p}^{p_0}\boldsymbol{f}\cdot\mathrm{d}\boldsymbol{r}=\int_{x}^{0}-k(x+l_0)\cdot\mathrm{d}x=\frac{1}{2}k(x+l_0)^2-\frac{1}{2}kl_0^2$$

重力势能为

$$E_{p2}=-mgx$$

因此，系统的势能为

$$E_p=E_{p1}+E_{p2}=\frac{1}{2}k(x+l_0)^2-\frac{1}{2}kl_0^2-mgx$$

将 $kl_0=mg$ 代入上式得

$$E_p=\frac{1}{2}kx^2$$

讨论　系统的势能与势能零点的选取有关。选择 x 轴的坐标原点为势能零点，得到的系统的势能表达式更加简洁。

例题 2.10　有两个自由质点，其质量分别为 m_1 和 m_2，它们之间的相互作用符合万有引力定律。开始时，两个质点的距离为 l，它们都处于静止状态，在万有引力的作用下，它们相互靠近。试求当它们的距离变为 $l/2$ 时，两质点的速率各为多少？

选题目的　利用动量守恒定律和机械能守恒定律，求质点的速度。

分析　若将其中一个质点作为研究对象，先计算出作用于该质点的万有引力做的功，再运用动能定理原则上可以计算出该质点在末态的速度，但是万有引力取决于两质点之间的相对位置，在本题中是变力，要直接计算出引力做的功相对比较麻烦。本题若将两个质点组成的系统作为研究对象，则系统仅受保守力内力——万有引力的作用，动量和机械能都守恒，不必考虑运动过程中万有引力是如何作用于质点的，问题变得相对简单。

解　由题意可知，两个质点组成的系统的动量和机械能守恒，设两质点间的距离变为 $l/2$ 时，它们的速率分别为 v_1 和 v_2，以两质点相距无穷远为势能零点，则由质点系的动量守恒得

$$m_1v_1-m_2v_2=0 \tag{1}$$

由机械能守恒定律得

$$-\frac{Gm_1m_2}{l}=\frac{1}{2}m_1v_1^2+\frac{1}{2}m_2v_2^2-\frac{Gm_1m_2}{l/2} \tag{2}$$

联立以上两式，解得

$$v_1=m_2\sqrt{\frac{2G}{m_1+m_2}}$$

$$v_2=m_1\sqrt{\frac{2G}{m_1+m_2}}$$

讨论　本题若以一个质点为研究对象，则动量是不守恒的，但以两个质点组成的系统为研究对象，则系统不受外力作用，仅受内力的作用，因此系统的动量守恒。内力虽然对系统内的每个质点的动量都有贡献，但对整个系统的动量的贡献为零。

例题 2.11　一质量为 m 的质点在 xOy 平面内运动，其位置矢量为 $\boldsymbol{r}=a\cos\omega t\boldsymbol{i}+$

$b\sin\omega t\boldsymbol{j}$，其中 a、b 和 ω 均为正常数。试以运动学和动力学观点证明该质点的角动量守恒。

选题目的 理解角动量定义和角动量守恒定律的守恒条件。

分析 从运动学观点证明，只需要证明 $\boldsymbol{L}=\boldsymbol{r}\times m\boldsymbol{v}=\boldsymbol{c}$（常量）即可；而从动力学观点证明，则是从角动量守恒满足的条件入手，证明 $\boldsymbol{M}=\boldsymbol{r}\times\boldsymbol{F}=0$。

证明 （1）从运动学观点证明。已知质点运动方程为

$$\boldsymbol{r}=a\cos\omega t\boldsymbol{i}+b\sin\omega t\boldsymbol{j} \tag{1}$$

则质点的动量为

$$\boldsymbol{p}=m\boldsymbol{v}=m\frac{\mathrm{d}\boldsymbol{r}}{\mathrm{d}t}=-ma\omega\sin\omega t\boldsymbol{i}+mb\omega\cos\omega t\boldsymbol{j} \tag{2}$$

因此可得质点对坐标原点的角动量为

$$\begin{aligned}\boldsymbol{L}=\boldsymbol{r}\times\boldsymbol{p}&=(a\cos\omega t\boldsymbol{i}+b\sin\omega t\boldsymbol{j})\times(-ma\omega\sin\omega t\boldsymbol{i}+mb\omega\cos\omega t\boldsymbol{j})\\&=abm\omega\cos^2\omega t\boldsymbol{k}+abm\omega\sin^2\omega t\boldsymbol{k}=abm\omega\boldsymbol{k}\end{aligned}$$

因为 a、b 和 ω 均为常量，故 $\boldsymbol{L}$ 与 t 无关，即质点对坐标原点的角动量守恒。

（2）从动力学观点证明。由质点运动方程，可求得质点所受的合力为

$$\boldsymbol{F}=m\boldsymbol{a}=m\frac{\mathrm{d}^2\boldsymbol{r}}{\mathrm{d}t^2}=-m\omega^2(a\cos\omega t\boldsymbol{i}+b\sin\omega t\boldsymbol{j})=-m\omega^2\boldsymbol{r}$$

因此可得质点对坐标原点所受的合力矩为

$$\boldsymbol{M}=\boldsymbol{r}\times\boldsymbol{F}=\boldsymbol{r}\times(-m\omega^2\boldsymbol{r})=0$$

由角动量守恒定律的条件可知，质点对坐标原点的角动量守恒。

讨论 （1）角动量和力矩都是矢量，它们的矢量式在数学上是叉乘运算关系，因此，除以上求解方法外，还可以利用叉乘的行列式求解，例如，在本题中求角动量，就可以表示为

$$\begin{aligned}\boldsymbol{L}=\boldsymbol{r}\times\boldsymbol{p}&=\begin{vmatrix}\boldsymbol{i}&\boldsymbol{j}&\boldsymbol{k}\\a\cos\omega t&b\sin\omega t&0\\-ma\omega\sin\omega t&mb\omega\cos\omega t&0\end{vmatrix}\\&=\boldsymbol{k}[a\cos\omega t\cdot mb\omega\cos\omega t-b\sin\omega t(-ma\omega\sin\omega t)]=abm\omega\boldsymbol{k}\end{aligned}$$

同理，可用行列式求力矩。用行列式求解时的计算是大家所熟悉的。

（2）本题从运动学和动力学角度证明了角动量守恒，进一步加深了我们对角动量及其守恒条件的理解。

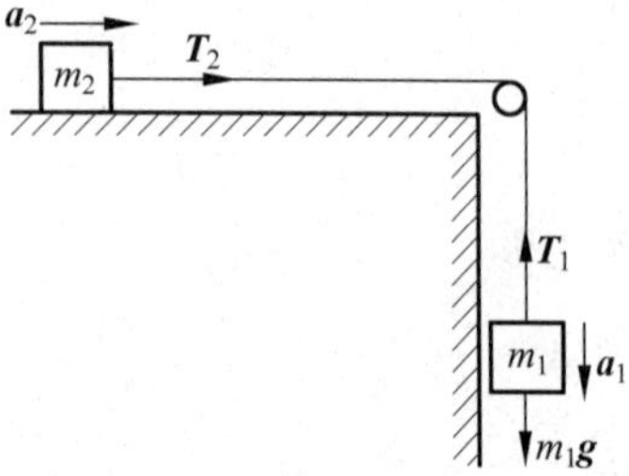

图 2-9 例题 2.12 用图

例题 2.12 一根不可伸长的轻绳跨过一个质量不计的滑轮，绳的两端分别连接质量为 m_1 和 m_2 的两个物体，如图 2-9 所示。若桌面光滑且不计空气阻力，求 m_1 从静止开始下落 h 高度时的速率 v_1。

选题目的 根据所选择的研究对象的不同，运用不同的方法解题，找到最简单的方法。

解 **方法 1** 以 m_1，m_2 为研究对象，运用隔离体法，由牛顿运动定律求解。

以地面为参考系，对于 m_1，m_2，由牛顿第二定律可得

$$m_1g-T_1=ma_1$$

$$T_2=m_2a_2$$

由于绳子不可伸长，所以轮和绳的质量忽略不计，则有

$$T_1 = T_2, \quad a_1 = a_2$$

联立上述公式解得

$$a_1 = a_2 = \frac{m_1 g}{m_1 + m_2}$$

显然 m_1 做匀变速直线运动，由运动学公式 $v_1^2 = 2ah$ 解得

$$v_1 = \sqrt{\frac{2m_1 gh}{m_1 + m_2}}$$

方法 2　以 m_1，m_2 为研究对象，运用隔离体法，由动能定理求解。

对 m_1，根据动能定理有

$$m_1 gh - \int_0^h T_1 \mathrm{d}S = \frac{1}{2} m_1 v_1^2 - 0$$

对 m_2，根据动能定理有

$$\int_0^h T_2 \mathrm{d}S = \frac{1}{2} m_2 v_2^2 - 0$$

由于绳子不可伸长，所以轮和绳的质量忽略不计，则有

$$T_1 = T_2, \quad v_1 = v_2$$

联立上述公式解得

$$v_1 = \sqrt{\frac{2m_1 gh}{m_1 + m_2}}$$

方法 3　以 m_1，m_2 和地球组成的系统为研究对象，由功能原理求解。绳子的拉力为外力，其对系统做的功等于系统机械能的变化。取初始位置为势能零点，则得

$$\int_0^h T_1 \mathrm{d}S - \int_0^h T_2 \mathrm{d}S = \left(\frac{1}{2} m_1 v_1^2 + \frac{1}{2} m_2 v_2^2 - m_1 gh\right) - 0$$

又由于

$$T_1 = T_2, \quad v_1 = v_2$$

则解得

$$v_1 = \sqrt{\frac{2m_1 gh}{m_1 + m_2}}$$

方法 4　以 m_1，m_2，绳子和地球组成的系统为研究对象，由机械能守恒定律求解。

对于 m_1，m_2，绳子和地球组成的系统，其不受外力的作用，因此机械能守恒，即

$$\frac{1}{2} m_1 v_1^2 + \frac{1}{2} m_2 v_2^2 - m_1 gh = 0$$

又由于

$$v_1 = v_2$$

则解得

$$v_1 = \sqrt{\frac{2m_1 gh}{m_1 + m_2}}$$

讨论　此题可运用 4 种方法求解。从以上各种求解过程可以发现，用守恒定律求解最

为简便,用牛顿第二定律求解一般不简便。因此,如果条件满足,首选守恒定律求解问题。如果求解某一时刻的加速度或瞬时受力,一般运用牛顿运动定律。

七、课堂讨论与练习

(一) 课堂讨论

1. 回答以下问题。

(1) A、B 为均质球体,如图 2-10(a)和(b)所示静止放置,讨论 A、B 的受力情况。

(2) A、B 被水平方向的力 $\boldsymbol{F}$ 压在竖直的粗糙平面上保持静止,如图 2-10(c)所示,如 F 增为原来 2 倍,A 和 B 的受力如何变化?

(3) 如图 2-10(d)所示,A 与 B 叠放在一起,分以下几种情况讨论 A、B 的受力情况:①A、B 静止;②A、B 一起自由下落;③A、B 一起匀速上升。

(4) A 与 B 用轻弹簧相连,置于光滑平板 C 上,如图 2-10(e)所示,整体处于静止状态,若突然抽出 C 板,则在抽出的瞬间,A 和 B 的加速度各为多少?

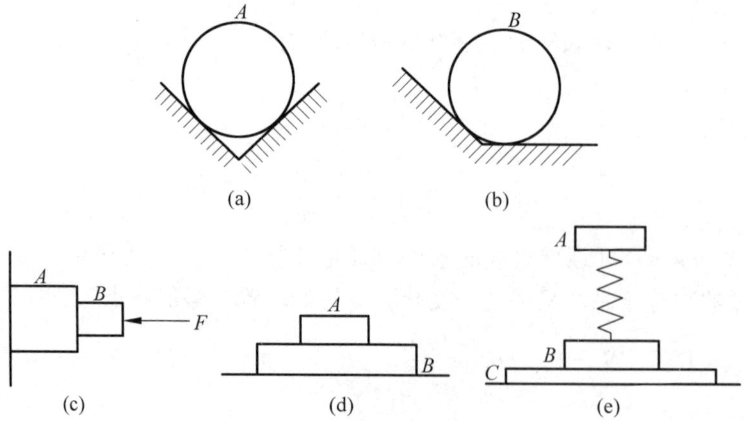

图 2-10 课堂讨论题 1 用图

2. 质量为 m 的铁锤竖直落下,打在木桩上面静止下来。设打击时间为 Δt,碰撞前的速率为 v,则在碰撞过程中,铁锤所受的平均合外力的大小是多少?

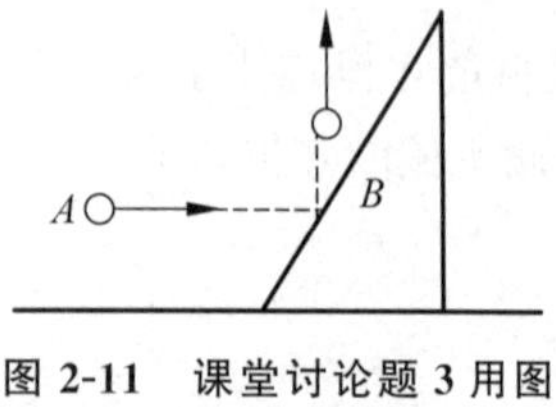

图 2-11 课堂讨论题 3 用图

3. 如图 2-11 所示,质量为 m 的小球 A 以水平速度 v 与置于光滑桌面上质量为 M 的斜劈 B 碰撞之后竖直弹起,则碰撞前后 A、B 组成的系统的动量是否守恒?若令斜劈 B 的左右位置互换,使其竖直面朝向物体 A,则碰撞前后系统的动量是否守恒?

4. 如图 2-12 所示,质量为 m 的物体放在水平传送带上,与传送带一起以恒定的加速度 $\boldsymbol{a}$ 前进,当物体被传送一段距离 s 时,传送带对物体做的功是多少?物体对传送带做的功多少?请分别以地面和皮带为参考系考虑问题。在两个参考系中它们互相所做的功的总和是否改变?

5. 如图 2-13 所示,M 沿光滑斜面下滑,滑轮的质量不计,摩擦力可忽略不计。试判断:

(1) 取 M 和地球为系统,机械能守恒吗?

（2）取 M、m 和地球为系统，机械能守恒吗？

（3）取 M、m、绳和地球为一系统，机械能守恒吗？

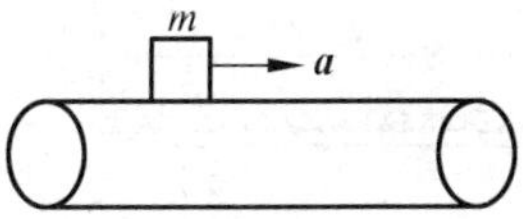

图 2-12　课堂讨论题 4 用图

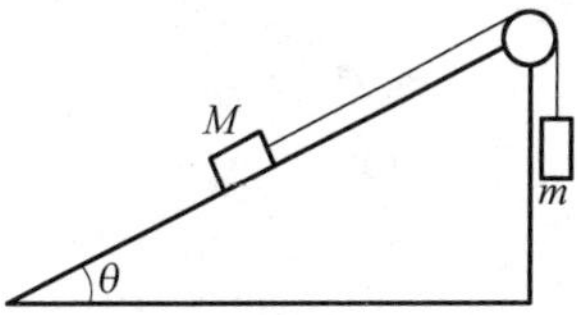

图 2-13　课堂讨论题 5 用图

(二) 课堂练习

1. 如图 2-14 所示，质量为 m 的物体 A 放在水平面上，已知滑动摩擦因数为 μ，求：欲拉动 A 以恒定速度 $\boldsymbol{v}$ 沿水平方向前进所需的最小的拉力 $\boldsymbol{F}$。

2. 如图 2-15 所示，水平桌面上有一块质量为 M 的木板，板上放一质量为 m 的物体，M、m 与桌面彼此之间的滑动摩擦因数均为 μ，静摩擦因数均为 μ_0（$\mu_0>\mu$），今以水平方向的拉力 $\boldsymbol{F}$ 作用于 M，使 M 与 m 一起以加速度 $\boldsymbol{a}$ 运动。

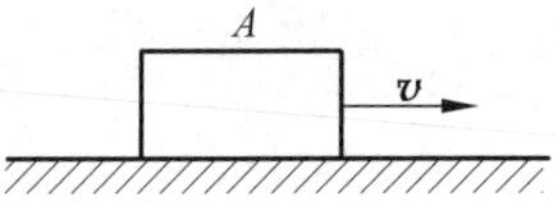

图 2-14　课堂练习题 1 用图

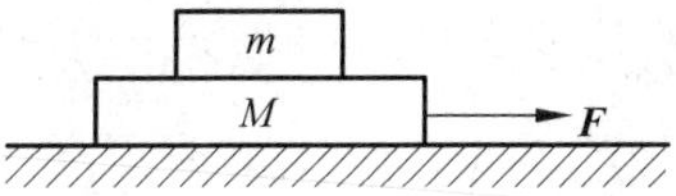

图 2-15　课堂练习题 2 用图

（1）求 m 和 M 所受的力。

（2）要使 M 从 m 下面抽出，$\boldsymbol{F}$ 的大小至少应为多少？

3. 如图 2-16 所示，一段长度为 l 的绳子，总质量为 m，其一端固定于 O 点，在光滑水平面内沿逆时针方向围绕 O 点以角速度 ω 作圆周转动。

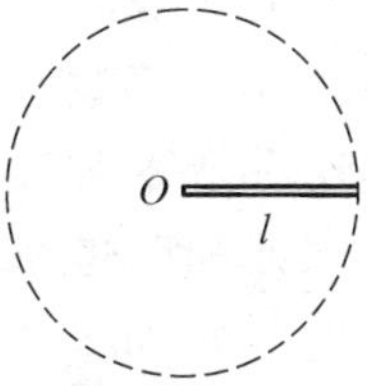

图 2-16　课堂练习题 3 用图

（1）若绳子的质量均匀分布，求其内部距 O 点为 x 处的张力 T。

（2）若绳子的质量非均匀分布，且质量线密度与 x 成正比，求其内部距 O 点为 x 处的张力 T。

（3）如果绳子的另一端系一个质量为 m_0 的小球，分别针对绳子的质量均匀分布和非均匀分布的情形求其内部距 O 点为 x 处的张力 T。

4. 在水力采煤过程中，用高压水枪喷出的强力水柱冲击煤层。水柱的直径 $D=30\ \text{mm}$，水流速度 $v=56\ \text{m}\cdot\text{s}^{-1}$，且垂直于煤层，冲击煤层后速度几乎变为 0。求煤层所受的平均冲力。

5. 一根均匀柔软的细绳，单位长度的质量为 λ，置于水平桌面上（图 2-17），现用向上的力 $\boldsymbol{F}$ 将绳的一端从桌面匀加速上提至高度 h 处，已知绳端初速度为 0，加速度的大小为 a，求：

（1）当绳被提至 h 高度时力 $\boldsymbol{F}$ 的大小。

（2）在整个过程中，力 $\boldsymbol{F}$ 和重力所做的功各为多少？

课堂练习题 5

(3) 上述两个功之和是否等于该过程中绳子的动能的增量?

6. 一根均匀的链条,总长为 L_0,一部分放在光滑的桌面上,另一部分从桌面边沿下垂,长度为 L,如图 2-18 所示,设开始时链条静止,求链条刚好全部离开桌面时的速率。

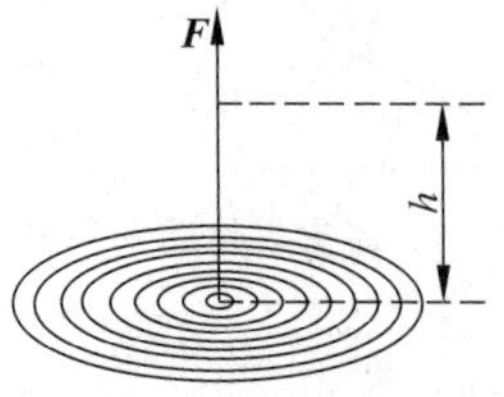

图 2-17 课堂练习题 5 用图

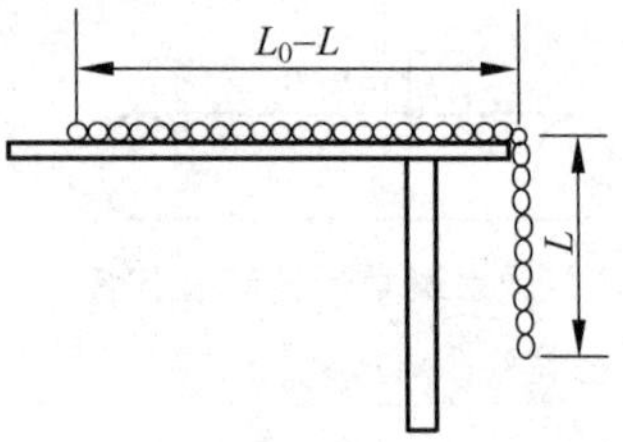

图 2-18 课堂练习题 6 用图

7. 如图 2-19 所示,一个内部连有弹簧的架子(质量为 M)静止放在光滑的水平面上,弹簧的劲度系数(倔强系数)为 k,现有一质量为 m 的小球以水平速度 $\boldsymbol{v}_0$ 射入架子内,并压缩弹簧。忽略小球与架子的摩擦力,求:

(1) 弹簧的最大压缩量 x_m。

(2) 小球与架子可达到的共同速度 $\boldsymbol{v}$。

(3) 当小球被反弹出去时,架子的速度 $\boldsymbol{V}$。

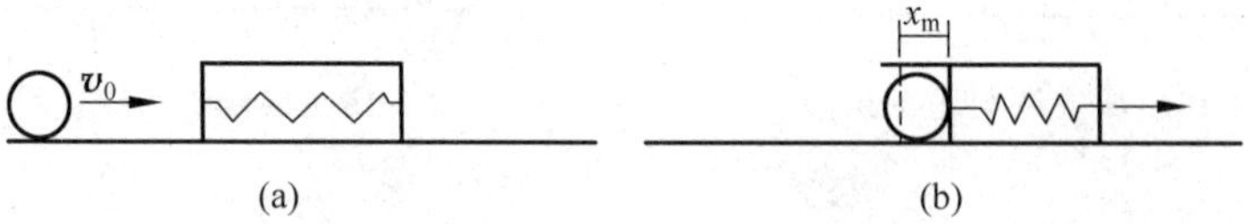

图 2-19 课堂练习题 7 用图

8. 在光滑水平桌面上,放有质量为 M 的小木块,一弹簧(劲度系数为 k)一端固定于 O 点,另一端与木块相连,开始时弹簧处于原长 L_0 的位置,现有一质量为 m 的子弹以初速 $\boldsymbol{v}_0$,沿垂直于弹簧长度的方向射入 A 处的木块(如图 2-20 所示),已知当木块(含子弹)运动到 B 点($OB \perp OA$)时,弹簧长为 L,求此时木块的运动速度的大小和方向。

课堂练习题 8

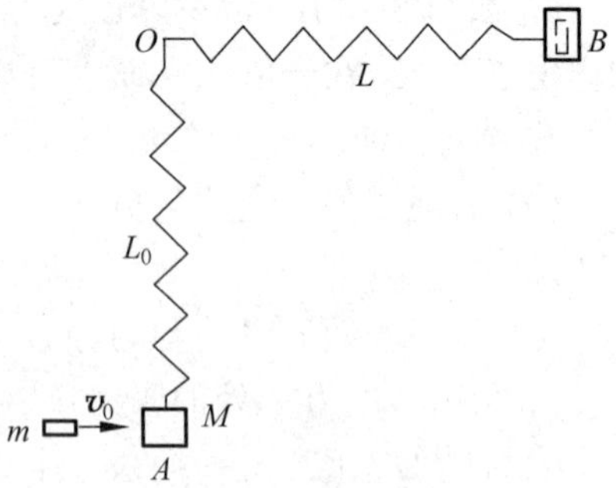

图 2-20 课堂练习题 8 用图

八、解题训练

(一) 课前预习题

1. 牛顿第二定律的基本的普遍形式是________。

2. 动量定理的微分形式是________________;动量定理的积分形式是________________。

3. 系统所受的合外力不为零,但合外力在某一方向的分量为零,则系统总动量在该方向的分量________(填是或否)守恒。

4. 角动量是描述质点运动状态的物理量之一,其定义式为________________;质点角动量定理的表达式为________________。

5. 如果质点所受的合外力 $\boldsymbol{F}$ 不为零，但是 $\boldsymbol{M}=\boldsymbol{r}\times\boldsymbol{F}=0$，则 $\boldsymbol{r}$ 与 $\boldsymbol{F}$ 可能有两种情况，分别为________________和________________。

6. 如果一个力作用在物体上，当将物体沿闭合路径移动一周时，该力做的功为零，这样的力称为________。

7. 力学中的常见保守力分别是________、________、________。

8. 有两个质量分别为 m_1 和 m_2 的质点，若选择两质点相距为无穷远时为万有引力势能零点，则它们相距为 r 时万有引力势能为________。

(二) 基础题

1. 一悬挂起来的劲度系数为 k 的轻弹簧，原长为 l_0，其下端挂托盘时，长度为 l_1，托盘里放一个重物时，其长度为 l_2，当弹簧由长度 l_1 变为长度 l_2 的过程中，弹力做的功为[　　]。

A. $\int_{l_1}^{l_2} kx\,\mathrm{d}x$　　B. $-\int_{l_1}^{l_2} kx\,\mathrm{d}x$　　C. $\int_{l_1-l_0}^{l_2-l_0} kx\,\mathrm{d}x$　　D. $-\int_{l_1-l_0}^{l_2-l_0} kx\,\mathrm{d}x$

2. 体重、身高相同的甲乙两人，分别用双手握住跨过无摩擦轻滑轮的绳子的一端。他们从同一高度由初速度为零向上爬，经过一段时间，乙相对绳子的速率是甲相对绳子的速率的 2 倍，则到达顶点的情况是[　　]。

A. 乙先到达　　B. 甲先到达　　C. 同时到达　　D. 不能确定

3. 以下关于功的概念，说法正确的是[　　]。

A. 保守力做正功时，系统内相应的势能增加

B. 质点运动经一闭合路径回到起点，保守力对质点做的功为零

C. 作用力和反作用力大小相等、方向相反，所以两者所做功的代数和必为零

D. 作用力和反作用力做功之和与参考系的选择有关

4. 一质点受力 $\boldsymbol{F}=3x^2\boldsymbol{i}$(SI)的作用，沿 x 轴正方向运动。在质点从 $x=0$ 运动到 $x=2$ m 过程中，力 F 所做的功为[　　]。

A. 8 J　　B. 12 J　　C. 16 J　　D. 24 J

5. 关于机械能守恒条件和动量守恒条件，以下几种说法中，正确的是[　　]。

A. 不受外力的系统，其动量和机械能必然同时守恒

B. 所受合外力为零，内力都是保守力的系统，其机械能必然守恒

C. 不受外力，内力都是保守力的系统，其动量和机械能必然同时守恒

D. 外力对一个系统作的功为零，则该系统的动量和机械能必然同时守恒

6. 已知地球的质量为 m，太阳的质量为 M，地心与日心的距离为 R，引力常量为 G，则地球绕太阳做圆周运动的轨道角动量为[　　]。

A. $m\sqrt{GMR}$　　B. $\sqrt{GMm/R}$

C. $Mm\sqrt{G/R}$　　D. $\sqrt{GMm/2R}$

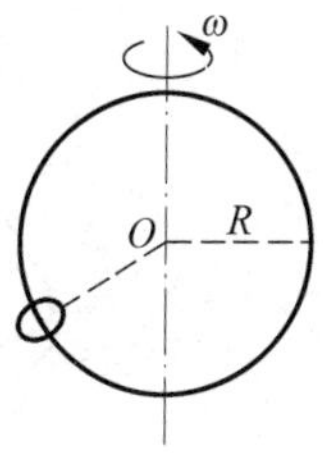

图 2-21　基础题 7 用图

7. 如图 2-21 所示，一个小环可以在半径为 R 的竖直大圆环上做无摩擦滑动。今使大圆环以角速度 ω 绕圆环竖直直径转动，要使

小环离开大环的底部而停在大环上某一点,则角速度 ω 最小应为________。

8. 设作用在质量为 1 kg 的物体上的力 $F=6t+3$(SI),如果物体在这一力作用下,由静止开始沿直线运动,在 0～2.0 s 的时间间隔内,这个力作用在物体上的冲量的大小 $\boldsymbol{I}=$________。

9. 如图 2-22 所示,一圆锥摆的绳长为 l,绳与竖直轴的夹角为 θ,则摆球绕行一周所需时间为________。

10. 一人用力 $\boldsymbol{F}$ 推地上的木箱,经历时间 Δt 未能推动。问此力的冲量 $\boldsymbol{I}=$________。(思考:木箱既然受到力 F 的冲量,为什么它的动量没有改变?)

11. 如图 2-23 所示,一质量为 m 的质点以速度 $\boldsymbol{v}$ 沿一直线运动,则它对距直线距离为 d 的 O 点的角动量大小为________。

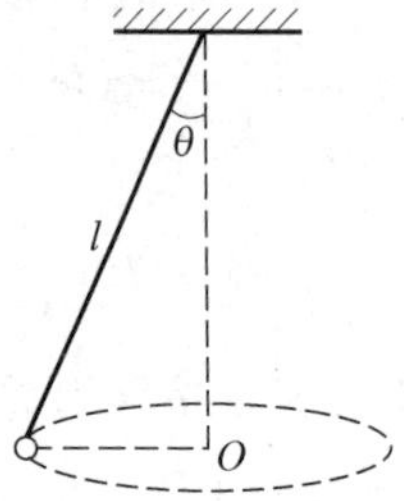

图 2-22 基础题 9 用图

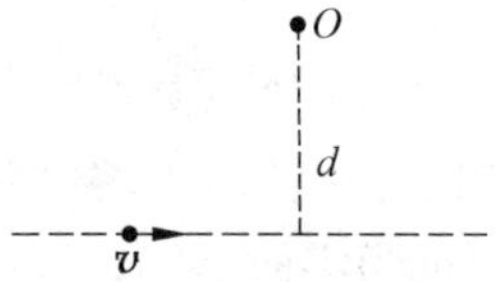

图 2-23 基础题 11 用图

12. 一个受力作用的质点开始时静止,已知在一段时间内该力的冲量为 4 N·s,做功为 2 J,则这一质点的质量为________。

13. 有一质量为 m 的质点沿 x 轴正方向运动。假设该质点通过坐标为 x 处时的速度为 kx(k 为正常数),则此时作用于该质点上的力 $F=$________,该质点从 $x=x_0$ 点出发运动到 $x=x_1$ 处所经历的时间 $\Delta t=$________。

14. 图 2-24 所示为一圆锥摆,质量为 m 的小球在水平面内以角速度 ω 匀速转动。在小球转动一周的过程中,(1)小球动量增量的大小等于________;(2)小球所受重力的冲量的大小等于________;(3)小球所受绳子拉力的冲量的大小等于________________。

15. 质量 $m=1$ kg 的木箱放在地面上,在水平拉力 F 的作用下由静止开始沿直线运动,其拉力随时间的变化关系如图 2-25 所示。若已知木箱与地面间的摩擦因数 $\mu=0.2$,则在 $t=4$ s 时,木箱的速度大小 $v=$________;在 $t=7$ s 时,木箱的速度大小 $v=$________。(g 取 $10\ \mathrm{m\cdot s^{-2}}$)

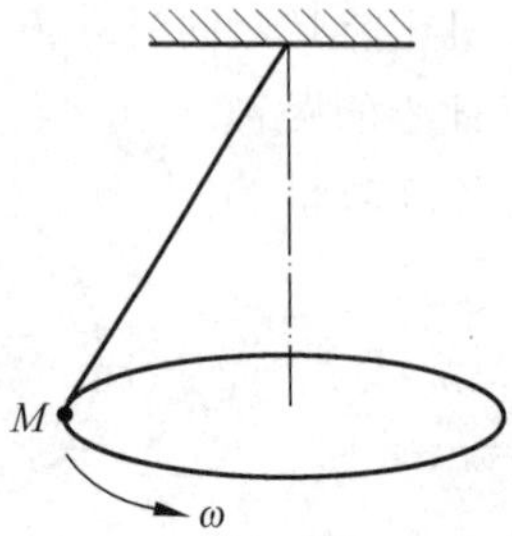

图 2-24 基础题 14 用图

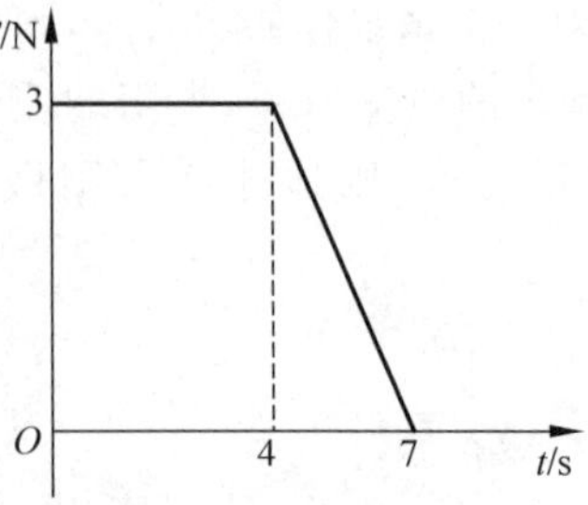

图 2-25 基础题 15 用图

16. 一人从 10 m 深的井中提水。起始时桶中装有 10 kg 的水，由于水桶漏水，每升高 1 m 要漏去 0.2 kg 的水。设桶的质量忽略不计，求水桶被匀速地从井中提到井口的过程中，人所做的功 $A=$________。

17. 如图 2-26 所示，一质量为 m 的小球用柔软轻绳系着，以角速度 ω_0 在无摩擦的水平面上做半径为 r_0 的圆周运动，绳的另一端穿过光滑的小孔 O。为减小小球做圆周运动的半径，竖直向下缓慢地拉绳，当半径减为 $r=r_0/2$ 时，小球的角速度为________；这个过程中拉力所做的功为________。

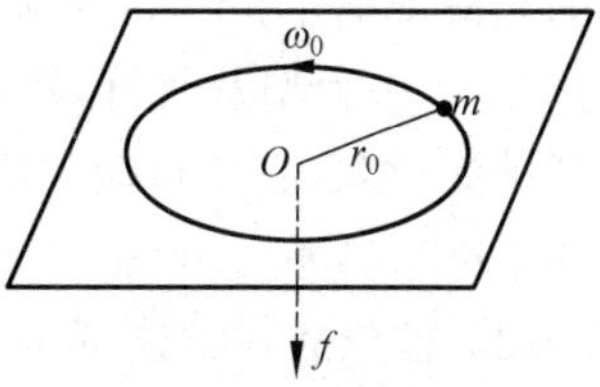

图 2-26　基础题 17 用图

18. 保守力做功的特点是______________；保守力的功与势能的关系式是______________。

19. 如图 2-27 所示，一人造地球卫星绕地球做椭圆运动，近地点为 A，远地点为 B，A、B 两点与地心的距离分别为 r_1、r_2。设卫星质量为 m，地球质量为 M，万有引力常量为 G，则卫星在 A、B 两点的万有引力势能 $E_{pB}-E_{pA}=$________；卫星在 A、B 两点的动能增量 $E_{kB}-E_{kA}=$________。

20. 如图 2-28 所示，x 轴沿水平方向，y 轴沿竖直向下。在 $t=0$ 时刻将质量为 m 的质点由 a 处静止释放，让它自由下落，则在任意时刻 t，质点所受的力对原点 O 的力矩 $\boldsymbol{M}=$________；在任意时刻 t，质点对原点 O 的角动量 $\boldsymbol{L}=$________。

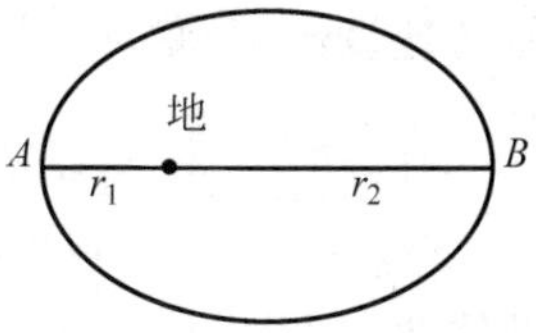

图 2-27　基础题 19 用图

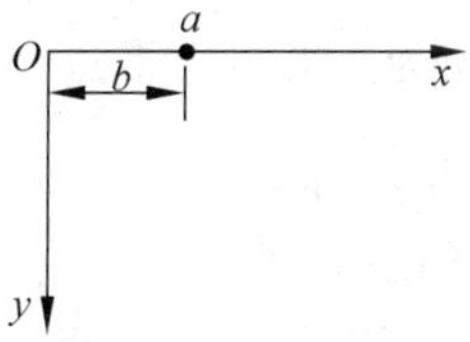

图 2-28　基础题 20 用图

21. 质量为 $m=3\,000$ kg 的重锤，从高度 $h_1=1.5$ m 处自由下落，打击被锻压的工件后弹起的高度为 $h_2=0.1$ m。设作用时间为 $\Delta t=0.01$ s，求重锤对工件的平均冲力。

22. 一个力 F 作用在质量为 10 kg 的质点上，使之沿 x 轴运动。已知在此力作用下质点的运动方程为 $x=3t-4t^2+t^3$(SI)。在 0～4 s 的时间间隔内，求：(1)力 F 的冲量大小 I；(2)力 F 对质点所做的功 A。

23. 在水平地面上有一质量为 M 的平板车无摩擦地在地面上运动，开始时平板车和车上的两个质量均为 m 的人都静止不动，之后两人以相对车的速度 u 从车的后面跳下，求下列两种情况下平板车的末速度：(1)两人同时跳下；(2)一人跳下后，另一个人再跳下。

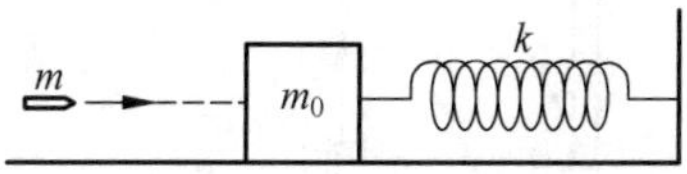

图 2-29　基础题 24 用图

24. 如图 2-29 所示，一质量为 m_0 的木块，系在一固定于墙壁的弹簧的末端，静止在光滑水平面上，弹簧的劲度系数为 k。一质量为 m 的子弹射入木块后，弹簧长度被压缩了 L。求：(1)入射之前子弹的速度大小；(2)若子弹射入木块的深度为 s，求子弹入射过程中所受的平均阻力大小。

(三) 综合题

1. 质量为 M 的楔块，斜面长为 L，底角为 θ，置于光滑水平面上，质量为 m 的物体沿楔块的光滑斜面由顶部自由滑下，求 M 的加速度以及 m 由顶部滑到底部时对 M 做的功。

2. 有一大型蒸气桩，汽锤的质量为 10 t，现将长达 38.5 m 的钢筋混凝土桩打入地层，已知桩的质量为 24 t，横截面是面积为 0.25 m^2 的正方形，桩的侧面单位面积所受的泥土阻力为 $k=2.65\times 10\ N/m^2$，试求：

(1) 桩依靠自重能下沉多少米？

(2) 桩稳定后把锤提高 1 m，然后让锤自由下落而击桩，假定锤与桩发生完全非弹性碰撞，一锤能打下多深？

3. 如图 2-30 所示，质量为 m_1 和 m_2 的两个滑块分别穿在两根平行的光滑导杆上(导杆间距为 d)，再以劲度系数为 k，自然长度亦为 d 的轻弹簧连接，开始时，m_1 位于 $x_1=0$ 处，m_2 位于 $x_2=L$ 处，且保持静止。求：释放后两滑块的最大速度。

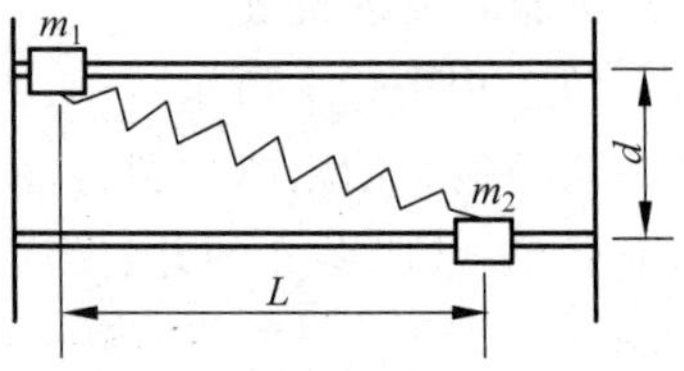

图 2-30 综合题 3 用图

4. 如图 2-31 所示，在某惯性系 K 中，有两个质点 A 和 B，质量分别为 m_1 和 m_2，它们之间只有万有引力的作用，开始时相距为 l_0。A 保持静止，B 沿着二者的连线向远离 A 的方向运动，初速为 $\boldsymbol{v}_0$ $\left(v_0<\sqrt{\dfrac{2Gm_2}{l_0}}, G\text{ 为万有引力常量}\right)$。为使质点 B 维持速度 $\boldsymbol{v}_0$ 不变，可对质点 B 沿 AB 连线方向施加一变力 $\boldsymbol{F}$，求：

(1) A 与 B 的最大间距 l_m；

(2) 从开始到间距最大的过程中，$\boldsymbol{F}$ 对质点 B 做的功。(提示：质点 B 本身亦可作为一个惯性系。)

5. 如图 2-32 所示，物体 A 位于光滑水平桌面上，小滑块 B 处于桌面上的光滑小槽中，它们的质量均为 m，并以长为 l 的不可伸长的无弹性轻绳相连，开始时 A 与 B 的间距为 $l/2$，且二者的连线与槽垂直，现使 A 获得一平行于槽的初速 $\boldsymbol{v}_0$。

(1) 如 B 被固定住，求绳子被绷紧的瞬间，A 的速度的大小。

(2) 如 B 可在槽中无摩擦地自由运动，求绳子被绷紧的瞬间，B 获得的速度的大小。

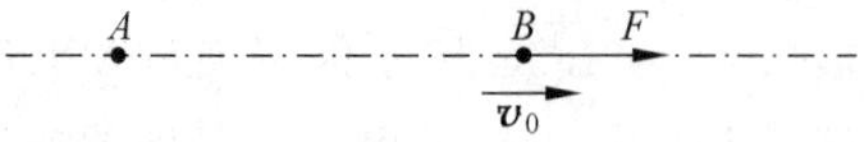

图 2-31 综合题 4 用图

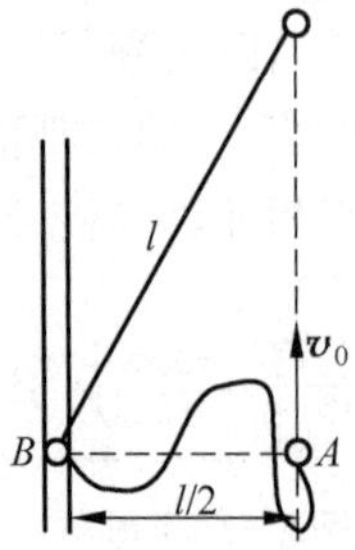

图 2-32 综合题 5 用图

解题训练答案及解析

(一) 课前预习题

1. $\boldsymbol{F}=\dfrac{\mathrm{d}\boldsymbol{p}}{\mathrm{d}t}$

2. $\boldsymbol{F}\mathrm{d}t=\mathrm{d}\boldsymbol{p}$；$\int_{t_1}^{t_2}\boldsymbol{F}\mathrm{d}t=\int_{p_1}^{p_2}\mathrm{d}\boldsymbol{p}=\boldsymbol{p}_2-\boldsymbol{p}_1$

3. 是

4. $\boldsymbol{L}=\boldsymbol{r}\times m\boldsymbol{v}$；$\boldsymbol{M}=\dfrac{\mathrm{d}\boldsymbol{L}}{\mathrm{d}t}$

5. $\boldsymbol{r}=0$；$\boldsymbol{r}$ 与 $\boldsymbol{F}$ 平行同向或反向

6. 保守力

7. 重力、万有引力、弹簧弹力

8. $E_{\mathrm{p}}=-\dfrac{Gm_1m_2}{\boldsymbol{r}}$

(二) 基础题

1. D

2. C

解　选甲乙两人、滑轮、绳子组成的系统为研究对象，人的重力、滑轮受到轴的力是系统所受的外力，以滑轮轴为参考点 O，设滑轮半径为 R，则系统所受的合外力矩为

$$M=-mgR+mgR=0$$

因此系统对 O 点的角动量守恒。初始状态，系统的角动量为 0。甲乙两人向上爬时，系统相对 O 点角动量的大小为

$$L=Rmv_{甲}-Rmv_{乙}=0$$

即甲乙两人相对地面的速率相同，因此两人同时到达。故选 C。

3. B

解　A 错误。重力做正功时，重力势能减少。

B 正确。保守力做功与路径无关。题的说法可以看成是保守力的另一种定义。

C 错误。做功还与位移有关，如果在作用力和反作用力的作用下，一物体因有位移而做功，另一物体没有位移，做功为零，则功的和不为零。

D 错误。作用力和反作用力做功之和与参考系的选择无关，只取决于两个物体之间的相对运动路径。

故选 B。

4. A

解　由功的定义，有

$$A=\int_a^b F_x\cdot\mathrm{d}x=\int_0^2 3x^2\mathrm{d}x=8\ \mathrm{J}$$

故选 A。

5. C

解 若内力中有非保守力,比如摩擦力,会导致摩擦生热,损失机械能,所以 A、D 是错误的。合外力为零,合外力做功之和不一定为零,因此 B 是错误的。故选 C。

6. A

解 由万有引力定律,可得

$$F=\frac{GMm}{R^2}=mv^2/R$$

解得

$$v=\sqrt{\frac{GMm}{R}}$$

地球绕太阳做圆周运动的轨道角动量为

$$|\boldsymbol{L}|=|\boldsymbol{R}\times m\boldsymbol{v}|=Rmv$$

将 v 的表达式代入上式得

$$L=R\cdot m\sqrt{\frac{GM}{R}}=m\sqrt{GMR}$$

故选 A。

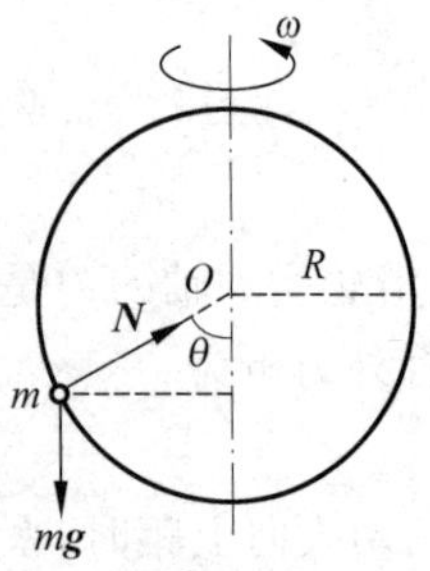

图 2-33 基础题 7 解答用图

7. $\sqrt{\frac{g}{R}}$

解 设小环的质量为 m,相对大环停在角度为 θ 的位置,并随大环做角速度为 ω 的匀速圆周运动,如图 2-33 所示。因二者之间无摩擦,则大环对小环的作用力 $\boldsymbol{N}$ 沿大环径向指向圆心。在地面参考系中,对小环在竖直方向和小环做圆周运动的法向分别列方程:

$$N\cos\theta=mg$$
$$N\sin\theta=m\omega^2R\sin\theta$$

解出

$$\omega=\sqrt{\frac{g}{R\cos\theta}}$$

因 $\theta>0$,即 $\cos\theta<1$,则有

$$\omega>\sqrt{\frac{g}{R}}$$

8. 18 N·s

解 根据冲量的定义,可得

$$I=\int_0^t F\,\mathrm{d}t=\int_0^2(6t+3)\,\mathrm{d}t=18\ \mathrm{N\cdot s}$$

9. $2\pi\sqrt{\frac{l\cos\theta}{g}}$

解 沿小球指向圆心方向和沿竖直向下方向分别列方程:

$$T\sin\theta = m\frac{v^2}{R}$$

$$mg - T\cos\theta = 0$$

其中,$R=l\sin\theta$。解出小球沿圆周运动的速率为

$$v=\sqrt{\frac{TR\sin\theta}{m}}=\sqrt{\frac{mgR\sin\theta}{m\cos\theta}}=\sqrt{gR\tan\theta}$$

因此,小球绕竖直轴转一周所需时间为

$$\tau=\frac{2\pi R}{v}=\frac{2\pi R}{\sqrt{gR\tan\theta}}=2\pi\sqrt{\frac{R}{g\tan\theta}}$$

把 $R=l\sin\theta$ 代入上式,得

$$\tau=2\pi\sqrt{\frac{l\cos\theta}{g}}$$

可以看出,τ 只与 l,g,θ 有关,而与小球质量无关。

10. $\boldsymbol{F}\cdot\Delta t$

11. Mvd

解 如图 2-34 所示,质点运动到任意位置处,以 O 点为参考点,其位置矢量为 $\boldsymbol{r}$,则角动量 $L=|\boldsymbol{r}\times m\boldsymbol{v}|=mvr\sin\theta=mvd$。

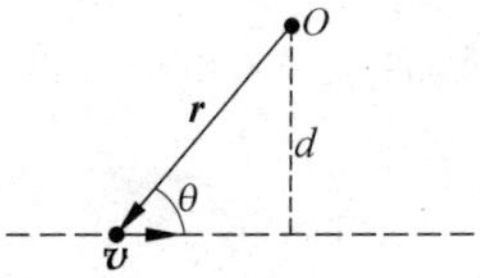

图 2-34 基础题 11 解答用图

12. 4 kg

解 用 v 表示质点的末速度,按动量定理和动能定理,外力在这段时间内的冲量为

$$I=mv-0=mv$$

做功为

$$A=\frac{1}{2}mv^2$$

由此可解出质点的质量为

$$m=\frac{I^2}{2A}=\frac{4^2}{2\times 2}\ \text{kg}=4\ \text{kg}$$

13. mk^2x; $\frac{1}{k}\ln\frac{x_1}{x_0}$

解 该问题为一维问题,可以用标量描述。由牛顿第二运动定律,有

$$F=ma=m\frac{\mathrm{d}v}{\mathrm{d}t}=m\frac{\mathrm{d}(kx)}{\mathrm{d}t}=mkv=mk^2x$$

由于

$$v=\frac{\mathrm{d}x}{\mathrm{d}t}=kx$$

对上式分离变量,两边积分,并代入初始条件,得

$$\Delta t=\frac{1}{k}\int_{x_0}^{x_1}\frac{\mathrm{d}x}{x}=\frac{1}{k}\ln\frac{x_1}{x_0}$$

14. 0；$mg\dfrac{2\pi}{\omega}$；$mg\dfrac{2\pi}{\omega}$

15. $4\ \text{m}\cdot\text{s}^{-1}$；$2.5\ \text{m}\cdot\text{s}^{-1}$

解 该问题是一维问题，可以用标量来描述。木箱运动时所受的恒定摩擦力为

$$f=\mu mg=0.2\times1\times10\ \text{N}=2\ \text{N}$$

由动量定理，有

$$(F-f)t=mv_1-mv_0 \tag{Ⅰ}$$

代入数据，$t=4\ \text{s}$，$F=3\ \text{N}$，$f=2\ \text{N}$，$v_0=0$，$m=1\ \text{kg}$，即得

$$(3-2)\times4=1\cdot v_1-1\times0$$

所以 $v_1=4\ \text{m}\cdot\text{s}^{-1}$。

由动量定理的积分形式，有

$$\int_{t_1}^{t_2}(F-f)\,\mathrm{d}t=mv_2-mv_1 \tag{Ⅱ}$$

由图 2-25 可知，在 $t=4\sim7\ \text{s}$ 内，力与时间的关系满足：

$$F=-t+7 \tag{Ⅲ}$$

将式(Ⅲ)代入式(Ⅱ)，可得

$$\int_{t_1}^{t_2}(-t+7-2)\,\mathrm{d}t=mv_2-mv_1$$

代入数据，$t_1=4\ \text{s}$，$t_2=7\ \text{s}$，$m=1\ \text{kg}$，$v_1=4\ \text{m}\cdot\text{s}^{-1}$，即得

$$v_2=4+(-0.5t^2+5t)\big|_4^7=2.5\ \text{m}\cdot\text{s}^{-1}$$

16. 882 J

解 因为漏水，拉力 F 随桶的位置发生变化，即有

$$F=mg=(10-0.2h)g$$

因此将桶匀速地从井中拉到井口，人所做的功为

$$A=\int_0^{10}F\,\mathrm{d}h=\int_0^{10}(10-0.2h)g\,\mathrm{d}h=882\ \text{J}$$

17. $4\omega_0$；$\dfrac{3}{2}mr_0^2\omega_0^2$

解 (1) 因拉力沿着绳的方向，所以拉力对小孔 O 无力矩，小球在旋转过程中相对于 O 点的角动量守恒，即

$$mr_0^2\omega_0=mr^2\omega=\frac{1}{4}mr_0^2\omega$$

由此得小球的角速度为

$$\omega=4\omega_0$$

(2) 运用动能定理，可得拉力所做的功为

$$A=\frac{1}{2}mr^2\omega^2-\frac{1}{2}mr_0^2\omega_0^2=\frac{3}{2}mr_0^2\omega_0^2$$

18. 保守力做功与路径无关；$A=-\Delta E_\text{p}$

19. $GMm\left(\dfrac{1}{r_1}-\dfrac{1}{r_2}\right)$；$GMm\left(\dfrac{1}{r_2}-\dfrac{1}{r_1}\right)$

解　选择卫星与地球之间相距无穷远时的万有引力势能为零，则它们相距任意距离时的万有引力势能为

$$E_p=-G\frac{Mm}{r}$$

因此可得

$$E_{pB}-E_{pA}=-G\frac{Mm}{r_2}+G\frac{Mm}{r_1}$$

由于只有保守力做功，故机械能守恒，则有

$$E_{kB}-E_{kA}=-(E_{pB}-E_{pA})=G\frac{Mm}{r_2}-G\frac{Mm}{r_1}$$

20. $mgb\boldsymbol{k}$；$mgbt\boldsymbol{k}$

解　由于力矩 $\boldsymbol{M}=\boldsymbol{r}\times\boldsymbol{F}$，本题中 $\boldsymbol{r}=b\boldsymbol{i}+y\boldsymbol{j}$，$\boldsymbol{F}=mg\boldsymbol{j}$，故得

$$\boldsymbol{M}=(b\boldsymbol{i}+y\boldsymbol{j})\times mg\boldsymbol{j}=mgb\boldsymbol{k}$$

由于角动量 $\boldsymbol{L}=\boldsymbol{r}\times m\boldsymbol{v}$，本题中 $\boldsymbol{v}=gt\boldsymbol{j}$，故得

$$\boldsymbol{L}=(b\boldsymbol{i}+y\boldsymbol{j})\times mgt\boldsymbol{j}=bmgt\boldsymbol{k}$$

21. **解**　设竖直向上为正方向。选重锤为研究对象，重锤与工件刚接触时，速度等于从高度 h_1 自由下落的末速度 $v_1=-\sqrt{2gh_1}$；与工件作用 Δt 时间后，弹起的速度等于自由上抛 h_2 高度的初速度 $v_2=\sqrt{2gh_2}$。用 $\bar{f}'$代表在 Δt 时间内工件对重锤的平均反冲力，根据动量定理，有

$$(\bar{f}'-mg)\Delta t=mv_2-mv_1$$

解得

$$\bar{f}'=mg\left(\sqrt{\frac{2}{g}}\,\frac{\sqrt{h_1}+\sqrt{h_2}}{\Delta t}+1\right)$$

因此，重锤对工件的平均冲力为

$$\bar{f}=-\bar{f}'=-3\times10^3\times9.8\times\left(\sqrt{\frac{2}{9.8}}\times\frac{\sqrt{1.5}+\sqrt{0.1}}{0.01}+1\right)\ \mathrm{N}=-2.1\times10^6\ \mathrm{N}$$

其中，负号表示方向向下。可以看出，重锤对工作的平均冲力的大小相当于重锤自重(2.94×10^4 N)的 70 多倍。

22. **解**　(1) 由题意知

$$x=3t-4t^2+t^3$$

则得

$$v=\frac{\mathrm{d}x}{\mathrm{d}t}=3-8t+3t^2$$

$$a=\frac{\mathrm{d}v}{\mathrm{d}t}=-8+6t$$

因此可得

$$F=ma=-80+60t$$

故力 F 的冲量为

$$I=\int_0^t F\,\mathrm{d}t=\int_0^4 m\cdot(6t-8)\,\mathrm{d}t=160\ \mathrm{N\cdot s}$$

(2) 由于 $dx=(3-8t+3t^2)dt$，力 F 对质点所做的功为 $A=\int_0^4 F dx$，故得

$$A=\int_0^4 m\cdot(6t-8)(3-8t+3t^2)dt=1\,760\ \text{N}\cdot\text{s}$$

也可利用动量定理和动能定理求解。

23. **解** 在地面参考系中讨论,选择车和人组成的系统为研究对象。

(1) 两人同时跳下。用 V 代表两人同时跳下后车的末速度,两人跳下时相对地面的速度为 $V-u$,系统的动量守恒,即

$$0=MV+2m(V-u)$$

解得车的速度为

$$V=\frac{2m}{M+2m}u$$

(2) 一人跳下后,另一个人再跳下。先求一人跳下后车的速度 V',有

$$0=(M+m)V'+m(V'-u)$$

即得

$$V'=\frac{m}{M+2m}u$$

设另一人再跳下后车的速度为 V,有

$$(M+m)V'=MV+m(V-u)$$

解得车的速度为

$$V=\frac{(M+m)V'+mu}{M+m}=\left(\frac{m}{M+m}+\frac{m}{M+2m}\right)u$$

24. **解** (1) 入射过程中子弹和木块组成的系统动量守恒,压缩过程中系统的机械能守恒,可得

$$mv_0=(m+m_0)v$$

$$\frac{1}{2}(m+m_0)v^2=\frac{1}{2}kL^2$$

联立上面两式,可得

$$v_0=\frac{L}{m}\sqrt{k(m+m_0)}$$

(2) 设子弹所受阻力大小为 f,阻力做功使子弹动能减小,木块受到推力,动能增加,一对力做功的位移差为 s,所以根据质点系的动能定理有

$$fs=\frac{1}{2}mv_0^2-\frac{1}{2}(m+m_0)v^2$$

解得

$$f=\frac{m_0kL^2}{2ms}$$

(三) 综合题

1. **分析** 本题求 M 的加速度,利用牛顿第二定律求解。m 相对 M 沿着斜坡下滑,运

动的相对性将 m 和 M 的加速度联系到一起。

解　M、m 的受力分析如图 2-35 所示，m 相对 M 只沿斜面运动，以地面为参考系列出运动方程。

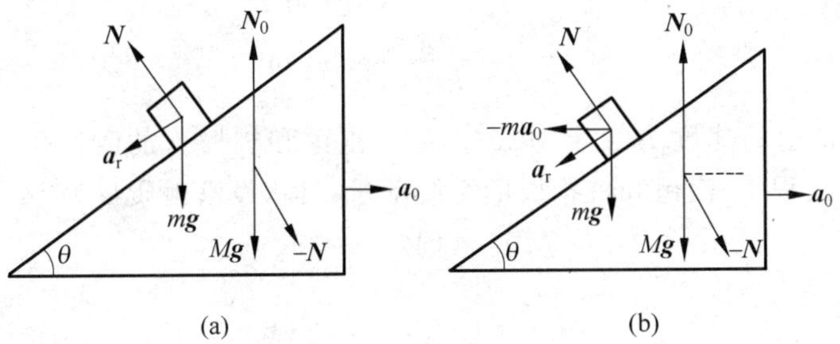

图 2-35　综合题 1 解答用图

对 m，有

$$\boldsymbol{N}+m\boldsymbol{g}=m\boldsymbol{a}=m(\boldsymbol{a}_0+\boldsymbol{a}_r)$$

式中，$\boldsymbol{a}_0$ 为楔块的加速度，$\boldsymbol{a}_r$ 为 m 相对 M 的加速度。将上式沿着平行斜面和垂直斜面的方向分解得

$$mg\sin\theta=ma_r-ma_0\cos\theta$$

$$N-mg\cos\theta=-ma_0\sin\theta$$

对 M，有

$$\boldsymbol{N}_0-\boldsymbol{N}+M\boldsymbol{g}=M\boldsymbol{a}_0$$

沿水平方向和竖直方向分解上式得

$$N\sin\theta=Ma_0$$

$$N_0-N\cos\theta-Mg=0$$

联立以上方程解得

$$a_0=\frac{mg\sin\theta\cos\theta}{M+m\sin^2\theta},\quad a_r=\frac{(m+M)g\sin\theta}{M+m\sin^2\theta},\quad N=\frac{mMg\cos\theta}{M+m\sin^2\theta}$$

设 m 由顶部滑到底部用时为 t，有

$$L=\frac{1}{2}a_r t^2$$

则在 t 时间内 M 移动的位移为

$$l=\frac{1}{2}a_0 t^2$$

因此，m 由顶部滑到底部时对 M 做的功为

$$A=-\boldsymbol{N}\cdot\boldsymbol{l}=Nl\sin\theta=N\frac{a_0}{a_r}L\sin\theta=\frac{m^2MgL\sin\theta\cos^2\theta}{(M+m)(M+m\sin^2\theta)}$$

2. **解**　(1) 以地面为坐标原点，向下为 y 轴的正方向，当桩下沉深度为 y 时，阻力为 $f=-ksy$，式中，s 为桩的正方形横截面的周长。设桩依靠自重下沉深度为 y_0，则阻力 f 做的功为

$$A_1=\int_0^{y_0}-ksy\,\mathrm{d}y=-\frac{1}{2}ksy_0^2$$

设桩的质量为 m,依据功能原理,则有

$$-\frac{1}{2}ksy_0^2=-mgy_0$$

故桩依靠自重能下沉的距离为

$$y_0=\frac{2mg}{ks}=8.88\ \text{m}$$

(2) 汽锤撞击前的速度为 $v_0=\sqrt{2gh}$,由于汽锤和桩撞击的时间极短,相互作用力很大。因此在撞击过程中,汽锤和桩构成的系统动量守恒,设汽锤质量为 M,根据题意,有

$$Mv_0=(M+m)v_1$$

解得

$$v_1=\frac{M}{M+m}\sqrt{2gh}$$

设桩被撞击后下沉的深度为 y_1,在此过程中,摩擦力做的功为

$$A_2=\int_{y_0}^{y_0+y_1}-ksy\,\mathrm{d}y=-\frac{1}{2}ks(y_1+2y_0)y_1$$

根据功能原理,有

$$-\frac{1}{2}ks(y_1+2y_0)y_1=-(M+m)gy_1-\frac{1}{2}(M+m)v_1^2$$

代入相关数据,求得 $y_1=0.2$ m。

3. **解** 选择两个滑块及弹簧组成的系统为研究对象,可见系统不受外力作用,只有内部保守力做功,因此系统机械能守恒及动量守恒。$t=0$ 时,弹簧伸长量为 $\Delta s=\sqrt{l^2+d^2}-d$,初始动能为 $E_{k_0}=0$;初始势能为 $E_{p_0}=\frac{1}{2}k(\Delta s)^2=\frac{1}{2}k(\sqrt{l^2+d^2}-d)^2$。$t$ 时刻,设两滑块的速度分别为 v_1 和 v_2,势能为 E_{p_1},则系统总动能 $E_{k_1}=\frac{1}{2}m_1v_1^2+\frac{1}{2}m_2v_2^2$,由机械能守恒定律可得

$$\frac{1}{2}k(\sqrt{l^2+d^2}-d)^2=\frac{1}{2}m_1v_1^2+\frac{1}{2}m_2v_2^2+E_{p_1}$$

显然 $E_{p_1}=0$ 时两个滑块的速度达到最大值,因此有

$$\frac{1}{2}k(\sqrt{l^2+d^2}-d)^2=\frac{1}{2}m_1v_{1\max}^2+\frac{1}{2}m_2v_{2\max}^2 \qquad (\text{Ⅰ})$$

由动量守恒定律可得

$$m_1v_{1\max}=m_2v_{2\max} \qquad (\text{Ⅱ})$$

联立式(Ⅰ)和式(Ⅱ),即可解得

$$v_{1\max}=\sqrt{\frac{km_2}{m_1(m_1+m_2)}}(\sqrt{l^2+d^2}-d)$$

$$v_{2\max}=\sqrt{\frac{km_1}{m_2(m_1+m_2)}}(\sqrt{l^2+d^2}-d)$$

4. **分析** 如果在惯性系 K 中分析,那么力 $\boldsymbol{F}$ 要做功,由于整个过程中,力 $\boldsymbol{F}$ 是变力,将使计算复杂化。这里我们可以选择质点 B 为惯性参考系 S,在 S 系中,力 $\boldsymbol{F}$ 不做功,A、B

组成的质点系机械能守恒。问题变得容易了。

解　(1) 选择质点 B 为参考系 S，由于 B 的速度恒定，所以 S 系也是惯性系。在 S 系中，质点 B 静止，质点 A 背离 B 运动，初速度为 v_0。S 系中外力 F 不做功，质点系机械能守恒，选择两质点相距无穷远时系统势能为零，则得

$$\frac{1}{2}m_1v_0^2-G\frac{m_1m_2}{l_0}=-G\frac{m_1m_2}{l_{\max}} \tag{Ⅰ}$$

解得

$$l_{\max}=\frac{2Gm_2}{2Gm_2-l_0v_0^2}\cdot l_0$$

(2) 在 K 系中考察，机械能不守恒。当 $l=l_{\max}$ 时，质点 A 和 B 均以速度 v_0 运动，在 S 系中运用功能原理，外力做功为

$$\begin{aligned}A=\Delta E&=\left[\frac{1}{2}(m_1+m_2)v_0^2-G\frac{m_1m_2}{l_{\max}}\right]-\left[\frac{1}{2}m_2v_0^2-G\frac{m_1m_2}{l}\right]\\&=\frac{1}{2}m_1v_0^2+Gm_1m_2\left(\frac{1}{l_0}-\frac{1}{l_{\max}}\right)\end{aligned} \tag{Ⅱ}$$

由式(Ⅰ)得

$$Gm_1m_2\left(\frac{1}{l_0}-\frac{1}{l_{\max}}\right)=\frac{1}{2}m_1v_0^2 \tag{Ⅲ}$$

将式(Ⅲ)代入式(Ⅱ)得

$$A=\frac{1}{2}m_1v_0^2+\frac{1}{2}m_1v_0^2=m_1v_0^2$$

讨论　本题通过选择合适的惯性系 S，使问题简单化：在惯性系 S 中，系统机械能守恒，外力不做功。但为了求外力做的功，我们可以再回到原来的惯性系 K 中分析。读者要学会灵活掌握选择合理的惯性系的方法。

5. **分析**　(1)当 B 固定时，A 相对于 B 的角动量守恒(力的方向沿绳子)，且当绳绷紧时，A 的速度方向垂直于绳。(2)当 B 不固定时，AB 组成的系统的动量在垂直 AB 的方向上守恒(不受力作用)，且角动量仍然守恒。从 B 看，A 的速度方向垂直于绳(因为绳子不可伸长)。而且 A、B 速度间满足相对运动的速度合成。

解　(1) 若 B 被固定住，绳绷紧前后球 A 对点 B 处的角动量始终守恒，且$\boldsymbol{v}_1$ 与绳长方向垂直，故有

$$mv_1l=mv_0\frac{l}{2}$$

即得

$$v_1=\frac{v_0}{2}$$

(2) 建立坐标系如图 2-36 所示。如 B 可在槽中无摩擦地自由运动，绷紧前后的瞬间球 A 对点 B 处的角动量仍守恒，同时球 A 与球 B 组成的系统在沿着光滑槽长度方向(y 轴方向)上的动量分量守恒。设绳绷紧时，球的速度方向与绳之间的夹角为 α，则由角动量守恒定律可得

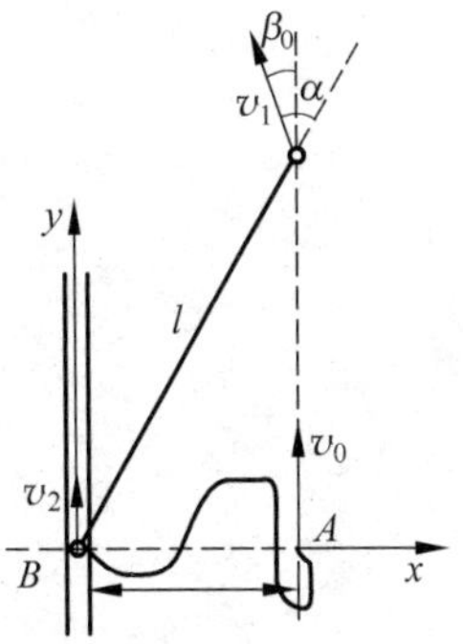

图 2-36　综合题 5 解答用图

$$mv_1 l\sin\alpha = mv_0 \cdot \frac{l}{2}$$

即得

$$v_1\sin\alpha = \frac{v_0}{2} \tag{Ⅰ}$$

由图 2-36 中几何关系,可得 v_1 与 y 轴方向的夹角为

$$\beta = \alpha - \frac{\pi}{6} \tag{Ⅱ}$$

由于系统在 y 轴方向上动量守恒,即得

$$mv_1\cos\beta + mv_2 = mv_0 \tag{Ⅲ}$$

此外,以绳子绷紧后瞬间运动的球 B 为参考系,设此时球 A 的相对速度为$\boldsymbol{v}_1'$,显然,$\boldsymbol{v}_1'$与绳长方向垂直。速度变换式为$\boldsymbol{v}_1' = \boldsymbol{v}_1 - \boldsymbol{v}_2$,写成分量式为

$$v_{1x}' = v_{1x} - v_{2x} = v_1\sin\beta$$

$$v_{1y}' = v_{1y} - v_{2y} = v_1\cos\beta - v_2$$

利用 $v_{1y}'/v_{1x}' = \cot 60° = 1/\sqrt{3}$,得

$$\frac{v_1\cos\beta - v_2}{v_1\sin\beta} = \frac{1}{\sqrt{3}} \tag{Ⅳ}$$

联立式(Ⅰ)~式(Ⅳ)可解得

$$v_2 = \frac{3}{7}v_0$$

讨论 (1) 本题涉及相对运动问题,方程(Ⅳ)由伽利略速度变换得到。

(2) 合理选择参考系至关重要。在本题中选 B 为参考系时,A 的速度方向垂直于绳长方向,速度的方向可确定。

(3) 注意动量守恒定律和角动量守恒定律的适用条件均为惯性系。

第3章 刚体的定轴转动

一、基本要求

1. 理解刚体模型和描述刚体定轴转动的物理量,掌握角量与线量的关系。

2. 理解力矩和转动惯量的概念,并掌握这两个物理量的计算方法。

3. 掌握刚体定轴转动的转动定律,并熟练地应用其解决刚体定轴转动问题。

4. 掌握刚体定轴转动的转动动能和重力势能等概念,会计算力矩的功;掌握刚体定轴转动的动能定理和机械能守恒定律,并能熟练应用其求解包含刚体的系统的动力学问题。

5. 理解刚体角动量的概念,掌握刚体定轴转动的角动量守恒定律,并能应用其解决包含刚体的系统的动力学问题。

二、知识要点

1. 刚体定轴转动

刚体的转动惯量:$J=\sum \Delta m_i r_i^2$(离散体),$J=\int r^2 \mathrm{d}m$(连续体)。

对转轴的合外力矩:$M=\sum \pm F_{i\perp} r_{i\perp}$(规定转动正方向)。

刚体定轴转动的转动定律:$\boldsymbol{M}=J\boldsymbol{\alpha}$。

2. 机械能守恒定律

刚体的动能:$E_\mathrm{k}=\frac{1}{2}J\omega^2$。

刚体定轴转动的动能定理:$\Delta E_\mathrm{k}=\int M\mathrm{d}\theta=A$。

刚体定轴转动的机械能守恒定律:当 $A_{外力}=A_{非保守内力}=0$ 时,$E=E_\mathrm{k}+E_\mathrm{p}=C_1$(常量)。

3. 角动量守恒定律

刚体的角动量:$\boldsymbol{L}=J\boldsymbol{\omega}$。

质点系的角动量定理的分量式:$M_z=\frac{\mathrm{d}L_z}{\mathrm{d}t}$。

对定轴的角动量守恒定律:当 $M_z=0$ 时,$L_z=C_2$(常量)。

三、知识梗概框图

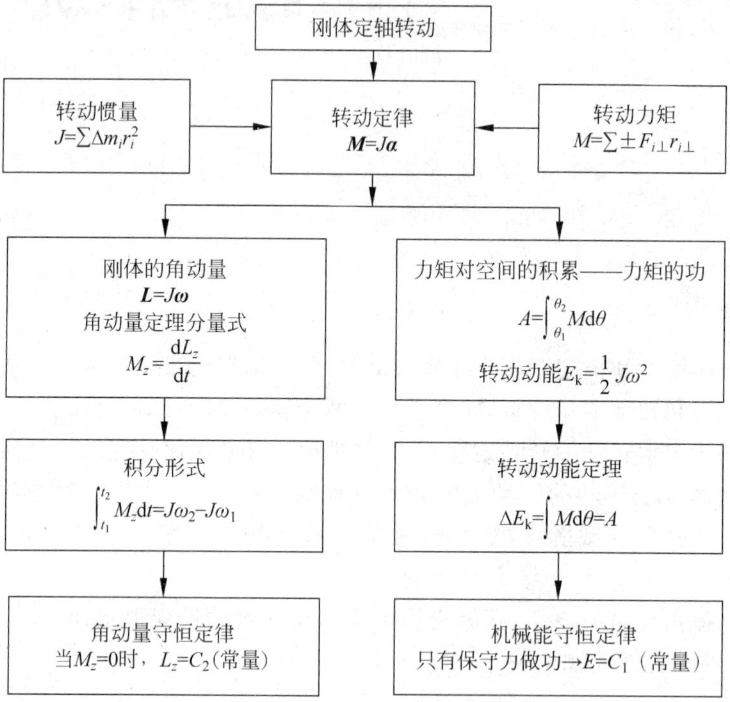

四、基本题型

1. 转动惯量和力矩的计算。
2. 刚体定轴转动的动能和角动量的计算。
3. 利用刚体定轴转动的转动定律和牛顿运动定律求解“刚体—质点”组问题。
4. 利用守恒定律求解“刚体—质点”组问题。

五、解题方法介绍

1. 类比的方法

在学习刚体的定轴转动时,应注意类比法的应用。刚体定轴转动的转动定律 $\boldsymbol{M}=J\boldsymbol{\alpha}$ 在刚体转动中的地位相当于牛顿第二定律 $\boldsymbol{F}=m\boldsymbol{a}$ 在质点运动中的地位,二者在数学形式上极其相似。其中角加速度$\boldsymbol{\alpha}$ 与加速度 $\boldsymbol{a}$ 相对应,合外力矩 $\boldsymbol{M}$ 与合外力 $\boldsymbol{F}$ 相对应,转动惯量 J 与质量 m 相对应。通过对它们的物理意义的理解,可做到触类旁通。质点运动时,用加速度 $\boldsymbol{a}$ 描述质点平动状态变化的快慢,用力 $\boldsymbol{F}$ 描述质点状态变化的原因,用质量 m 量度平动惯性的大小。刚体转动时,用角加速度$\boldsymbol{\alpha}$ 描述刚体转动状态变化的快慢,用力矩 $\boldsymbol{M}$ 描述刚体转动状态变化的原因,用转动惯量 J 量度转动惯性的大小。二者具有的共同点是瞬时作用规律。

其他的描述刚体的物理量和描述质点的物理量可类比的还有,质点的动量 $\boldsymbol{p}=m\boldsymbol{v}$ 与刚体对转轴的角动量 $\boldsymbol{L}=J\boldsymbol{\omega}$；质点的动能 $E_k=\dfrac{1}{2}mv^2$ 与刚体的转动动能 $E_k=\dfrac{1}{2}J\omega^2$；

等等。

2. 转动惯量的一般求解方法

求解刚体绕定轴转动的转动惯量是研究刚体转动的重要问题之一，除一些常见的刚体的转动惯量需熟记之外，还要掌握利用转动惯量的定义和“叠加法”计算转动惯量的方法。

(1) 用转动惯量的定义式直接计算连续体的转动惯量

用定义式计算连续体的转动惯量涉及到微积分的计算。首先，分析质点系或刚体的质量分布特点，建立坐标系，选取质量元 $\mathrm{d}m$；然后根据定义，有 $\mathrm{d}J=r^2\mathrm{d}m$，并统一变量，确定积分上下限；最后对 $\mathrm{d}J$ 积分，计算转动惯量。

(2) 用“叠加法”(含“补偿法”)计算转动惯量

对于不规则形状的刚体或“刚体—质点”组，由于转动惯量具有可加性，用标量“叠加法”计算转动惯量。首先明确参考轴，确定各个物体(或刚体)对参考轴的转动惯量，然后用标量“叠加法”将其相加或相减(补偿法)得到总的转动惯量。

3. 利用刚体定轴转动定律和牛顿第二定律求解“刚体—质点”组问题的一般方法

在刚体力学中，刚体与质点联体问题是一个典型的问题，一般采用“隔离体法”求解。

主要步骤如下：

(1) 选择研究对象，隔离物体，对质点进行受力分析，对刚体进行外力矩分析，并画出分析示意图；建立坐标系，对质点运动选定正方向，对刚体转动选定正方向，并使两者保持一致；

(2) 对质点运用牛顿第二定律 $\boldsymbol{F}=m\boldsymbol{a}$ 并列出动力学方程，对定轴转动刚体运用转动定律 $\boldsymbol{M}=J\boldsymbol{\alpha}$ 并列出动力学方程；

(3) 由约束条件(角量与线量的关系)和牛顿第三定律，建立质点运动与刚体转动的联系式；

(4) 联立方程求解，并进行必要的讨论。

4. 利用守恒定律求解“刚体—质点”组问题的一般求解方法

质点与定轴转动刚体的打击、破裂等问题是“刚体—质点”组又一个典型的问题，解决这类问题常用“系统分析法”。用这种方法解题时，常用到角动量守恒定律和机械能守恒定律(思考：为什么不用动量守恒定律)，由于两个守恒定律的条件不同，在应用它们求解动力学问题时，系统的选择和过程的分析显得尤为重要。

主要步骤如下：

(1) 根据过程特点，选取研究对象，确定参考转轴，并进行受力(力矩)分析，判断系统是否满足守恒定律的条件；

(2) 分析并确定运动过程，写出系统始末状态的物理量(角动量和机械能)；

(3) 利用守恒定律(角动量守恒定律和机械能守恒定律)和其他相关定理、定律列方程；

(4) 联立方程求解，并进行必要的讨论。

六、典型例题

例题 3.1　如图 3-1(a)所示，圆盘的质量为 m，半径为 R，质量均匀分布。以圆心 O 为中心，将半径为 $R/2$ 的部分挖去，求：

(1) 剩余部分对通过圆心 O 的 AA' 轴的转动惯量；

(2) 剩余部分对通过盘边缘且与 AA' 轴平行的 BB' 轴的转动惯量。

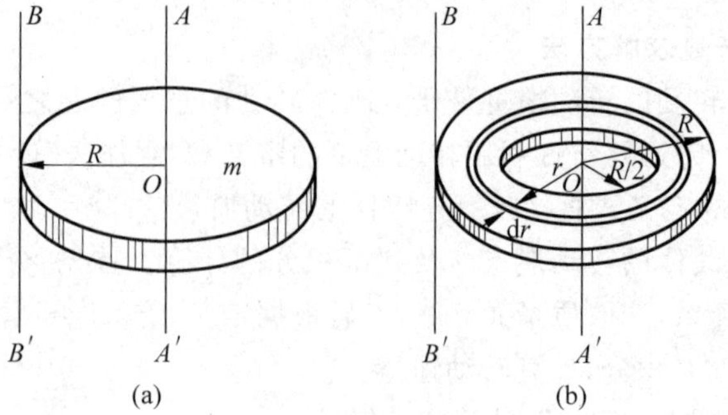

图 3-1 例题 3.1 用图

选题目的 对称性形状刚体转动惯量的计算。

分析 第(1)问可以用转动惯量的定义式直接计算连续体的转动惯量,也可以用"补偿法"计算转动惯量。第(2)问可利用平行轴定理求解。

解 (1) **方法1** 如图 3-1(b)所示,取半径为 r,宽度为 $\mathrm{d}r$ 的窄圆环 $\mathrm{d}m$,其对 AA'轴的转动惯量为

$$\mathrm{d}J=r^2\mathrm{d}m=r^2\frac{m}{\pi R^2}2\pi r\,\mathrm{d}r=\frac{2r^3m}{R^2}\mathrm{d}r$$

因此,剩余部分对 AA'轴的转动惯量为

$$J=\int\mathrm{d}J=\int_{R/2}^{R}\frac{2r^3m}{R^2}\mathrm{d}r=\frac{15}{32}mR^2$$

方法2 利用"补偿法",即将挖去的部分填充上密度相同的材料,使其构成一个完整的圆盘,其对 AA'轴的转动惯量为

$$J_1=\frac{1}{2}mR^2$$

填充的部分对 AA'轴的转动惯量为

$$J_2=\frac{1}{2}m'\left(\frac{R}{2}\right)^2=\frac{1}{32}mR^2$$

根据转动惯量的叠加性,剩余部分对 AA'轴的转动惯量为

$$J=J_1-J_2=\frac{15}{32}mR^2$$

(2) 由平行轴定理得剩余部分对 BB'轴的转动惯量为

$$J'=J_c+m_od^2=J+(m-m')R^2=\frac{39}{32}mR^2$$

讨论 (1) 求解刚体绕定轴转动的转动惯量是研究刚体转动的重要问题之一,除一些常见刚体的转动惯量需熟记外,还应该掌握利用转动惯量的定义和平行轴定理计算转动惯量的方法。在使用平行轴定理求转动惯量时,要特别注意平行轴定理中的 J_c 一定是对过质心轴的转动惯量,d 为所求的转轴和质心轴之间的垂直距离。

(2) 转动惯量是标量,具有叠加性,整个刚体的转动惯量等于各个部分对转轴的转动惯量的代数和。

例题 3.2 现有两个大小不同,具有水平光滑轴的定滑轮,它们的顶点在同一水平线

上，一根不可伸长的轻绳跨过这两个定滑轮，绳子两端分别挂着物块 A 和 B，如图 3-2 所示。已知 $m'=2m$，$r'=2r$，$m_A=m$，$m_B=2m$。求两滑轮的角加速度及它们之间绳中的张力 T（绳与轮之间无滑动）。

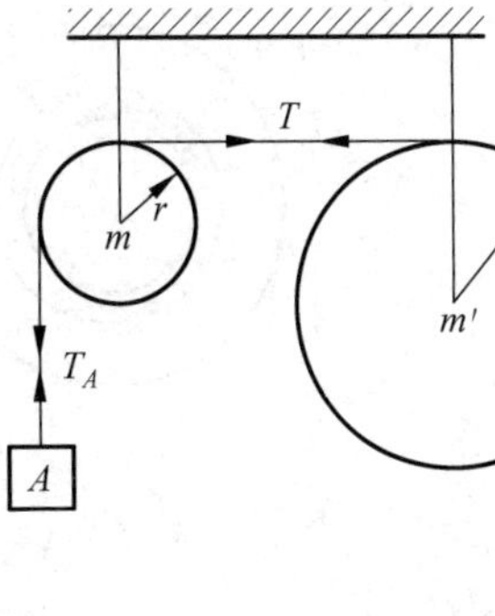

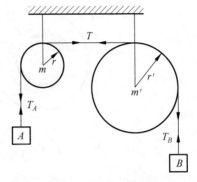

图 3-2　例题 3.2 用图

选题目的　掌握利用刚体定轴转动的转动定律和牛顿第二定律求解“刚体—质点”组问题的一般方法。

解　对物体 A、B 应用牛顿第二定律，对两个定滑轮应用刚体定轴转动的转动定律，选择顺时针转动为正方向，根据圆盘的转动惯量 $J=\frac{1}{2}mR^2$ 及牛顿第三定律得

$$T_A-mg=ma$$
$$(2m)g-T_B=(2m)a$$
$$(T-T_A)r=\frac{1}{2}mr^2\alpha$$
$$(T_B-T)\cdot 2r=\frac{1}{2}(2m)(2r)^2\alpha'$$

约束条件为

$$a=\alpha r=\alpha'(2r)$$

联立以上各式求得

$$\alpha=\frac{2g}{9r},\quad \alpha'=\frac{g}{9r},\quad T=\frac{4}{3}mg$$

讨论　本题是典型的刚体与质点构成连接体的联体问题，一般采用“隔离体法”求解，对质点运用牛顿运动定律，对刚体运用刚体定轴转动的转动定律。

例题 3.3　质量为 m、半径为 R 的圆盘在水平面上绕中心竖直轴 O 转动，圆盘与水平面间的摩擦因数为 μ。已知开始时薄圆盘的角速度为 ω_0，求：

(1) 薄圆盘转几圈后停下来；

(2) 圆盘转动的阻力矩做的功。

选题目的　掌握摩擦力矩以及描述刚体转动的相关物理量的计算。

分析　薄圆盘在转动过程中受到摩擦力矩 M 的作用，产生一个与旋转方向相反的角加速度 α，薄圆盘做减速运动，问题的关键是求出摩擦力矩 M。根据刚体定轴转动的转动定律求出角加速度 α，再根据有关运动学公式，可求出圆盘转过的角度 θ，进而可求出其所转过的圈数 n。利用刚体转动的动能定理或力矩的功的定义式，求解阻力矩做的功。

解　(1) 先求摩擦力矩 M。如图 3-3(a)所示，取半径为 r、宽为 $\mathrm{d}r$ 的窄圆环，薄圆盘的面密度为 $\sigma=m/\pi R^2$，该窄圆环受到的摩擦力为

$$\mathrm{d}f=\mu g\,\mathrm{d}m=\mu g\sigma 2\pi r\,\mathrm{d}r$$

选择圆盘转动方向为正方向，则该圆环所受到摩擦力矩为

$$\mathrm{d}M=-r\,\mathrm{d}f=-r\mu g\sigma 2\pi r\,\mathrm{d}r=-\frac{2\mu mg}{R^2}r^2\,\mathrm{d}r$$

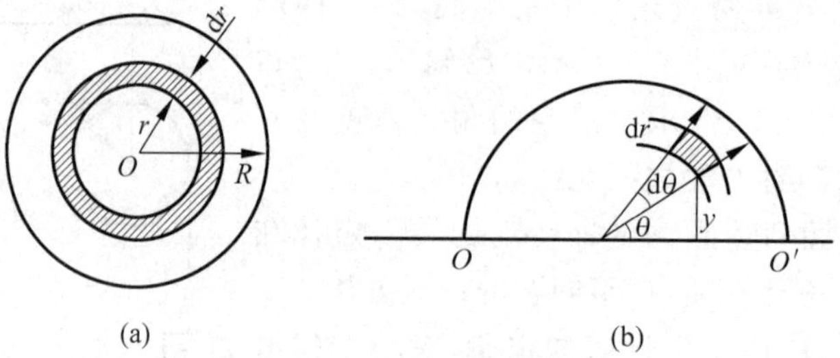

图 3-3 例题 3.3 用图

故薄圆盘绕 O 点转动受到的摩擦力矩为

$$M=\int \mathrm{d}M=\int_0^R -\frac{2\mu mg}{R^2}r^2\,\mathrm{d}r=-\frac{2}{3}\mu mgR$$

再求角加速度 α。根据刚体定轴转动的转动定律得

$$\alpha=\frac{M}{J}=-\frac{\frac{2}{3}\mu mgR}{\frac{1}{2}mR^2}=-\frac{4\mu g}{3R}$$

因角加速度 α 是常量,故圆盘做匀减速运动,则圆盘转过的角度为

$$\theta=\left|\frac{\omega_0^2}{-2\alpha}\right|=\frac{3R\omega_0^2}{8\mu g}$$

故得圆盘转过的圈数为

$$n=\frac{\theta}{2\pi}=\frac{3R\omega_0^2}{16\pi\mu g}$$

(2) 根据动能定理可得阻力矩做的功为

$$A=0-\frac{1}{2}J\omega_0^2=-\frac{1}{4}mR^2\omega_0^2$$

讨论 (1) 本题中摩擦力是一个分布力,因而不同处的摩擦力矩不同,因此,需要用微积分方法求解合力矩,正确选取任意"微元"——质量元,求出该质量元所受的摩擦力矩是求解合力矩的关键。

(2) 由于圆形平板底面上半径相同的圆周上的质量元的力臂相同,故选取半径为 r、宽度为 $\mathrm{d}r$ 的窄圆环为面微元进行求解。

(3) 本题还可以选取如图 3-3(b)所示的微元求解,此时求合力矩就变成一个二重积分了。读者可自行尝试用此方法求解。

例题 3.4 一均匀细杆长为 L、质量为 m,可绕通过其一端点 O 的水平轴线在铅直平面内转动。设轴光滑,开始时杆被拉到水平位置后轻轻放开,当它摆到铅直位置时,与放在地面上的静止物块相撞,如图 3-4 所示。若物块的质量也是 m,物块滑动距离 s 后停止,物块与地面间的摩擦因数为 μ。求杆与物块碰撞后,物块的速度和杆的角速度大小。

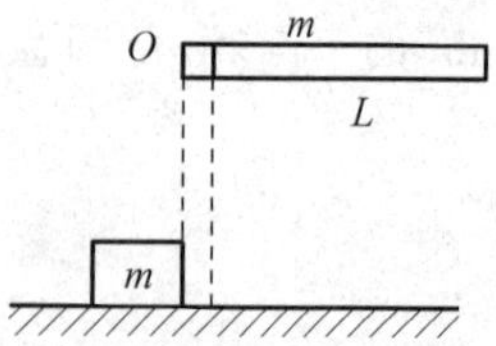

图 3-4 例题 3.4 用图

选题目的 运用角动量守恒定律和质点动力学知识解决"刚体—质点"组问题。

分析　根据物块的滑动距离可求出碰撞后物块的速度，求杆碰撞后的角速度需要分析杆和物块碰撞的过程是否满足角动量守恒定律。

解　杆在下落过程中仅有重力做功，其机械能守恒。以水平位置为杆的重力势能零点，则有

$$0=\frac{1}{2}J\omega^2-mg\frac{L}{2}$$

由于杆对轴的转动惯量 $J=\frac{1}{3}mL^2$，则得

$$\omega=\sqrt{3g/L}$$

杆与物块碰撞时内力较大，碰撞时间短，可忽略碰撞时物块与地面间的摩擦力的冲量矩，因此物块与杆组成的系统对 O 轴的角动量守恒。设杆与物块相碰后的瞬间对轴的角速度为 ω'，物块的速度为 v，根据角动量守恒定律有

$$J\omega=J\omega'+mLv$$

由质点的动能定理有

$$-fs=-\mu mgs=0-\frac{1}{2}mv^2$$

联立以上各式，可得

$$v=\sqrt{2\mu gs}\,,\quad \omega'=\sqrt{\frac{3g}{L}}-\frac{3}{L}\sqrt{2\mu gs}$$

讨论　本题是运用角动量守恒定律求解的，为什么碰撞过程中系统的动量不守恒？请读者思考。

例题 3.5　如图 3-5 所示，A、B 两飞轮的轴杆可通过摩擦啮合器 C、D 连接，A 轮对转轴的转动惯量 $J_A=20\ \mathrm{kg\cdot m^2}$，$B$ 轮对转轴的转动惯量 $J_B=30\ \mathrm{kg\cdot m^2}$，开始时 B 轮静止，A 轮以 $n_1=1\,000\ \mathrm{r/min}$ 的速度转动，求：

(1) 两轮啮合后的转速；

(2) 在啮合过程中系统损失的动能。

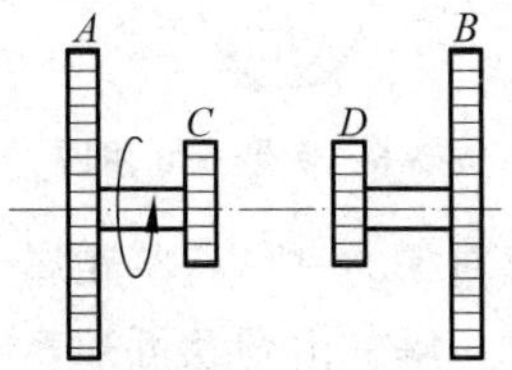

图 3-5　例题 3.5 用图

选题目的　刚体角动量守恒定律的应用。

分析　将 A、B 两飞轮组成的系统作为研究对象，在啮合过程中，由于系统受到的轴向的正压力对轴的力矩为零，啮合器的切向摩擦力矩为系统的内力矩，且重力和轴承的支撑力平衡，故系统所受的合外力矩为零，系统的角动量守恒。

解　(1) 设 A、B 两飞轮开始运动时的角速度分别为 ω_1、ω_2，由于系统的角动量守恒，则得

$$J_A\omega_1+J_B\omega_2=(J_A+J_B)\omega$$

式中，ω 为两轮啮合后系统的角速度。根据题意有

$$\omega_1=\frac{1\,000}{60}\times 2\pi\ \mathrm{rad/s}=104.7\ \mathrm{rad/s}$$

$$\omega_2=0$$

故得

$$\omega=\frac{J_A\omega_1}{J_A+J_B}=41.9\ \mathrm{rad/s}$$

或

$$\omega=\frac{41.9}{2\pi}\times 60\ \mathrm{r/min}=400\ \mathrm{r/min}$$

(2) 啮合前系统的动能是 A 轮的转动动能,即

$$E_{k0}=\frac{1}{2}J_A\omega_1^2$$

啮合后系统的动能是 A 轮和 B 轮的转动动能之和,即

$$E_k=\frac{1}{2}(J_A+J_B)\omega^2$$

因此,系统损失的动能为

$$\Delta E_k=E_{k0}-E_k=\frac{1}{2}J_A\omega_1^2-\frac{1}{2}(J_A+J_B)\omega^2=65\ 730\ \mathrm{J}$$

讨论 本题的关键是分析刚体系的角动量守恒条件。

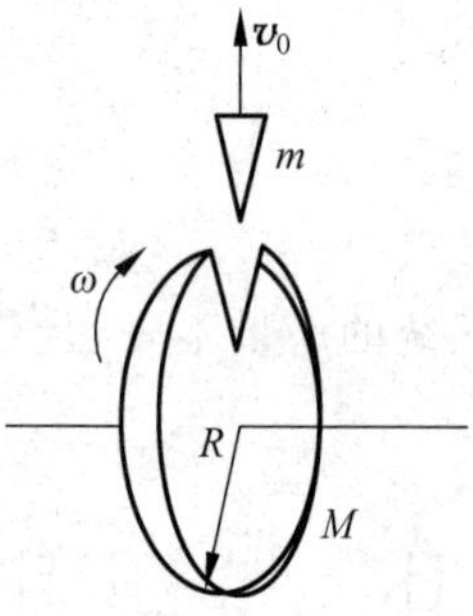

图 3-6 例题 3.6 用图

例题 3.6 一个质量为 m 的碎片从质量为 M、半径为 R 并以角速度 ω 旋转的均质飞轮的边缘飞出,且速度方向正好竖直向上,如图 3-6 所示。试求碎片能上升的最大高度及剩余部分的角速度、角动量和转动动能(可忽略重力矩的影响)。

选题目的 质点运动学问题和刚体角动量守恒定律的应用。

分析 本题为角动量守恒定律的应用问题。碎片从飞轮的边缘飞出,以初速度$\boldsymbol{v}_0$ 做上抛运动,因此,碎片上升的最大高度可由上抛运动的规律求解。在求解过程中,碎片被当成质点而在应用角动量守恒定律时,是把碎片和飞轮剩余部分组成的系统作为研究对象的,所以,本题属于"刚体—质点"组的角动量守恒问题。

解 由题意可知,碎片离开飞轮时的初速度为

$$v_0=R\omega \tag{Ⅰ}$$

因此碎片上升的最大高度为

$$h_m=\frac{v_0^2}{2g}=\frac{R^2\omega^2}{2g} \tag{Ⅱ}$$

碎片离开飞轮前后,由碎片和剩余部分组成的系统不受外力矩作用,系统的角动量守恒。飞轮破裂前,它的角动量为 $J\omega=\frac{1}{2}MR^2\cdot\omega$;破裂后,碎片的角动量为 mv_0R,剩余部分的角动量为

$$J'\omega'=\left(\frac{1}{2}MR^2-mR^2\right)\cdot\omega'$$

由于系统的角动量守恒,则得

$$\frac{1}{2}MR^2\omega=\left(\frac{1}{2}MR^2-mR^2\right)\cdot\omega'+mv_0R \tag{Ⅲ}$$

将式(Ⅰ)代入式(Ⅲ),得

$$\omega = \omega' \qquad (\text{Ⅳ})$$

说明飞轮破碎后角速度保持不变。因此,剩余部分的角动量为

$$J'\omega' = \left(\frac{1}{2}MR^2 - mR^2\right) \cdot \omega' = \frac{1}{2}(M - 2m)R^2\omega$$

转动动能为

$$E_k = \frac{1}{2}J'\omega'^2 = \frac{1}{2}\left(\frac{1}{2}MR^2 - mR^2\right) \cdot \omega^2 = \frac{1}{4}(M - 2m)R^2\omega^2$$

讨论

(1) 本题的角动量守恒关系是针对由碎片和飞轮剩余部分组成的系统而言的,单独将飞轮剩余部分和碎片部分作为研究对象,角动量都是不守恒的。

(2) 本题计算结果表明飞轮破碎后的角速度保持不变,请读者试分析这里的原因。

例题 3.7　如图 3-7(a)所示,质量为 m_1,长为 l 的均匀细棒,静止在水平桌面上,棒可绕通过其一端点 O 的竖直固定光滑轴转动,棒与桌面间的滑动摩擦因数为 μ。今有一质量为 m_2 的滑块在水平面内以垂直于棒长方向的速度 $\boldsymbol{v}_1$ 与棒下端相碰,碰撞后滑块速度变为 $\boldsymbol{v}_2$,方向与 $\boldsymbol{v}_1$ 相反,试求:

(1) 碰撞后棒所获得的角速度;

(2) 碰撞后棒在转动过程中所受的摩擦力矩;

(3) 碰撞后从细棒开始转动到转动停止所经历的时间。

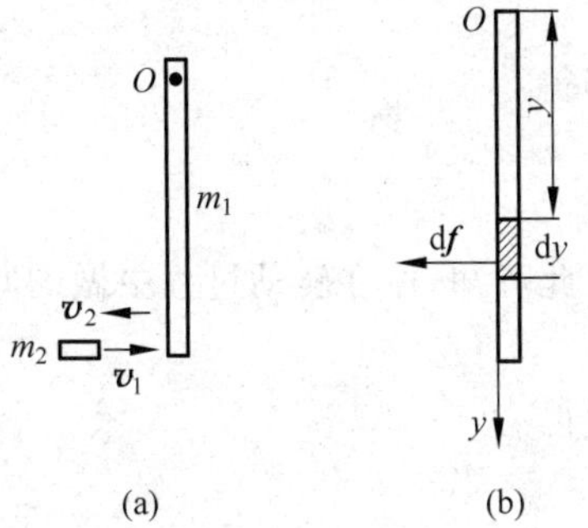

图 3-7　例题 3.7 用图

选题目的　角动量守恒定律的应用,积分法求力矩。

分析　本题属于质点与刚体碰撞问题,若以棒和滑块为研究对象,由于碰撞时间很短,可认为棒所受的摩擦力的冲量矩近似为零,故系统的角动量守恒。

解　(1) 设碰撞后棒的角速度为 ω,则由角动量守恒定律有

$$m_2 v_1 l = -m_2 v_2 l + \frac{1}{3}m_1 l^2 \omega$$

解得棒的角速度为

$$\omega = \frac{3m_2(v_1 + v_2)}{m_1 l}$$

(2) 建立如图 3-7(b)所示的坐标系,并在棒上距离 O 为 y 处取长度为 $\mathrm{d}y$ 的质量元,则有

$$\mathrm{d}m = \frac{m_1}{l}\mathrm{d}y$$

选择棒的转动方向为正方向,则该质量元所受的摩擦力 $\mathrm{d}\boldsymbol{f}$ 相对轴产生的摩擦力矩为

$$\mathrm{d}M_f = -|\,\boldsymbol{r} \times \mathrm{d}\boldsymbol{f}\,| = -y \cdot \mathrm{d}f = -y \cdot \mu g\,\mathrm{d}m$$

故整根棒绕 O 转动的摩擦力力矩为

$$M_f = \int \mathrm{d}M_f = \int_0^l -\mu g\,\mathrm{d}m \cdot y = -\frac{1}{2}\mu m_1 g l$$

(3) 用两种方法求解。

方法1 设碰撞后细棒开始转动到静止所需要的时间为 t，由角动量定理 $\int_0^t M\mathrm{d}t = J\omega_t - J\omega$ 得

$$\int_0^t M_f \mathrm{d}t = M_f t = 0 - J\omega$$

将上述求得的 ω 和 M_f 和 $J=\frac{1}{3}m_1 l^2\omega$ 代入上式，可得

$$t = \frac{J\omega}{M_f} = \frac{2m_2(v_1+v_2)}{\mu m_1 g}$$

方法2 由于整根棒绕 O 转动的力矩 $M_f = -\frac{1}{2}\mu m_1 gl$ 为常量，则由转动定律得

$$-\frac{1}{2}\mu m_1 gl = \frac{1}{3}m_1 l^2 \cdot \alpha$$

即得

$$\alpha = -\frac{3}{2l}\mu g$$

由此可知，棒在转动过程中做匀减速转动，故由匀减速转动公式可得

$$\omega_t - \omega = 0 - \omega = \alpha t$$

故得

$$t = -\frac{\omega}{\alpha} = \frac{2m_2(v_1+v_2)}{\mu m_1 g}$$

与方法1得到的结果一致。

讨论 本题属于典型的"刚体—质点"组碰撞问题。对棒和滑块组成的系统，由分析可知，其角动量守恒，但动量不守恒，理解这一点是求解的关键。要掌握利用积分求摩擦力矩的方法。

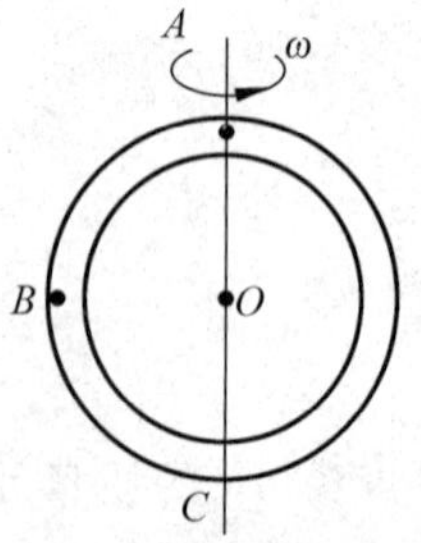

图 3-8 例题 3.8 用图

例题 3.8 半径为 R 的空心圆环可绕光滑的竖直固定轴 AC 自由转动，转动惯量为 J_0，初始角速度为 ω_0，质量为 m 的小球静止在环内最高处 A 点，如图 3-8 所示。由于某种微小干扰，小球沿环下滑(设内壁和小球是光滑的)。求：小球分别滑到 B 点和 C 点时，环的角速度及小球相对于环的速度。

出题目的 运用守恒定律和质点运动学知识解决"刚体—质点"组问题。

分析 小球的运动是沿着圆环下滑和绕着竖直轴与圆环一起转动的合成，小球相对圆环的运动就是下滑运动。选择小球和环组成的系统为研究对象，运动过程中合外力矩为零，角动量守恒。选择小球、环和地球组成的系统为研究对象，系统的机械能守恒。

解 选择 B 点为重力势能零点。小球由 A 点运动到 B 点的过程中，系统的角动量守恒、机械能守恒，则得

$$J_0\omega_0 = (J_0 + mR^2)\omega$$

$$\frac{1}{2}J_0\omega_0^2 + mgR = \frac{1}{2}J_0\omega^2 + \frac{1}{2}m(\omega^2R^2 + v_B^2)$$

联立上述两式解得

$$\omega = \frac{J_0\omega_0}{J_0 + mR^2}$$

$$v_B = \sqrt{2gR + \frac{J_0\omega_0^2R^2}{mR^2 + J_0}}$$

对于 C 点，小球在 A 点和 C 点系统的转动惯量相同，所以由角动量守恒定律得到

$$\omega = \omega_0$$

小球在 A 点和 C 点时圆环的机械能相同，所以只考虑小球运动状态的变化，由机械能守恒定律有

$$\frac{1}{2}mv_C^2 = mg(2R)$$

解得

$$v_C = \sqrt{4gR}$$

讨论　本题的关键是要分析出小球是如何运动的，然后将小球和圆环作为一个系统，运用角动量守恒定律和机械能守恒定律求解。

七、课堂讨论与练习

（一）课堂讨论

1．刚体转动时，若它的角速度很大，那么作用于它上面的力是否一定很大？作用在它上面的力矩是否一定很大？

2．两个半径相同的轮子，质量相同，转速也相同。一个轮子的质量均匀分布，一个轮子的质量聚集在轮子边缘附近。若它们在相同的阻力矩作用下缓慢减速转动，是否同时静止？如果不是，哪个轮子转动的时间更长？

3．物体绕一光滑的定轴转动，当加热物体时，物体的角速度是否改变？当冷却物体时，物体的角速度是否改变？若改变，增大还是减小？

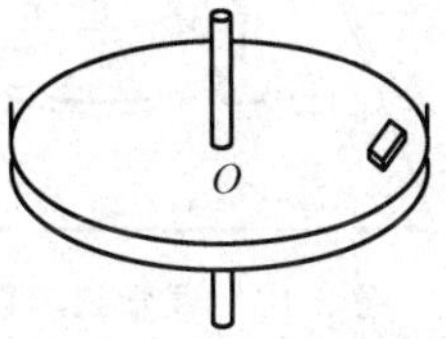

图 3-9　课堂讨论题 4 用图

课堂讨论题 4

4．如图 3-9 所示，一圆形台面可绕其中心轴无摩擦地转动，有一辆玩具小车相对于台面由静止开始启动，绕中心轴做圆周运动，问平台面如何运动？若经过一段时间后小车突然刹车，则圆台和小车怎样运动？此过程中，对于不同的研究对象，下列表中的物理量哪些是守恒量，受外力、合外力矩情况如何？

研究对象	动量	角动量	动能	受力	受力矩
小车					
圆台					
小车＋圆台					

5. 绕固定轴做匀变速转动的刚体,其中各点都绕轴做圆周运动,试问刚体上任一点是否具有切向加速度?是否具有法向加速度?法向加速度和切向加速度大小是否变化?

6. 在一系统中,如果该系统的角动量守恒,其动量是否也一定守恒?反之,如果该系统的动量守恒,其角动量是否也一定守恒?(提示:可分单个质点与质点系两种情况分析。)

(二) 课堂练习

1. 如图 3-10 所示,一半径为 R,质量为 m 的圆盘,支在一固定的轴承上,以一轻绳绕在轮的边缘,绳的下端是一质量亦为 m 的物体。滑轮从静止开始转动,求圆盘的运动方程(不计轴承的摩擦)。

2. 如图 3-11 所示,一轻绳绕过一质量为 $m/4$,半径为 R 的滑轮(质量分布均匀),一质量为 m 的人抓住绳子的一端 A,绳子的另一端系一个质量为 $m/2$ 的重物 B,绳子与滑轮无相对滑动,试求:

课堂练习题 2

(1) 当人相对于绳子静止时,重物 B 上升的加速度。

(2) 当人相对于绳子以匀速 u 上爬时,重物 B 上升的加速度。

(3) 当人相对于绳子以加速度 a_0 上爬时,重物 B 上升的加速度。

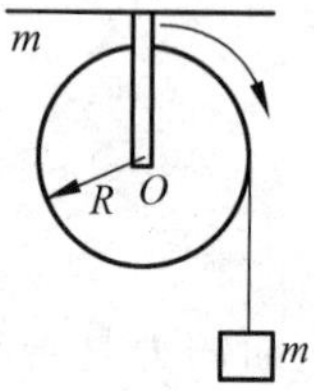

图 3-10 课堂练习题 1 用图

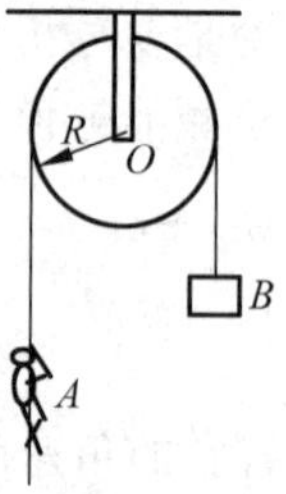

图 3-11 课堂练习题 2 用图

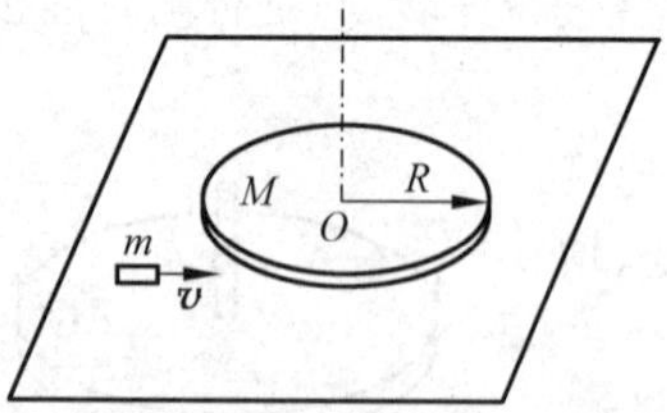

图 3-12 课堂练习题 3 用图

课堂练习题 3

3. 如图 3-12 所示,一质量均匀分布的圆盘,质量为 M,半径为 R,圆盘与粗糙水平面接触,可绕通过其中心 O 的竖直轴转动,一个质量为 $m(m\ll M)$,速度为 $\boldsymbol{v}$ 的子弹沿圆周的切向射入盘的边缘,并嵌在里面。若圆盘与水平面的摩擦因数为 μ,试求:

(1) 子弹击中圆盘后,盘所获得的角速度。

(2) 经过多长时间后,圆盘停止转动。

(3) 圆盘停止时共转过多少角度?(以弧度表示。)

4. 如图 3-13 所示,质量分别为 M_1,M_2,半径分别为 R_1,R_2 的两均匀圆柱,可分别绕它们本身的轴转动,两轴平行。原来它们沿同一转向分别以 ω_{10}、ω_{20} 的角速度匀速转动,然后平移二轴使它们的边缘相接触。求最后在接触处无相对滑动时,每个圆柱的角速度 ω_1,ω_2。

5. 如图 3-14 所示,弹簧的劲度系数为 $k=2\ \mathrm{N/m}$,弹簧和绳子的质量可忽略不计,绳子不可伸长,不计空气阻力。定滑轮的半径为 $R=0.1\ \mathrm{m}$,绕其轴的转动惯量为 $J=0.01\ \mathrm{kg\cdot m^2}$。求质量为 $m=1\ \mathrm{kg}$ 的物体,从静止开始(这时弹簧无伸长)落下 1 m 时的速度大小。(取 $g=10\ \mathrm{m/s^2}$)。

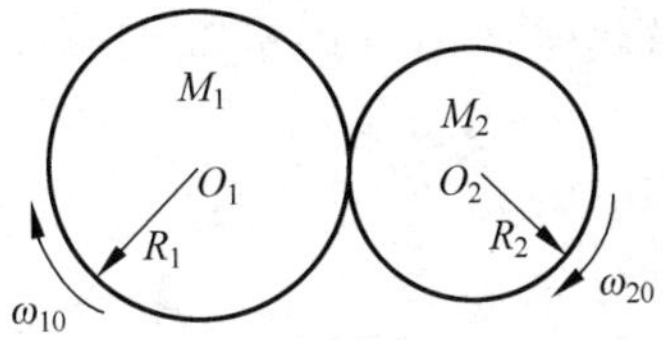

图 3-13　课堂练习题 4 用图

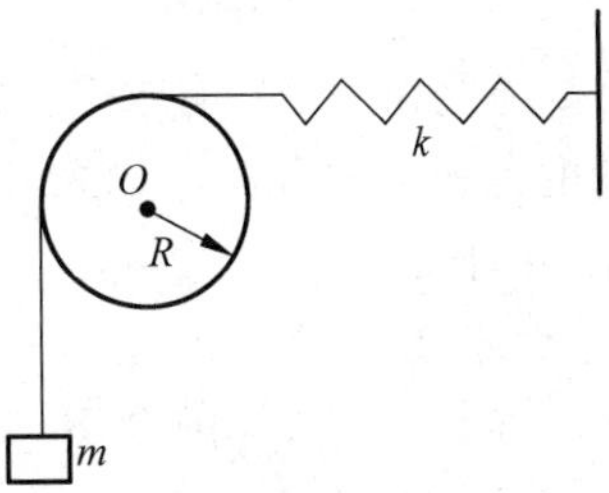

图 3-14　课堂练习题 5 用图

八、解题训练

(一) 课前预习题

1. 刚体做定轴转动时，刚体上的质元做________运动。与轴的距离不同的各质元的线速度________(填相同或不同)，角速度是________(填相同或不同)。

2. 刚体对转轴的转动惯量与________和________有关。

3. 刚体转动惯量是量度刚体________大小的物理量。

4. 一个有固定轴的刚体受到两个力的作用，这两个力的合力为零，则这两个力对轴的合外力矩是否一定为零？

5. 刚体力学中和牛顿第二定律地位相当的是________定律，利用其可求出刚体定轴转动的角加速度。

6. 在已知刚体对通过________的轴的转动惯量时，才可以利用平行轴定理求出对另一个与此轴平行的轴的转动惯量。

7. 对于一个质点系，如果它所受的对于某一固定轴的________为零，则它对于这一固定轴的角动量保持不变，即质点系的角动量守恒。

8. 力的功在刚体定轴转动中的特殊表示形式是________。

(二) 基础题

1. 关于刚体对轴的转动惯量，下列说法中正确的是[　　]。

A. 只取决于刚体的质量，与质量的空间分布和轴的位置无关

B. 取决于刚体的质量和质量的空间分布，与轴的位置无关

C. 取决于刚体的质量、质量的空间分布与轴的位置

D. 只取决于转轴的位置，与刚体的质量和质量的空间分布无关

2. 关于力矩以下几种说法中，正确的是[　　]。

(1) 对某个定轴转动刚体而言，内力矩不会改变刚体的角加速度。

(2) 一对作用力和反作用力对同一轴的力矩之和必为零。

(3) 质量相等，形状和大小不同的两个刚体，在相同力矩的作用下，它们的角加速度一定相同。

(4) 刚体所受的合外力为零，合外力矩一定为零。

A. 只有(2)是正确的　　　　B. (1)、(2)是正确的

C. (1)、(3)是正确的　　D. (1)、(4)是正确的

3. 将细绳绕在一个具有水平光滑轴的飞轮边缘上,如果在绳的一端挂一质量为 m 的重物时,飞轮的角加速度为 α_1。如果以拉力 $2mg$ 代替重物拉绳时,飞轮的角加速度将[　　]。

A. 小于 α_1　　B. 大于 α_1,小于 $2\alpha_1$

C. 大于 $2\alpha_1$　　D. 等于 $2\alpha_1$

4. 如图 3-15 所示,一圆盘绕垂直于盘面的水平轴 O 转动,两颗质量相同、速度大小相同而方向相反并在一条直线上的子弹同时射入圆盘并留在盘内,则子弹射入后的瞬间,圆盘和子弹组成的系统的角动量 L 和圆盘的角速度 ω 的变化情况(不计轴的摩擦力)为[　　]。

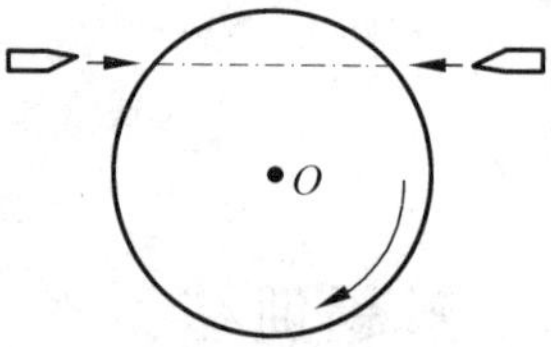

图 3-15　基础题 4 用图

A. L 变大,ω 变大　　B. L 不变,ω 变大

C. L 不变,ω 变小　　D. L 变大,ω 变小

5. 一物体正在绕着竖直固定的光滑轴自由转动,则[　　]。

A. 它受热或遇冷时,角速度不变

B. 它受热时角速度变大,遇冷时角速度变小

C. 它受热或遇冷时,角速度均变大

D. 它受热时角速度变小,遇冷时角速度变大

6. 一根长为 L,质量为 m 的均匀细直棒,其一端挂在水平光滑轴 O 上,细棒可以在竖直平面内转动,最初细棒静止在竖直位置。今有一质量为 m 的子弹以水平速度 $\boldsymbol{v}$ 射入棒的下端,而留在棒内。子弹射入直棒的过程中,子弹和直棒组成的系统[　　]。

A. 机械能守恒　　B. 动量守恒

C. 角动量守恒　　D. 角动量和动量都守恒

7. 如图 3-16 所示,一均匀细杆可绕垂直于它而距其一端为 $L/4$(L 为杆长)的水平固定轴 O 在竖直平面内转动。杆的质量为 m,当杆自由悬挂时,给它一个起始角速度 ω_0,若杆能持续转动而不做往复摆动(一切摩擦不计),则需要满足[　　]。

A. $\omega_0 > 4\sqrt{\dfrac{g}{L}}$　　B. $\omega_0 > 4\sqrt{\dfrac{3g}{7L}}$

C. $\omega_0 > \sqrt{\dfrac{g}{L}}$　　D. $\omega_0 > \sqrt{\dfrac{2g}{7L}}$

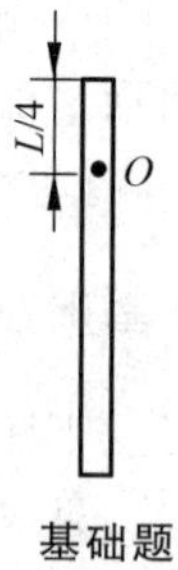

图 3-16　基础题 7 用图

8. 一个转动的轮子由于轴承摩擦力矩的作用,其转动的角速度渐渐变小,第 1 s 末的角速度是起始角速度 ω_0 的 0.8 倍。若摩擦力矩不变,第 2 s 末的角速度为________(用 ω_0 表示);该轮子在静止之前共转了________圈。

9. 半径为 $r=1.5$ m 的飞轮,初始角速度 $\omega_0=10\ \text{rad}\cdot\text{s}^{-1}$,角加速度为 $\alpha=-5\ \text{rad}\cdot\text{s}^{-2}$,则在 $t=$________时,其角位移为零,而此时边缘上点的线速度 $v=$________。

10. 如图 3-17 所示,一长为 l 的均匀直棒可绕其一端与棒垂直的水平光滑固定轴 O 转动,抬起另一端使棒向上与水平面成 60°,然后无初转速地将棒释放。已知棒对轴的转动惯量为 $\dfrac{1}{3}ml^2$,其中 m 和 l 分别为棒的质量和长度,则放手时棒的角加速度 $\alpha_1=$________,棒

转到水平位置时的角加速度 $\alpha_2=$________。

11. 如图 3-18 所示，一长为 $2l$、质量为 $3m$ 直杆，两端分别固定有质量为 $2m$ 和 m 的小球，杆可绕通过其中心 O 且与杆垂直的水平光滑固定轴在铅直平面内转动，此刚体系统的转动惯量 $J=$________；直杆处于水平位置时，杆将做逆时针转动，则杆的角加速度大小 $\alpha=$________。

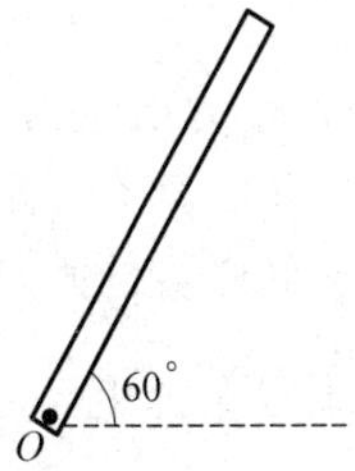

图 3-17　基础题 10 用图

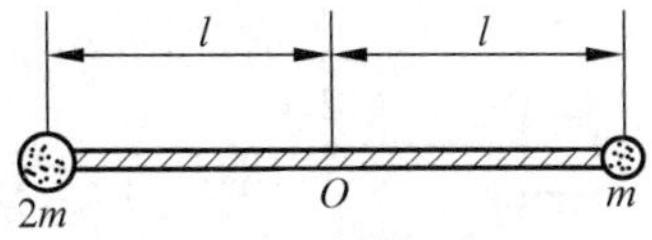

图 3-18　基础题 11 用图

12. 半径为 R，具有光滑轴的定滑轮边缘绕一细绳，绳的下端挂一质量为 m 的物体。绳的质量可以忽略不计，绳与定滑轮之间无相对滑动，若物体下落的加速度为 a，则定滑轮对轴的转动惯量 $J=$________。

13. 电风扇在开启电源后，经过 t_1 时间达到了额定转速，此时相应的角速度为 ω_0。当关闭电源后，经过 t_2 时间风扇停止转动。已知风扇转子的转动惯量为 J，并假定摩擦阻力矩和电动机的电磁力矩均为常量，则电动机的电磁力矩 $M=$________。

14. 一转动惯量为 J 的圆盘绕一固定轴转动，起初角速度为 ω_0。设它所受到的阻力矩与转动的角速度成正比，即 $M=-k\omega$(k 为正的常数)，则圆盘的角速度从 ω_0 变为 $1/2\omega_0$ 所需的时间 $t=$________。

15. 一定滑轮半径为 0.1 m，其相对于中心轴的转动惯量为 $10^{-3}\ \text{kg}\cdot\text{m}^2$。一变力 $F=0.5t$，沿切线方向作用在滑轮的边缘上。如果滑轮最初处于静止状态，忽略轴承的摩擦，则它在 1 s 末的角速度 $\omega=$________。

16. 一个人站在有竖直光滑的固定转轴的转动平台上，双臂水平地伸展并举两个哑铃，平台以角速度 ω_1 旋转，人、哑铃与转动平台组成的系统的转动惯量为 J_0。当人把这两个哑铃水平收缩到胸前时，平台旋转角速度变为 ω_2，此时，人、哑铃与转动平台组成的系统的转动动能 $E_k=$________，系统的动能________(填增加或减少)。

17. 光滑的水平桌面上，有一长为 $2L$、质量为 m 的匀质细杆，可绕过其中点且垂直于杆的竖直光滑固定轴 O 自由转动，其转动惯量为 $\frac{1}{3}mL^2$，起初杆静止。桌面上有两个质量均为 m 的小球，相向地以相同速率 v 与杆的两个端点同时发生完全非弹性碰撞，如图 3-19 所示。碰撞后细杆的角速度为________。

18. 如图 3-20 所示，有一长度为 l、质量为 m 能绕水平固定轴 O 自由转动的均质细棒和一个由长度为 l 的细绳、质量为 m 的小球构成的单摆。现将单摆和细棒同时从与竖直线成 θ 角度的位置由静止释放，若它们运动到竖直位置时，单摆、细棒的角速度分别以 ω_1 和 ω_2 表示，则二者之间的关系式为________。

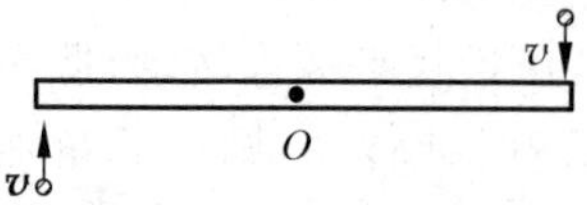

图 3-19 基础题 17 用图

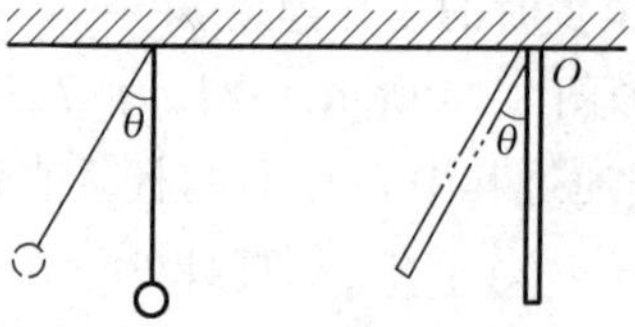

图 3-20 基础题 18 用图

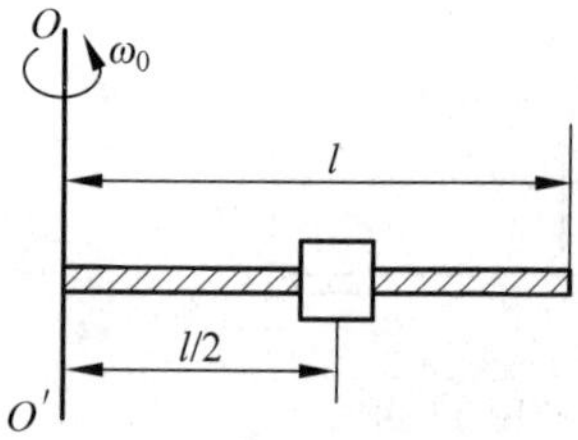

图 3-21 基础题 19 用图

19. 如图 3-21 所示,在一水平放置的质量为 m,长度为 l 的均匀细杆上,套着一质量也为 m 的套管(可看作质点),套管用细线拉住并栓在细杆的左端,它到竖直的固定光滑轴 OO' 的距离为$\frac{l}{2}$,杆和套管所组成的系统以角速度 ω_0 绕 OO' 轴转动,杆本身对 OO' 轴的转动惯量为$\frac{1}{3}ml^2$。若在转动过程中细线被拉断,套管将沿着杆滑动。在套管滑动的过程中,该系统转动的角速度 ω 与套管离轴的距离 x 的函数关系为 ________。

20. 一电唱机的转盘以 $n=78\ \mathrm{r/min}$ 的转速匀速转动,(1)求与转轴相距 $r=15\ \mathrm{cm}$ 的转盘上的一点 P 的线速度 v 和法向加速度 a_n;(2)当电唱机的电动机断电后,转盘在恒定的阻力矩作用下减速,并在 $t=15\ \mathrm{s}$ 后停止转动,求转盘在停止转动前的角加速度 α 及转过的圈数 N。

21. 如图 3-22 所示,一个质量为 M、长为 L 的均匀细杆,一端固定于水平转轴上,开始使细杆在铅直平面内与铅直方向成 60°角,并以角速度 ω_0 沿顺时针方向转动。当细杆转到竖直位置时,有一质量 m 的细小油灰团以速度$\boldsymbol{v}_0$ 水平迎面飞来,并与细杆上端发生完全非弹性碰撞。求碰撞后细杆的角速度。

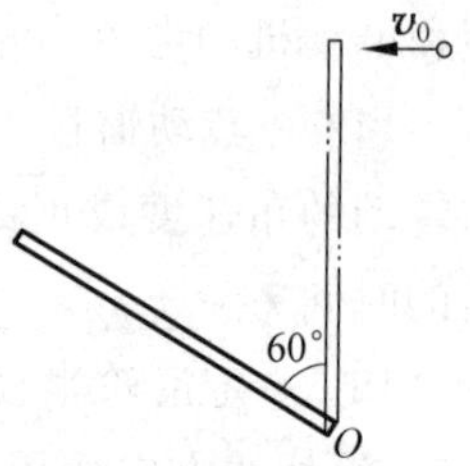

图 3-22 基础题 21 用图

22. 如图 3-23 所示,已知滑轮对中心轴的转动惯量为 J,半径为 R,物体的质量为 m,弹簧的劲度系数为 k,斜面夹角为 θ,物体与斜面间无摩擦,物体从静止释放,释放时弹簧无伸长。求物体沿斜面下滑 x 时的速率。

23. 如图 3-24 所示,质量为 m_1 和 m_2 的两物体 A 和 B 分别悬挂在组合滑轮的两端,两滑轮的半径分别为 R 和 r,对 O 点的转动惯量分别为 J_1 和 J_2。设绳与滑轮之间无滑动,不计轮与轴承间的摩擦力和绳的质量,求两物体的加速度和绳中张力。

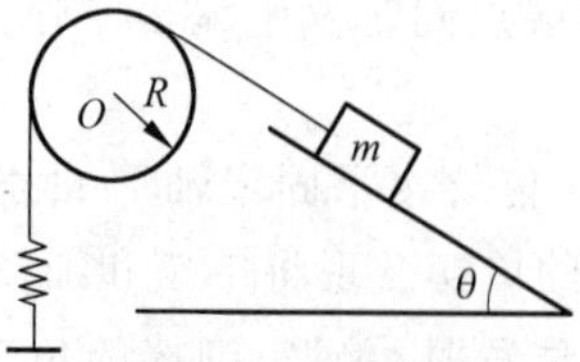

图 3-23 基础题 22 用图

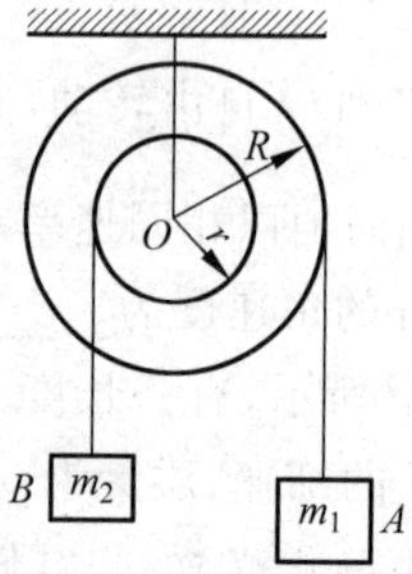

图 3-24 基础题 23 用图

(三) 综合题

1. 用落体观察法测定飞轮的转动惯量，是将半径为 R 的飞轮支撑在 O 点上，然后在绕过飞轮的轻绳的一端挂一质量为 m 的重物，令重物以初速度为零下落，带动飞轮转动，如图 3-25 所示。记下重物下落的距离和时间，就可算出飞轮的转动惯量。试写出它的计算式(假设轴承间无摩擦)。

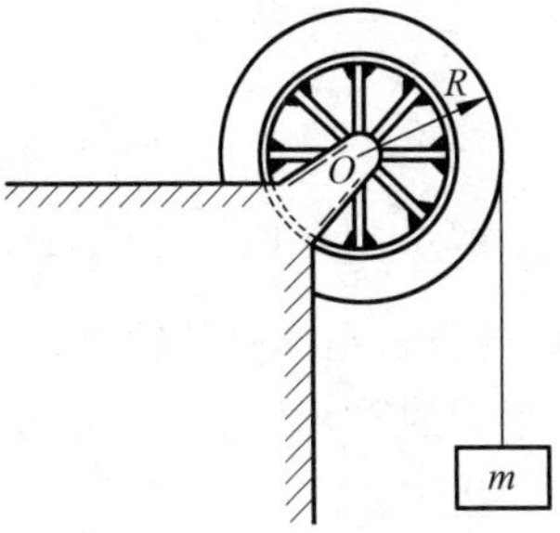

图 3-25 综合题 1 用图

2. 如图 3-26 所示，一长为 L，质量为 M 的均质细棒，可绕水平轴 O 自由转动；另有一质量为 m 的小球与劲度系数为 k 的轻弹簧相连，弹簧的另一端固定，静止在倾角为 α 的光滑斜面上。若把棒拉到水平位置后无初速地释放，当棒转到与铅垂线间的夹角为 $\theta=\alpha$ 的位置时，棒的一端与小球发生完全弹性碰撞。求：

(1) 碰撞后，小球沿斜面上升的最大位移 x_m。

(2) 碰撞后，棒能转到与铅垂线间的最大夹角 θ_m。

3. 如图 3-27 所示，一根质量为 m，长为 $2l$ 的均匀棒，可以在竖直平面内绕通过其中心的水平轴转动，开始时细棒处于水平位置。一质量为 m' 的小球，以速度 $\boldsymbol{u}$ 垂直落到棒的一端。设小球与棒发生弹性碰撞，求碰撞后小球的回弹速度以及棒的角速度 ω。

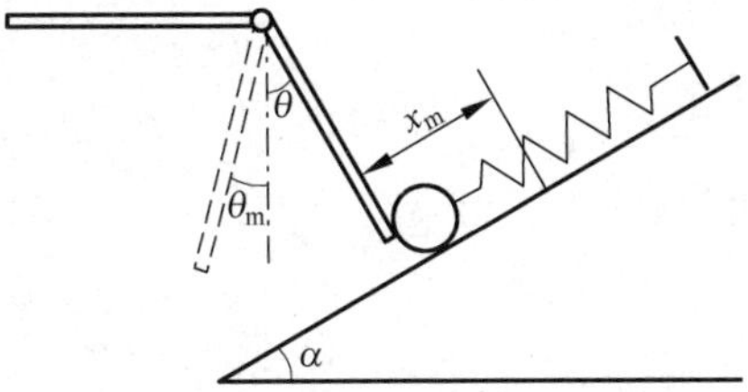

图 3-26 综合题 2 用图

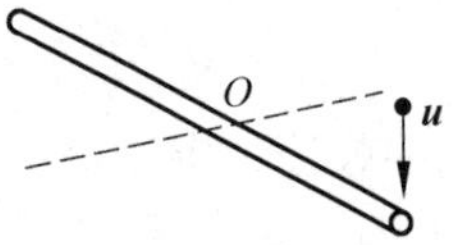

图 3-27 综合题 3 用图

4. 在斜面同一高度处放置一个匀质圆柱和一个匀质球，让它们同时从静止开始沿斜面向下做无滑滚动。试通过计算说明哪个先滚到斜面底部。

解题训练答案及解析

(一) 课前预习题

1. 圆周；不同；相同
2. 刚体的总质量；质量相对于轴的分布
3. 转动惯性
4. 不一定
5. 定轴转动
6. 质心
7. 合外力矩

8. $A=\int_{\theta_1}^{\theta_2} M\mathrm{d}\theta$

(二) 基础题

1. C

解 根据刚体定轴转动的转动惯量定义式 $J=\int r^2\mathrm{d}m$,式中 r 为刚体质元 $\mathrm{d}m$ 到转轴的垂直距离,刚体对某轴的转动惯量等于刚体中各质元的质量和它们各自到该轴的垂直距离的平方的乘积的总和,它的大小不仅与刚体的总质量有关,而且和质量相对于轴的分布有关。故选 C。

2. B

解 刚体中相邻质元之间的一对内力属于作用力与反作用力,且作用点相同,故对同一轴的力矩之和必为零。因此,可推知刚体中所有内力矩之和为零,因而不会影响刚体的角加速度或角动量等,故(1)(2)说法正确。对于说法(3),题述情况中两个刚体对同一轴的转动惯量因形状、大小不同有可能不同,因而在相同力矩作用下,产生的角加速度不一定相同。对于说法(4),力的作用点不同,力臂也会不同,合外力矩不一定为零。故选 B。

3. C

解 分别以飞轮和重物为研究对象。对飞轮应用转动定律,有

$$Tr=J\alpha_1 \tag{Ⅰ}$$

其中,

$$J=\frac{1}{2}m_1r^2 \tag{Ⅱ}$$

对重物应用牛顿第二定律,有

$$mg-T=ma \tag{Ⅲ}$$

且飞轮和重物的运动满足

$$a=\alpha_1 r \tag{Ⅳ}$$

联立式(Ⅰ)~式(Ⅳ),得

$$\alpha_1=\frac{2mg}{2mr+m_1r}$$

同样,如果以拉力 $2mg$ 代替重物拉绳,则 T 换成 $2mg$,式(Ⅰ)变为

$$2mgr=J\alpha_2 \tag{Ⅴ}$$

联立式(Ⅱ)和式(Ⅴ),得

$$\alpha_2=\frac{4mg}{m_1r}$$

显然,α_2 大于 $2\alpha_1$,故选 C。

4. C

解 把子弹与圆盘组成的系统作为研究对象,系统受到重力和水平轴的力,这两个力的力矩都是零,而两颗子弹相对于转轴的合力矩也是零。所以系统的角动量守恒,即 $L=J\omega$ 不变,由于子弹留在圆盘内,J 增大,则 ω 减小。故选 C。

5. D

解　合外力矩为零,系统的角动量守恒,$L=J\omega$ 不变。当物体受热时,体积膨胀,转动惯量 J 增大,ω 必然减小。同样,当物体遇冷时,体积收缩,J 减小,ω 必然增大。故选 D。

6. C

解　子弹入射过程中,直棒受到轴给的外力,不满足内力远远大于外力的条件,故系统的动量不守恒。将子弹和直棒组成的系统作为研究对象,轴给的外力对轴产生的力矩为零,故系统的合外力矩为零,所以角动量守恒。故选 C。

7. B

解　杆在最高点的角速度大于零才能持续转动,转动过程中机械能守恒,以杆竖直悬挂时的中心为重力势能零点,则得

$$\frac{1}{2}J\omega_0^2=\frac{1}{2}J\omega^2+mg\frac{L}{2},\quad \omega>0$$

根据平行轴定理得

$$J=\frac{1}{12}mL^2+m\left(\frac{L}{4}\right)^2=\frac{7}{48}mL^2$$

联立上述两式并结合 $\omega>0$ 可得 $\omega_0>4\sqrt{\frac{3g}{7L}}$。故选 B。

8. $0.6\omega_0$; $\frac{5\omega_0}{4\pi}$

9. 4 s; 15 $\mathrm{m\cdot s^{-1}}$

解　根据匀减速转动规律,得 t 时刻飞轮转动的角度为

$$\theta=\omega_0 t+\frac{1}{2}\alpha t^2$$

其中,$\omega_0=10\ \mathrm{rad\cdot s^{-1}}$,$\alpha=-5\ \mathrm{rad\cdot s^{2}}$。由题意,令 $\theta=0$,得 $t=4$ s。由角速度 $\omega=\omega_0+\alpha t$ 得 $\omega=-10\ \mathrm{rad\cdot s^{-1}}$,则 $v=\omega r=15\ \mathrm{m\cdot s^{-1}}$。

10. $\frac{3g}{4l}$; $\frac{3g}{2l}$

11. $4ml^2$; $\frac{g}{4l}$

解　根据细直棒的转动惯量公式得

$$J_{杆}=\frac{3m(2l)^2}{12}=ml^2$$

因此两球和细直棒组成的系统的转动惯量为

$$J_{总}=J_{杆}+J_m+J_{2m}=ml^2+ml^2+2ml^2=4ml^2$$

由于两个球的力矩方向相反,所以 $M=2mgl-mgl=mgl$。根据转动定律得 $\alpha=\frac{M}{J_{总}}=\frac{g}{4l}$。

12. $\frac{m(g-a)R^2}{a}$

解　对物体,应用牛顿第二定律,可得

$$mg-T=ma$$

对定滑轮,应用转动定律,可得

$$TR = J\alpha$$

$$\alpha R = a$$

联立以上三式解得

$$J = \frac{m(g-a)R^2}{a}$$

13. $J\omega_0 \dfrac{t_1+t_2}{t_1 t_2}$

解 设摩擦阻力矩为 M_1,电磁力矩为 M_2,加速转动时角加速度大小为 α_1,减速时角加速度大小为 α_2,根据刚体定轴转动的转动定律可得

$$M_2 - M_1 = J\alpha_1$$

$$M_1 = J\alpha_2$$

由题意可得

$$\omega_0 = 0 + \alpha_1 t_1$$

$$0 = \omega_0 - \alpha_2 t_2$$

由以上各式可得出电动机的电磁力矩为 $M_2 = J\omega_0 \dfrac{t_1+t_2}{t_1 t_2}$,本题也可以利用角动量定理求解。

14. $\dfrac{J}{k}\ln 2$

解 根据刚体定轴转动的转动定律有

$$M = J\frac{d\omega}{dt}$$

由题意可得

$$M = -k\omega$$

则得

$$-k\omega = J\frac{d\omega}{dt}$$

分离变量得

$$dt = -\frac{J}{k}\frac{d\omega}{\omega}$$

对上式两边积分并代入初始条件,得

$$\int_{\omega_0}^{\frac{1}{2}\omega_0} -\frac{J}{k}\frac{d\omega}{\omega} = \int_0^t dt$$

解得

$$t = -\frac{J}{k}\left(\ln\frac{\omega_0}{2} - \ln\omega_0\right) = \frac{J}{k}\ln 2$$

15. $25\ \mathrm{rad \cdot s^{-1}}$

解 由转动定律 $M = J\alpha$ 得

$$0.5tR = J\,\frac{\mathrm{d}\omega}{\mathrm{d}t}$$

两边积分并代入初始条件得

$$\int_0^1 0.5t\,\mathrm{d}t = \int_0^\omega \frac{J}{R}\mathrm{d}\omega$$

代入数据得角速度 $\omega = 25\ \mathrm{rad \cdot s^{-1}}$。

16. $\frac{1}{2}J_1\omega_1\omega_2$；增加

解　根据角动量守恒 $J_1\omega_1 = J_2\omega_2$ 得

$$J_2 = \frac{J_1\omega_1}{\omega_2}$$

根据刚体转动动能公式得

$$E_\mathrm{k} = \frac{1}{2}J_2\omega_2^2 = \frac{1}{2}J_1\omega_1\omega_2$$

因为 $J_1 > J_2$，所以 $\omega_2 > \omega_1$。双臂水平时刚体转动动能 $E_{\mathrm{k}0} = \frac{1}{2}J_1\omega_1^2$，所以动能增加。

17. $\frac{6v}{7L}$

解　碰撞前系统的角动量为

$$L_0 = 2mvL$$

碰撞前后系统角动量守恒，则得

$$L = J\omega = \left(\frac{1}{3}mL^2 + 2mL^2\right)\omega = 2mvL$$

解得

$$\omega = \frac{6v}{7L}$$

18. $\omega_1 = \sqrt{\frac{2}{3}}\omega_2$

解　单摆和细棒运动过程中都满足机械能守恒，分别得到

$$mg(l - l\cos\theta) = \frac{1}{2}m(\omega_1 l)^2$$

$$mg(l - l\cos\theta)/2 = \frac{1}{2}J\omega_2^2 = \frac{1}{2}\left(\frac{1}{3}ml^2\right)\omega_2^2$$

两式联立得 $\omega_1 = \sqrt{\frac{2}{3}}\omega_2$。

19. $\frac{7l^2\omega_0}{12x^2 + 4l^2}$

解　把细杆和套管组成的系统作为研究对象，系统受到重力和转轴的力，这两个力相对于转轴力矩都等于零，所以系统对轴的角动量守恒，可得

$$mx^2\omega + \frac{1}{3}ml^2\omega = m\,\frac{l^2}{4}\omega_0 + \frac{1}{3}ml^2\omega_0$$

解得

$$\omega=\frac{7l^2\omega_0}{12x^2+4l^2}$$

20. **分析** 本题是关于刚体定轴转动时质元做圆周运动的描述问题。

解 (1) 转盘的角速度为

$$\omega=2\pi n=\frac{78\times 2\pi}{60}\ \text{rad/s}=8.17\ \text{rad/s}$$

因此,点 P 的线速度和法向加速度分别为

$$v=\omega r=1.23\ \text{m/s}$$

$$a_n=\omega^2 r=10.05\ \text{m/s}^2$$

(2) 根据匀减速转动的规律,可得转盘的角加速度为

$$\alpha=\frac{0-\omega}{t}=-0.55\ \text{rad/s}^2$$

因此转盘转过的圈数为

$$N=\frac{\theta}{2\pi}=\frac{-\frac{1}{2}\alpha t^2}{2\pi}=\frac{1}{2\pi}\frac{\omega t}{2}=9.75$$

所以,转过了 9 圈。

21. **分析** 本题分为两个阶段,第一阶段是细杆的定轴转动,系统的机械能守恒。第二阶段是细杆和油灰团发生非弹性碰撞,系统的角动量守恒。

解 在第一阶段,取细杆和地球组成的系统为研究对象,设初始位置时杆中心位置处为重力势能零点。由于在细杆由初始位置转到竖直位置的过程中转轴的支持力不做功,所以系统的机械能守恒,则得

$$E_1=\frac{1}{2}J\omega_0^2=\frac{1}{6}ML^2\omega_0^2$$

$$E_2=Mg\frac{L}{2}(1-\cos 60^\circ)+\frac{1}{2}J\omega_1^2=E_1$$

解得

$$\omega=\sqrt{\omega_0^2-\frac{3g}{2L}}$$

在第二阶段,取细杆与油灰团组成的系统为研究对象,由于在细杆与油灰团碰撞的过程中所受的合外矩为零,所以系统的角动量守恒。选顺时针转动为正方向,则得

$$J\omega-mv_0L=(J+mL^2)\omega_1$$

解得

$$\omega_1=\frac{ML\omega-3mv_0}{ML+3mL}$$

式中,$\omega=\sqrt{\omega_0^2-\frac{3g}{2L}}$。

22. **分析** 物体沿斜面下滑过程中,系统的机械能守恒。

解 把弹簧、滑轮、物体和地球组成的系统作为研究对象,假设物体的速度是 v,则滑轮

的角速度是$\frac{v}{R}$，由于系统只有保守力重力和弹簧弹力做功，所以此系统机械能守恒，即得

$$mgx\sin\theta=\frac{1}{2}mv^2+\frac{1}{2}kx^2+\frac{1}{2}J\left(\frac{v}{R}\right)^2$$

解得

$$v=\sqrt{\frac{2mgx\sin\theta-kx^2}{m+\frac{J}{R^2}}}$$

23. **分析**　本题属于"刚体—质点"组问题，分别运用牛顿运动定律和转动定律求解。

解　受力分析如图 3-28 所示。按质点运动遵循的牛顿第二定律和刚体定轴转动遵循的转动定律，取顺时针转动为正方向，可得

$$m_1g-T_1=m_1a_1$$

$$T_2-m_2g=m_2a_2$$

$$T_1R-T_2r=(J_1+J_2)\alpha$$

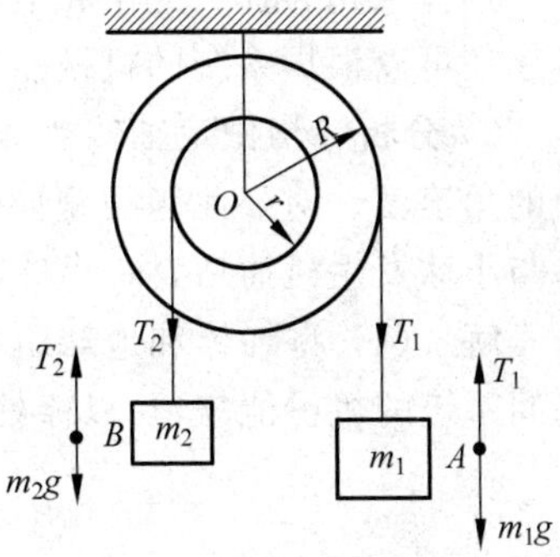

图 3-28　基础题 23 解答用图

因绳与滑轮之间无滑动，则运动学约束条件为

$$a_1=R\alpha,\quad a_2=r\alpha$$

联立以上五式，可得

$$a_1=\frac{m_1R-m_2r}{J_1+J_2+m_1R^2+m_2r^2}gR$$

$$a_2=\frac{m_1R-m_2r}{J_1+J_2+m_1R^2+m_2r^2}gr$$

$$T_1=\frac{J_1+J_2+m_2r^2+m_2Rr}{J_1+J_2+m_1R^2+m_2r^2}m_1g$$

$$T_2=\frac{J_1+J_2+m_1R^2+m_1Rr}{J_1+J_2+m_1R^2+m_2r^2}m_2g$$

(三) 综合题

1. **分析**　在运动过程中，飞轮做定轴转动，而重物是做落体运动，它们之间有着内在的联系。转动惯量就可联合转动定律和牛顿运动定律来确定，其中重物的加速度可以通过下落的时间和距离确定。

解　设绳子的拉力为 F，对飞轮，由转动定律可得

$$F'R=J\alpha$$

对重物，由牛顿第二定律得

$$mg-F=ma$$

由牛顿第三定律，可得

$$F=F'$$

由于绳子不可伸长,所以

$$\alpha = Ra$$

重物做匀加速下落,则有

$$h = \frac{1}{2}at^2$$

由上述各式可解得飞轮的转动惯量为

$$J = mR^2\left(\frac{gt^2}{2h} - 1\right)$$

选择飞轮、重物、绳子和地球组成的系统为研究对象,重物下落过程中系统机械能守恒,本题还可以根据系统的机械能守恒定律求解,读者可自行尝试解决。

2. **分析** 棒做定轴转动,碰撞前棒与地球组成的系统机械能守恒,这样可求出棒碰撞前的角速度。对于此题的碰撞过程,碰撞瞬间可认为棒和小球组成的系统的角动量守恒。棒与小球发生碰撞后,棒、小球、弹簧和地球组成的系统的机械能仍然守恒。

解 (1) 将细棒和地球组成的系统作为研究对象,从棒处于水平位置到与小球碰撞前瞬间系统的机械能守恒,以棒处在水平位置为重力势能零点,可得

$$\frac{1}{2} \cdot \frac{1}{3}ML^2\omega_0^2 = Mg \cdot \frac{L}{2}\cos\theta \tag{Ⅰ}$$

式中,ω_0 为碰撞前瞬间细棒的角速度。

由于碰撞为弹性碰撞,则系统的机械能守恒,故得

$$Mg\,\frac{L}{2}\cos\theta = \frac{1}{2}mv_1^2 + \frac{1}{2} \cdot \frac{1}{3}ML^2\omega_1^2 \tag{Ⅱ}$$

式中,v_1 为碰撞后小球的速度;ω_1 为碰撞后细棒的角速度。

另外,对碰撞过程,系统角动量可认为近似守恒,即碰撞前后瞬间,系统的角动量守恒,则得

$$\frac{1}{3}ML^2\omega_1 + mv_1L = \frac{1}{3}ML^2\omega_0 \tag{Ⅲ}$$

从碰撞后瞬间到小球刚好上升到最大高度,小球的动能转化为重力势能和弹簧的弹性势能,由于该过程系统的能量守恒,则得

$$\frac{1}{2}kx_m^2 + mg \cdot x_m\sin\alpha = \frac{1}{2}mv_1^2 \tag{Ⅳ}$$

式中,x_m 为小球沿斜面上升的最大位移。

联立式(Ⅰ)~式(Ⅳ)得

$$x_m = \frac{2M}{3m + M}\sqrt{\frac{3mgL\cos\theta}{k}}$$

(2) 细棒从碰撞后瞬间到棒上升到最大高度,系统的机械能守恒,则得

$$\frac{1}{2} \cdot \frac{1}{3}ML^2\omega_1^2 - Mg\,\frac{L}{2}\cos\theta = -Mg\,\frac{L}{2}\cos\theta_m \tag{Ⅴ}$$

式中,θ_m 为细棒与铅垂线间的最大夹角。

联立式(Ⅰ)~式(Ⅲ)和式(Ⅴ)解得

$$\theta_m = \arccos\left[\frac{12Mm\cos\theta}{(M + 3m)^2}\right]$$

3. **分析** 本题为刚体与质点碰撞的问题，属于典型的“刚体—质点”组问题。通过运用角动量守恒定律和机械能守恒定律可以求出小球的回弹速度和碰撞后棒的角速度。

解 设小球回弹速度方向向上，大小为 v，棒的角速度为 ω，由于碰撞前后瞬间角动量守恒，可得

$$m'lu=\frac{1}{12}m(2l)^2\cdot\omega-m'lv \tag{Ⅰ}$$

由于二者是弹性碰撞，所以它们的机械能守恒，则得

$$\frac{1}{2}m'u^2=\frac{1}{2}m'v^2+\frac{1}{2}\cdot\frac{1}{3}ml^2\omega^2 \tag{Ⅱ}$$

联立式(Ⅰ)和式(Ⅱ)得

$$v=\frac{m-3m'}{m+3m'}u,\quad \omega=\frac{6m'u}{(m+3m')l}$$

4. **分析** 刚体的运动可以看成刚体质心的平动和绕质心轴转动的叠加，因此对本题可运用质心运动定理和转动定律进行求解。

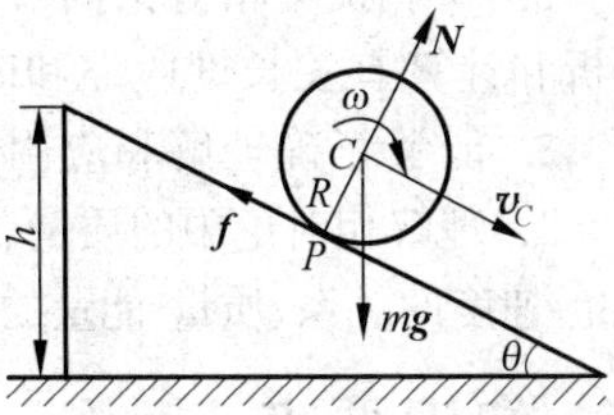

图 3-29 综合题 4 解答用图

解 如图 3-29 所示，设一个半径为 R，绕质心轴的转动惯量为 I_C 的轴对称刚体(如匀质圆柱和匀质球)，沿倾角为 θ，高度为 h 的斜面从顶端由静止开始无滑动地滚下。用 m 代表轴对称刚体的质量，f 代表斜面对它的静摩擦力，沿斜面向下方向应用质心运动定理，可得

$$mg\sin\theta-f=ma_C$$

选取顺时针转动为正方向，根据转动定律得

$$Rf=J_C\alpha$$

考虑运动学约束条件：

$$a_C=R\alpha$$

联立以上三式，可得轴对称刚体的质心加速度的表达式为

$$a_C=\frac{mgR^2\sin\theta}{J_C+mR^2}$$

对于匀质圆柱，$J_C=\frac{1}{2}mR^2$，质心加速度为

$$a_{圆柱C}=\frac{2g}{3}\sin\theta$$

对于匀质球，$J_C=\frac{2}{5}mR^2$，质心加速度为

$$a_{球C}=\frac{5g}{7}\sin\theta$$

显然，$a_{球C}>a_{圆柱C}$，球先滚到斜面底部。可以看出，轴对称刚体的质心加速度与刚体的质量、半径及材质无关，仅与它们的转动惯量的表达式中 mR^2 前的系数有关。

第4章 狭义相对论基础

一、基本要求

1. 理解狭义相对论的两条基本原理(假设)及其与经典力学之间的关系。

2. 理解狭义相对论的时空观(即同时性的相对性、长度收缩效应和时间膨胀效应),会分析和计算有关长度收缩和时间膨胀的问题。

3. 能够正确理解和应用洛伦兹坐标变换公式和相对论速度变换公式。

4. 理解相对论中的质量、动量、动能和能量等概念及与经典力学的区别,理解狭义相对论中质量-速度的关系、质量-能量的关系以及动量-能量的关系,并能用其分析和计算一些相关问题。

二、知识要点

1. 狭义相对论的两条基本原理(假设):爱因斯坦相对性原理和光速不变原理。

2. 狭义相对论的时空观。

时间膨胀:$\Delta t=\dfrac{\Delta t'}{\sqrt{1-\dfrac{u^2}{c^2}}}$($\Delta t'$为原时或固有时)。

长度收缩:$l=l'\sqrt{1-\dfrac{u^2}{c^2}}$($l'$为原长或固有长)。

同时性的相对性。

3. 洛伦兹坐标变换和相对论速度变换:若惯性系 S' 相对于惯性系 S 沿 x 轴以速度 u 运动(且当 $t'=t=0$ 时,坐标原点 O' 与 O 重合),则事件在两个惯性系中的时空坐标和物体的速度满足如下关系(c 为真空中的光速):

$$x'=\frac{x-ut}{\sqrt{1-\dfrac{u^2}{c^2}}}\qquad v'_x=\frac{v_x-u}{1-\dfrac{v_xu}{c^2}}$$

$$y'=y\qquad z'=z\qquad v'_y=\frac{v_y}{1-\dfrac{v_xu}{c^2}}\sqrt{1-\frac{u^2}{c^2}}$$

$$t'=\frac{t-\dfrac{ux}{c^2}}{\sqrt{1-\dfrac{u^2}{c^2}}}\qquad v'_z=\frac{v_z}{1-\dfrac{v_xu}{c^2}}\sqrt{1-\frac{u^2}{c^2}}$$

4. 相对论的质量和动量。

质量：$m=\dfrac{m_0}{\sqrt{1-\dfrac{v^2}{c^2}}}$（$m_0$ 为静质量）。

动量：$\boldsymbol{p}=m\boldsymbol{v}=\dfrac{m_0\boldsymbol{v}}{\sqrt{1-\dfrac{v^2}{c^2}}}$。

5. 相对论的能量及动量-能量关系式。

粒子总能量：$E=mc^2=\dfrac{m_0c^2}{\sqrt{1-\dfrac{v^2}{c^2}}}=E_0+E_\mathrm{k}$。

静能：$E_0=m_0c^2$。

动能：$E_\mathrm{k}=E-E_0=(m-m_0)c^2$。

动量-能量关系：$E^2=E_0^2+p^2c^2=m_0^2c^4+p^2c^2$。

三、知识梗概框图

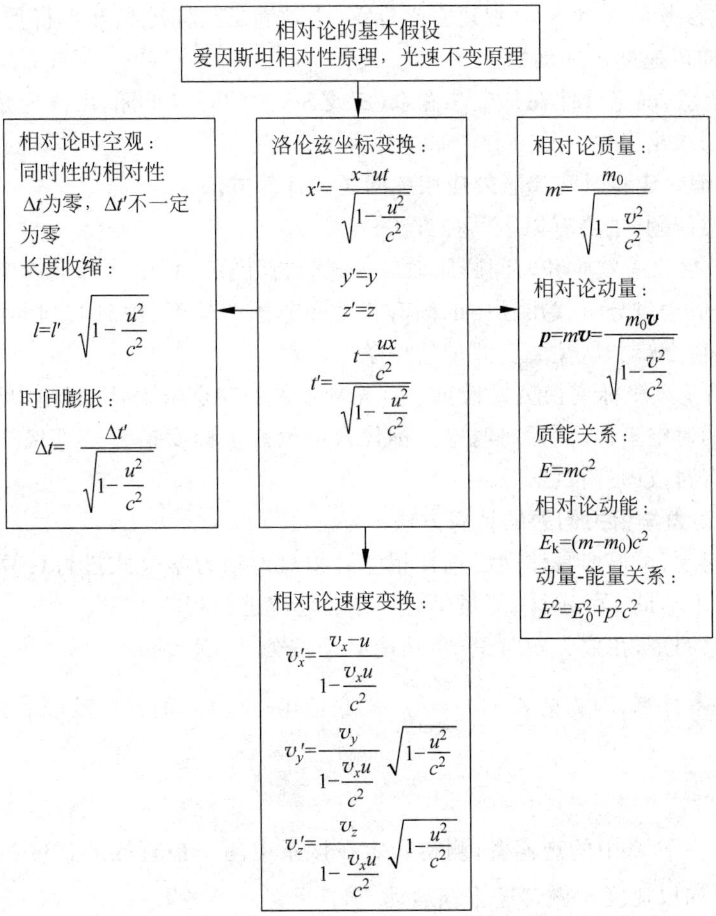

四、基本题型

1. 长度收缩效应和时间膨胀效应的应用。
2. 利用洛伦兹坐标变换公式计算不同参考系的时空坐标、时间间隔和空间间隔。
3. 利用洛伦兹速度变换公式计算不同参考系的速度。
4. 应用相对论质量、动能公式、质量-能量关系式、能量-动量关系式进行相关计算。
5. 应用动量守恒定律、能量(质量)守恒定律进行相关计算。

五、解题方法介绍

首先要清楚在什么情况下使用相对论力学解决问题。相对论揭示了运动物体的速度接近光速时所遵循的物理规律,也就是说物体的速度接近光速时才能显现相对论效应。当 $v \ll c$ 时,可用经典力学处理。

1. 利用洛伦兹坐标变换公式求解时空坐标变换的计算方法

用洛伦兹坐标变换公式进行时空坐标变换的计算时,在理解该公式中各个物理量的物理意义的基础上,直接由公式计算相关的物理量即可。应用洛伦兹坐标变换解题的主要步骤如下:

(1) 明确问题涉及的惯性参考系 S 和 S',以及它们做相对运动时,相对速度 $\boldsymbol{u}$ 的方向和大小,在惯性参考系 S 和 S' 分别建立坐标系(必须满足坐标轴相互平行且 S' 系相对 S 系沿着 x 轴正方向以速度 $\boldsymbol{u}$ 运动)。

(2) 根据题意,确定事件在某个参考系(S 或 S')中的时空坐标,由洛伦兹坐标变换公式(或逆变换公式)求出事件在另一参考系中的时空坐标。

2. 长度收缩效应和时间膨胀效应相关问题的计算方法

求解这一类问题,主要有以下两种方法。

(1) 利用长度收缩效应和时间膨胀效应公式分析计算。利用这两个效应进行相关问题的计算时,首先应通过分析找出题中的固有长度和非固有长度、固有时和非固有时,然后代入公式计算即可。解题时,注意公式的适用条件。

(2) 运用洛伦兹坐标变换公式计算。首先从事件的观点入手,明确题中所涉及的事件,确定两个事件的时空坐标,然后将时空坐标代入洛伦兹坐标变换公式直接计算即可。该方法无须找出固有时或固有长度。

3. 相对论动力学相关问题的计算方法

解决这类问题,可根据具体问题选择相应的相对论动力学公式进行计算。对于粒子碰撞问题,经常利用动量守恒定律、能量(质量)守恒定律进行相关计算。

应特别注意的是,在狭义相对论中,动能必须按公式 $E_k = mc^2 - m_0c^2$ 计算,而不能按公式 $E_k = \frac{1}{2}mv^2$ 计算,因为公式 $E_k = \frac{1}{2}mv^2$ 只适用于 $v \ll c$ 的物体动能的计算。

六、典型例题

例题 4.1 在 S 系中的观察者,测得固定在该系中的一根直棒的长度为 L_0,另一惯性系 S' 沿 x 轴方向以速度 u 做匀速直线运动,求:

(1) 若在 S 系中的观察者，测得该直棒与 x 轴的夹角为零，则在 S' 系中测得该棒的长度是多长？

(2) 若在 S 系中的观察者，测得该直棒与 x 轴的夹角为 θ，则 S' 系中测得该棒的长度是多长？棒与 x' 轴的夹角是多大？

选题目的　关于长度收缩效应的计算。

分析　此题属于长度收缩效应问题，只有运动方向的长度分量有收缩效应。

解　(1) 由于棒固定在 S 系中，则 L_0 为固有长度，因此在 S' 系中测得该棒长度为

$$L = L_0\sqrt{1-\frac{u^2}{c^2}}$$

(2) 棒在 S 系中的 x 轴和 y 轴上的长度分量分别为

$$L_{0x} = L_0\cos\theta$$
$$L_{0y} = L_0\sin\theta$$

由于 S' 系在 x 轴方向上运动，所以在 S' 系中的观察者测得棒在运动方向上的分量要收缩，而在 y 轴方向上的分量不变，则得

$$L_{0x'} = L_{0x}\sqrt{1-\frac{u^2}{c^2}} = L_0\cos\theta\sqrt{1-\frac{u^2}{c^2}}$$
$$L_{0y'} = L_{0y} = L_0\sin\theta$$

所以在 S' 系中的观测者测得棒长为

$$L'_0=\sqrt{L_{0x'}^2+L_{0y'}^2} = L_0\sqrt{1-\left(\frac{u}{c}\right)^2\cos^2\theta}$$

因此，L'_0 与 x' 轴的夹角为

$$\theta' = \arctan\left(\frac{L_{0y'}}{L_{0x'}}\right) = \arctan\left(\frac{\tan\theta}{\sqrt{1-\left(\frac{u}{c}\right)^2}}\right)$$

讨论　正确理解固有长度是求解此题的关键，通过此题的计算可帮助初学者正确理解这个概念，并加深对长度收缩效应只发生在相对运动方向的理解。

例题 4.2　从地球上测得地球到最近的恒星半人马座 α 星的距离是 4.3×10^{16} m，设一宇宙飞船以速率 $v=0.999c$ 从地球飞往该星。问：

(1) 飞船中的观察者测得地球和该星间的距离为多少？

(2) 按地球上的时钟计算，飞船需要多长时间才能飞到 α 星？如以飞船上的钟计算，需要的时间又为多长？

选题目的　利用长度收缩效应公式计算距离，从而可以计算出在不同参考系的时间。

分析　飞船以接近光速的速度运动，分别从飞船和地球两个参考系计算飞船飞到 α 星需要多少时间，计算结果换算成“年(a)”更能说明问题。

解　(1) 根据长度收缩效应，飞船(S'系)中的观察者测得地球和 α 星之间的距离为

$$\Delta S' = \Delta S\sqrt{1-v^2/c^2}$$
$$= 4.3\times10^{16}\times\sqrt{1-(0.999)^2}\ \text{m} = 1.92\times10^{15}\ \text{m}$$

(2) 按地球上的时钟计算，飞行路程 ΔS 所需的时间为

$$\Delta t=\frac{\Delta S}{v}=\frac{4.3\times 10^{16}}{0.999\times(3\times 10^{8})}\ \mathrm{s}=1.43\times 10^{8}\ \mathrm{s}=4.53\ \mathrm{a}$$

按飞船上的时钟计算,飞行路程 $\Delta S'$ 所需的时间为

$$\Delta t'=\frac{\Delta S'}{v}=\frac{1.92\times 10^{15}}{0.999\times(3\times 10^{8})}\ \mathrm{s}=6.4\times 10^{7}\mathrm{s}=0.20\ \mathrm{a}$$

也可利用时间膨胀效应算出飞船上测得的时间,飞船上测得的时间是固有时,所以可得

$$\Delta t'=\Delta t\sqrt{1-v^2/c^2}=0.20\ \mathrm{a}$$

例题 4.3 在 1.0×10^4 m 的高空大气层中生成了一个平均固有寿命为 3×10^{-6} s 的 μ 介子,并同时垂直向地球飞来。在实验室测得 μ 介子刚到达地球便发生衰变,求 μ 介子相对地球的飞行速度。若观察者在相对于 μ 介子静止的参考系中进行测算,μ 介子在衰变前能否到达地面?

选题目的 综合利用时间膨胀和长度收缩公式。

分析 根据已知条件确定固有时、固有长度,从而利用时间膨胀与长度收缩公式进行计算。

解 根据时间膨胀公式,实验室中的观察者测得 μ 介子衰变前的平均寿命为

$$\Delta t=\frac{\tau_0}{\sqrt{1-\left(\frac{v}{c}\right)^2}}$$

式中,v 为 μ 介子相对地球的运动速度。又由于 μ 介子到达地面飞行的距离与飞行时间的关系为

$$L=v\Delta t=\frac{v\tau_0}{\sqrt{1-\left(\frac{v}{c}\right)^2}}$$

因此,可得 μ 介子相对地球的飞行速度为

$$v=Lc\sqrt{\frac{1}{L^2+(c\tau_0)^2}}=0.966c$$

根据长度收缩公式,在相对于 μ 介子静止的参考系中的观察者测得的 μ 介子的飞行距离为

$$L'=L\sqrt{1-\left(\frac{v}{c}\right)^2}=893.5\ \mathrm{m}$$

因此,μ 介子到达地面所需的时间为

$$\Delta t'=\frac{L'}{v}=2.99\times 10^{-6}\ \mathrm{s}<\tau_0$$

因此,μ 介子在衰变前能到达地面。

讨论 此题不仅涉及固有时的概念,还涉及固有长度的概念,正确确定这两个物理量是求解此题的关键。

例题 4.4 在惯性系 S 中,有两个事件同时发生在 x 轴上相距 1 000 m 的两点,而在另一惯性系 S'(沿 x 轴正方向相对于 S 系运动)中测得这两个事件发生的地点相距 2 000 m。求在 S'系中测得这两个事件的时间间隔。

选题目的 利用洛伦兹坐标变换公式推导同时性的相对性。

分析 此题涉及两个惯性系之间的时空坐标变换,利用洛伦兹坐标变换公式进行求解。

解　设两事件分别为事件 1 和事件 2，在惯性系 S 中，两事件的时空坐标分别为(x_1, t_1)和(x_2, t_2)，且 $x_2 > x_1$。在惯性系 S'系(设 S'系以速度 u 相对于 S 系运动)中，两事件的时空坐标分别为(x'_1, t'_1)和(x'_2, t'_2)。根据洛伦兹变换公式

$$x' = \frac{x - ut}{\sqrt{1 - \frac{u^2}{c^2}}}$$

得

$$x'_2 - x'_1 = \frac{x_2 - x_1 - u(t_2 - t_1)}{\sqrt{1 - \frac{u^2}{c^2}}}$$

因为 $t_2 = t_1$，所以

$$x'_2 - x'_1 = \frac{x_2 - x_1}{\sqrt{1 - \frac{u^2}{c^2}}}$$

根据已知条件解得

$$u = \frac{\sqrt{3}}{2}c$$

根据洛伦兹变换公式

$$t' = \frac{t - \frac{ux}{c^2}}{\sqrt{1 - \frac{u^2}{c^2}}}$$

得

$$t'_2 - t'_1 = \frac{-\frac{u}{c^2}(x_2 - x_1)}{\sqrt{1 - \frac{u^2}{c^2}}} = -5.77 \times 10^{-6}\ \mathrm{s}$$

讨论　时间间隔为 5.77×10^{-6} s，$t'_2 < t'_1$ 说明在 S'系中事件 2 先发生，本题的结果满足同时性的相对性的结论。

例题 4.5　设地球上有一观察者测得一宇宙飞船以 $v = 0.6c$ 的速度向东飞行，一彗星以 $0.8c$ 的速度向西飞行。问：

(1) 飞船中的人测得彗星将以多大的速度向他运动？

(2) 试将(1)中的结果与利用伽利略变换所得的结果进行比较。

选题目的　利用相对论速度变换公式进行计算。

分析　选取地球和飞船分别为参考系 S 和 S'，根据相对论速度变换公式可求得结果。

解　(1) 设地球为 S 系，飞船为 S'系。令向东为 x 轴正方向，则 S'相对 S 的速度为 $u = 0.6c$，S 中彗星的速度为 $v_x = -0.8c$。由相对论速度变换公式，可得

$$v'_x = \frac{v_x - u}{1 - \frac{uv_x}{c^2}} = \frac{-0.8c - 0.6c}{1 - \frac{(-0.8c) \times 0.6c}{c^2}} = -2.85 \times 10^8\ \mathrm{m \cdot s^{-1}}$$

(2) 利用伽利略变换可得

$$v'_x = -(u + v_x) = -1.4c$$

因为$|v'_x| = 1.4c > c$,超过光速,所以此结果是错误的。

讨论 此题的关键是对两个参照系 S 和 S' 的选取,一般选取向东为 x 轴正方向,洛伦兹变换的适用条件是 S' 系相对 S 系沿着 x 轴正方向运动,根据题目中给出的飞船相对地面向东飞行,所以选飞船为 S' 系,地面为 S 系。

例题 4.6 若将电子由静止加速到速率 $v = 0.1c$,需要对它做多少功?

选题目的 利用相对论动能公式进行计算。

分析 对电子做的功可通过电子动能的增量来计算。

解 电子动能的增量为

$$\Delta E_k = E_{k_2} - E_{k_1} = (mc^2 - m_0c^2) - \frac{1}{2}m_0v_0^2$$

由于 $v_0 = 0$,所以

$$\Delta E_k = \frac{m_0}{\sqrt{1 - v^2/c^2}}c^2 - m_0c^2$$

故对电子做的功为

$$A = \Delta E_k = 4.10 \times 10^{-16}\ \mathrm{J}$$

讨论 考虑相对论效应时,以速率 $0.1c$ 运动的电子的动能不能简单地写成$\frac{1}{2}m_0v^2$,也不可以类比相对论动量写成$\frac{1}{2}\frac{m_0}{\sqrt{1-\frac{v^2}{c^2}}}v^2$,因为电子的动能是相对论能量与静止能量之差。

例题 4.7 两小球的静质量均为 m_0,一个静止,另一个以 $v = 0.8c$ 的速度运动,它们发生碰撞后粘在了一起。求二者结合为一个物体后的静质量 M_0 和速度。

选题目的 利用质量守恒定律与动量守恒定律进行综合计算。

分析 碰撞前后系统的质量和动量均守恒,所以应用这两个守恒定律求解。

解 设碰撞后的速度为 V,应用质量守恒定律和动量守恒定律得

$$m_0 + m = M, \quad mv = MV$$

把 $m = m_0/\sqrt{1 - v^2/c^2}$,$M = M_0/\sqrt{1 - V^2/c^2}$ 代入上面的公式得

$$m_0 + m_0/\sqrt{1 - v^2/c^2} = M_0/\sqrt{1 - V^2/c^2}$$

$$m_0v/\sqrt{1 - v^2/c^2} = M_0V/\sqrt{1 - V^2/c^2}$$

联立上面两式解得

$$V = \frac{v}{1 + \sqrt{1 - v^2/c^2}} = 0.5c, \quad M_0 = \frac{4}{\sqrt{3}}m_0$$

七、课堂讨论与练习

(一) 课堂讨论

1. 根据相对论回答下列问题：

(1) 在一个惯性系中同时、同地点发生的两事件，在另一惯性系中是否也是同时、同地点发生？

(2) 在一个惯性系中同地点、不同时发生的两事件，可否在另一惯性系中为同时、同地点发生？

(3) 在一惯性系中不同地点发生的两事件，应满足什么条件才可找到另一惯性系，使它们成为同地点发生的事件？

(4) 在一惯性系中的不同时刻发生的两事件，应满足什么条件才可找到另一惯性系，使它们成为同时发生的事件？

2. 一个光源沿相反方向释放出两个光子(以光速 c 运动)，求两个光子的相对速度的大小。

3. 一发射台向东西两侧距离均为 L_0 的两个接收站发射光信号，今有一飞机自西向东匀速飞行，在飞机上观察，两个接收站是否同时接到信号？如未同时接收到信号，哪个接收站先接到？如飞机向其他方向运动，结果又如何？

4. 站台两侧有两列火车以相同的速率分别向南北方向运动；站台上的人看到两列火车上的钟和站台上的钟，哪一个钟走得快，哪一个钟走得慢？在其中一列火车上的人看来，结论又如何？

5. 一个带电粒子的静止质量为 m_0，在恒定的电场力 $\boldsymbol{F}$ 的作用下，由静止开始加速，则 t 时刻的速度是多少？此结果与不考虑相对论效应的结果相比，有什么不同？

6. 一粒子的静质量为 m_0，现以速度 $v=0.8c$ 运动，有人按下式计算其动能：粒子质量 $m=\dfrac{m_0}{\sqrt{1-\dfrac{v^2}{c^2}}}=\dfrac{m_0}{0.6}$，故动能为

$$E_k=\frac{1}{2}mv^2=\frac{1}{2}\cdot\frac{m_0}{0.6}(0.8c)^2=0.533m_0c^2$$

你认为这样计算对吗？为什么？

7. 试讨论下列物理量在经典物理理论与狭义相对论中有何区别：长度、时间、质量、速度、动量、动能。

(二) 课堂练习

1. 在惯性系 S 中，相距为 $\Delta x=5\times10^9$ m 的两地点发生的两事件的时间间隔为 $\Delta t=10$ s；而在相对于 S 系沿 x 正方向匀速运动的 S' 系中观测，它们却是同时的。求在 S' 系中这两个事件发生的地点间的距离。

2. 如图 4-1 所示，一火车以恒定速度 v 通过隧道，火车和隧道的原长均为 l_0，从地面上观测，当火车前端 b 到达隧道的 B 端时，有一道闪电正击中隧道的 A 端，此闪电可否在火车

课堂练习题 2

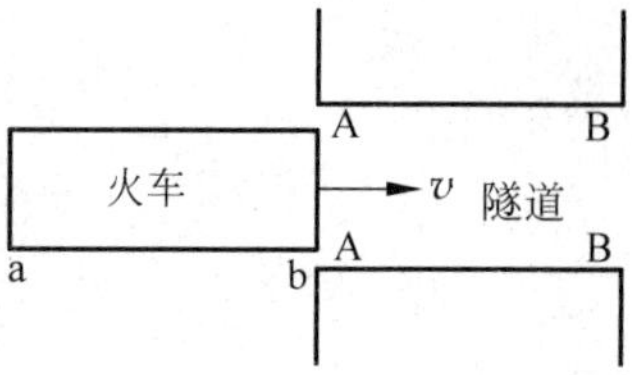

图 4-1 课堂练习题 2 用图

后端 a 留下痕迹?

3. 一宇宙飞船相对于地面以 $0.8c$ 的速度飞行,一小球相对于飞船以速度 $0.25c$ 从船尾运动到船头,已知飞船的原长为 90 m。求:

(1) 地面观察者测得小球的运动速度。

(2) 地面观察者测得小球从船尾运动到船头所用的时间。

4. 如图 4-2 所示,一质量均匀分布的薄板,在静止时为一正三角形,当它在自身所决定的平面内沿与其一边垂直的方向匀速运动时,测得其变为一个直角三角形,已知板在静止时单位面积的质量为 σ。求:

课堂练习题 4

(1) 板的运动速度 $\boldsymbol{v}$。

(2) 板在运动时的质量面密度 σ'。

5. 有一静质量为 m_0 的静止粒子衰变为两个碎片,其中一个碎片的静质量为 $m_{10}=0.3m_0$,速度大小为 $v_1=0.28c$,求另一个碎片的动量 p_2、能量 E_2 和静质量 m_{20}。

课堂练习题 5

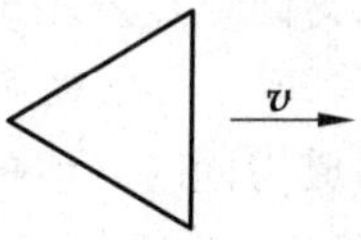

图 4-2 课堂练习题 4 用图

八、解题训练

(一) 课前预习题

1. 力学相对性原理的内容:________。

2. 伽利略变换建立在________时空观上。

3. 光速不变原理的内容:________。

4. 在某一个参考系中同时发生的两个事件,在另一参考系中是否一定同时发生?

5. 一个运动物体要测量它的长度,需要测出它的两端在________(填相同或不同)时刻的位置。

6. 使用洛伦兹坐标变换时经常需要自己建立坐标系,在两个参考系中应该如何建立坐标系才能适用洛伦兹坐标变换的公式?

7. 质量-能量关系式:________。

8. 粒子的总能量等于粒子________能和________能之和。

(二) 基础题

1. 下列有三种说法:(1)所有惯性系对物理基本规律都是等价的;(2)在真空中光的速度与光的频率、光源的运动状态无关;(3)在任何惯性系中,光在真空中沿任何方向的传播速度都相同。对这三种说法的理解正确的选项是[ ]。

A. 只有(1)(2)是正确的　　B. 只有(1)(3)是正确的

C. 只有(2)(3)是正确的　　D. 三种说法都是正确的

2. 宇宙飞船相对于地面以速率 v 做匀速直线飞行,某一时刻飞船头部的宇航员向飞船尾部发出一个光信号,经过 Δt(飞船上的时间)时间后被尾部的接收器收到,则由此可知飞船的固有长度为[ ]。

A. $v \cdot \Delta t$　　B. $c \cdot \Delta t$

C. $\dfrac{c \cdot \Delta t}{\sqrt{1-(v/c)^2}}$　　D. $c \cdot \Delta t \cdot \sqrt{1-(v/c)^2}$

3. 某粒子的固有寿命是 1.0×10^{-6} s，在实验室中测得它的速率为 1.8×10^{8} m/s，则在实验室中测量此粒子从产生到湮灭飞行的距离为[　　]。

A. 180 m　　B. 225 m　　C. 360 m　　D. 400 m

4. S 系和 S' 系是坐标轴中互相平行的两个惯性系，S' 系相对于 S 系沿 x 轴正方向匀速运动。一根刚性尺子静止在 S' 系中，与 x' 轴成 30°角。今在 S 系中测得该尺与 x 轴成 45°角，则 S' 系相对于 S 系的速度是[　　]。

A. $(2/3)c$　　B. $(1/3)c$　　C. $(2/3)^{\frac{1}{2}}c$　　D. $(1/3)^{\frac{1}{2}}c$

5. 根据相对论力学，动能为 0.44 MeV 的电子(电子的电荷量为 1.6×10^{-19} C，电子的静止质量为 9.1×10^{-31} kg)，其运动速度约等于[　　]。

A. $0.2c$　　B. $0.5c$　　C. $0.7c$　　D. $0.85c$

6. 在参考系 S 中，有两个静止质量都是 m_0 的粒子 A 和 B，分别以速率 v 沿同一直线相向运动，它们相碰后结合成为一个粒子，则其静止质量 M_0 的值为[　　]。

A. $2m_0$　　B. $2m_0\sqrt{1-(v/c)^2}$

C. $\dfrac{m_0}{2}\sqrt{1-(v/c)^2}$　　D. $\dfrac{2m_0}{\sqrt{1-(v/c)^2}}$

7. 狭义相对论中有两条基本原理(假设)，其中爱因斯坦相对性原理说的是________________。

8. 当惯性系 S 和 S' 的坐标原点 O 和 O' 重合时，有一点光源从坐标原点发出一光脉冲，此光脉冲在 S 系和 S' 系分别经过一段时间 t 和 t' 后，在 S 系和 S' 系中得到的球面方程(用直角坐标系)分别为________________；________________。

9. 在 S 系中观察到在同一地点发生的两个事件，第二个事件在第一个事件之后 2 s 发生，在 S' 系中观察到第二个事件在第一个事件后 3 s 发生。S' 相对 S 的运动速度为________。

10. 固定于 S 系 x 轴上的一根米尺，两端各装一激光枪。当固定于 S' 系 x' 轴上的另一根长刻度尺以 $0.80c$ 的速度经过激光枪的枪口时，两个激光枪同时发射激光，在长刻度尺上打出两个痕迹，则在 S' 系中这两个痕迹之间的距离为________。

11. 一发射台向东西两侧距离均为 L_0 的两个接收站 E 和 W 发射信号。今有一飞机以匀速 v 沿发射台与两接收站的连线由西向东飞行，试问：在飞机上测得两接收站接收到发射台同一信号的时间间隔是________。

12. 在惯性系 S 中，相距 $\Delta x=5\times10^{6}$ m 的两个地方发生两事件，时间间隔为 $\Delta t=1\times10^{-2}$ s，而在相对于 S 系沿 x 轴正方向匀速运动的 S' 系中，观测到这两事件是同时发生的。则在 S' 系中发生这两事件的地点间的距离 $\Delta x'$ 为________。

13. 一体积为 V_0，质量为 m_0 的立方体沿其一棱的方向相对于观察者以速度 v 运动，观察者测得该物体的密度为________。

14. α 粒子在加速器中被加速，当其质量为静止质量的 5 倍时，其动能为静止能量的

________倍。

15. 设一个微观粒子的总能量是它静能的 K 倍,则其运动速度的大小是________。

16. 某一宇宙射线中的介子,在实验室中观察到的它的寿命是它的固有寿命的 K 倍,那么它的动能是静能的________倍。

17. 一宇宙飞船装有无线电发射和接收装置,正以 $u=0.80c$ 的速度飞离地球。当飞船里的宇航员发射一无线电信号后,信号经地球反射,60 s 后宇航员才收到返回的信号。(1)当地球反射信号时,在宇航员看来,地球离飞船多远?(2)当飞船接收到被地球反射的信号时,在地球上的观察者看来,飞船离地球多远?

18. 牛郎星距地球约 16 光年,当宇宙飞船以多大的速度匀速飞行时,将用 4 年时间(宇宙飞船上的钟指示的时间)抵达牛郎星。

19. 设快速运动的介子的能量约为 $E=300$ MeV,而这种介子在静止时的能量为 $E_0=100$ MeV,它的固有寿命为 $\Delta\tau_0=2\times10^{-6}$ s,求它运动的距离。

20. 有两个质点 A 和 B,它们的静止质量均为 m_0,质点 A 静止,质点 B 的动能为 $6m_0c^2$,设它们相撞后结合成为一个复合质点,求复合质点的静止质量。

(三) 综合题

1. 火箭相对于地面以 $0.6c$ 的匀速度向上飞行,在火箭发射 10 s 后(火箭上的钟),该火箭向地面发射一枚导弹,其相对于地面的速度为 $0.3c$,问:在地面上看来,火箭发射后多长时间,导弹到达地面?

2. 一个原长为 l_0 的宇宙飞船相对于地球以速度 v 运动,在飞船的头部与尾部各装有一盏灯。求:

(1) 在地球上测得飞船的头部与尾部间的距离是多少?

(2) 飞船上的宇航员令两盏灯同时发光,地球上测得两次发光的空间间隔是多少?

3. 在北京正负电子对撞机中,电子可以被加速到能量为 2.8×10^3 MeV。求:

(1) 这个电子的质量是其静质量的多少倍?

(2) 这个电子的速率为多大?

解题训练答案及解析

(一) 课前预习题

1. 在不同的惯性系中,牛顿运动定律的形式都一样

2. 绝对

3. 在所有惯性系中,光在真空中的速度都相等

4. 不一定

5. 相同

6. 坐标系 $S(O,x,y,z)$ 和坐标系 $S'(O',x',y',z)$ 的坐标轴分别平行,x 轴和 x' 轴重合,S' 系相对 S 系沿着 x 轴正方向以速度 $\boldsymbol{u}=u\boldsymbol{i}$ 运动。

7. $E=mc^2$

8. 动和静

(二) 基础题

1. D

2. B

解　飞船相对地面匀速飞行，所以飞船也是惯性参考系，根据光速不变原理，飞船中测得的光信号的速度是 c，飞船中测得的光信号传播的时间是 Δt，所以测得的飞船的固有长度为 $c\cdot\Delta t$。故选 B。

3. B

解　实验室中测得粒子的寿命为

$$\Delta t=\frac{\Delta t'}{\sqrt{1-\frac{u^2}{c^2}}}=\frac{1.0\times10^{-6}}{\sqrt{1-\left(\frac{1.8}{3.0}\right)^2}}\ \mathrm{s}=1.25\times10^{-6}\ \mathrm{s}$$

因此粒子飞行的距离为

$$s=v\cdot\Delta t=225\ \mathrm{m}$$

故选 B。

4. C

解　由于 S'系相对于 S 系沿 x 轴正方向匀速运动，所以刚性尺子沿 x 轴方向的投影产生收缩效应，而沿 y 轴方向的投影因为与运动方向垂直，所以长度不变。设沿 y 轴方向尺子的投影长度为 l，则得

S'系中尺子沿 x'轴方向分量：$\Delta x'=l\cot30^\circ=\sqrt{3}\,l$

S 系中尺子沿 x 轴方向分量：$\Delta x=l\cot45^\circ=l$

根据长度收缩效应公式

$$\Delta x=\Delta x'\sqrt{1-\frac{u^2}{c^2}}$$

则有

$$\sqrt{3}\,l=\frac{l}{\sqrt{1-\frac{u^2}{c^2}}}$$

解上式得 $u=\sqrt{\frac{2}{3}}c$。故选 C。

5. D

解　相对论动能为 $E_k=mc^2-m_0c^2=\left(\frac{1}{\sqrt{1-(v/c)^2}}-1\right)m_0c^2$，将已知参数代入即可解得 $v=0.85c$，故选 D。

6. D

解　根据相对论质量 $m=\frac{m_0}{\sqrt{1-\frac{v^2}{c^2}}}$，当两粒子静止质量、速度相同时，它们的相对论质

量是相同的，另外两粒子相碰后结合成为一个粒子，即发生完全非弹性碰撞，碰撞前后质量和动量都守恒。

由动量守恒定律得

$$\frac{M_0}{\sqrt{1-\frac{V^2}{c^2}}}V=\frac{m_0 v}{\sqrt{1-\frac{v^2}{c^2}}}-\frac{m_0 v}{\sqrt{1-\frac{v^2}{c^2}}} \tag{Ⅰ}$$

又由质量守恒定律得

$$\frac{M_0}{\sqrt{1-\frac{V^2}{c^2}}}=\frac{m_0}{\sqrt{1-\frac{v^2}{c^2}}}+\frac{m_0}{\sqrt{1-\frac{v^2}{c^2}}} \tag{Ⅱ}$$

联立式(Ⅰ)和式(Ⅱ)解得合成粒子的静止质量为

$$M_0=\frac{2m_0}{\sqrt{1-\frac{v^2}{c^2}}}$$

故选D。

7. 物理规律对所有惯性系都是一样的

8. $x^2+y^2+z^2=c^2t^2$；$x'^2+y'^2+z'^2=c^2t'^2$

解 根据狭义相对论的光速不变性原理，在任何惯性系下，光速均为 c，所以在直角坐标系下，光脉冲在惯性系 S 和 S' 得到的球面方程为

对 S 系：$x^2+y^2+z^2=c^2t^2$

对 S' 系：$x'^2+y'^2+z'^2=c^2t'^2$

由于 $t'\neq t$，所以光脉冲的球面半径 $R'\neq R$。

9. $\sqrt{5}c/3$

解 S 系中测得的时间间隔是原时 $\Delta t'=2$，而在 S' 系中测得的时间间隔为

$$\Delta t=\frac{\Delta t'}{\sqrt{1-\frac{u^2}{c^2}}}=3$$

解得 $u=\sqrt{5}c/3$。

10. 1.7 m

解 把两个激光枪发射激光定义为两个事件，在 S 系中这两个事件同时发生，发生这两个事件的地点间的距离为 $\Delta x=1$ m，S' 系中刻度尺上两个痕迹之间的距离 $\Delta x'$ 与测长 Δx 对应，由洛伦兹坐标变换公式可推导得出

$$\Delta x'=\frac{\Delta x}{\sqrt{1-u^2/c^2}}=\frac{1}{0.6}\ \text{m}=1.7\ \text{m}$$

可按同时性的相对性解释：在 S' 系中尺的前端先被激光击中，然后尺的后端才被击中。本题也可应用长度缩短效应求解。

11. $\dfrac{2vL_0}{c^2\sqrt{1-\frac{v^2}{c^2}}}$

解　设地面为惯性系 S，飞机为惯性系 S'。由洛伦兹时间变换公式，有

$$t'=\frac{t-\frac{u}{c^2}x}{\sqrt{1-\frac{u^2}{c^2}}}$$

即得

$$\Delta t'=\frac{\Delta t-\frac{u}{c^2}\Delta x}{\sqrt{1-\frac{u^2}{c^2}}}$$

由题意知 $u=v$，在地面上测得两接收站接收到发射台同一信号的时间间隔为 $\Delta t=0$，在地面上测得两个接收站 E 和 W 距离为 $\Delta x=2L_0$，则在飞机上测得两接收站接收到发射台同一信号的时间间隔为

$$\Delta t'=-\frac{2vL_0}{c^2\sqrt{1-\frac{v^2}{c^2}}}$$

12. 4×10^6 m

解　由洛伦兹时空变换公式，有

$$\Delta t'=\frac{\Delta t-\frac{u}{c^2}\Delta x}{\sqrt{1-\frac{u^2}{c^2}}} \tag{Ⅰ}$$

$$\Delta x'=\frac{\Delta x-u\Delta t}{\sqrt{1-\frac{u^2}{c^2}}} \tag{Ⅱ}$$

已知 $\Delta x=5\times10^6$ m，$\Delta t=10^{-2}$ s，$\Delta t'=0$，代入式(Ⅰ)得

$$\Delta t=\frac{u}{c^2}\Delta x$$

则 S' 系相对 S 系沿 x 轴正方向匀速运动的速度为

$$u=\frac{c^2\Delta t}{\Delta x}=\frac{(3\times10^8)^2\times1\times10^{-2}}{5\times10^6}\ \mathrm{m\cdot s^{-1}}=\frac{9}{5}\times10^8\ \mathrm{m\cdot s^{-1}}$$

将已知数据代入式(Ⅱ)得在 S' 系中发生这两事件的地点间的距离为

$$\Delta x'=4\times10^6\ \mathrm{m}$$

13. $\dfrac{m_0}{V_0\left(1-\frac{v^2}{c^2}\right)}$

解　立方体以速度 v 运动时的质量为

$$m=\frac{m_0}{\sqrt{1-\frac{v^2}{c^2}}} \qquad (\text{Ⅰ})$$

设立方体静止时体积为 V_0,以速度 v 运动时体积为 V。建立直角坐标系且 x 轴沿立方体运动方向,则立方体只有一棱边产生长度收缩,所以可得

$$V=V_0\sqrt{1-\frac{v^2}{c^2}} \qquad (\text{Ⅱ})$$

物体运动的密度为

$$\rho=\frac{m}{V} \qquad (\text{Ⅲ})$$

将式(Ⅰ)和式(Ⅱ)代入式(Ⅲ)中得

$$\rho=\frac{m_0}{V_0\left(1-\frac{v^2}{c^2}\right)}$$

14. 4

解 相对论动能公式为

$$E_k=mc^2-m_0c^2$$

由题意知 $m=5m_0$,将其代入上式得

$$E_k=5m_0c^2-m_0c^2=4m_0c^2=4E_0$$

注意相对论动能不能表示为 $E_k=\frac{1}{2}mv^2$。

15. $v=\frac{c}{K}\sqrt{K^2-1}$

解 根据题意得

$$E=mc^2=Km_0c^2$$

而相对论质量为

$$m=\frac{m_0}{\sqrt{1-(v/c)^2}}$$

联立两式解得 $v=\frac{c}{K}\sqrt{K^2-1}$。

16. $K-1$

解 由洛伦兹时间变换公式,得

$$\Delta t=\frac{\Delta t'}{\sqrt{1-(v/c)^2}}=K\Delta t' \qquad (\text{Ⅰ})$$

又由相对论动能公式,得

$$E_k=mc^2-m_0c^2=\frac{m_0}{\sqrt{1-(v/c)^2}}c^2-m_0c^2 \qquad (\text{Ⅱ})$$

联立式(Ⅰ)和式(Ⅱ),解得

$$E_k=(K-1)m_0c^2=(K-1)E_0$$

17. **解**　(1) 在飞船里的宇航员看来，地球以 $u=0.80c$ 的速度飞离飞船。由于光速与参考系无关，地球反射信号时，地球与飞船的距离为

$$s_0=\frac{1}{2}\Delta t\cdot c=\frac{1}{2}\times 60\times 3\times 10^8\ \text{m}=9\times 10^9\ \text{m}$$

(2) 当飞船接收到被地球反射的信号时，在宇航员看来，地球在与飞船距离 9×10^9 m 的基础上，又远离飞船飞行了 30 s 的距离，因此宇航员通过电磁波的传播测得地球与飞船的距离为

$$s_1=\frac{1}{2}\Delta t\cdot c+\frac{1}{2}\Delta t\cdot u=30(c+u)=1.62\times 10^{10}\ \text{m}$$

而在地球上的观察者看来，飞船与地球的距离为

$$s_2=\frac{30(c+u)}{\sqrt{1-u^2/c^2}}=2.7\times 10^{10}\ \text{m}$$

18. **解**　设地球与牛郎星为惯性系 S，飞船为惯性系 S'。由时间膨胀效应公式，有

$$\Delta t=\frac{\Delta t'}{\sqrt{1-\frac{u^2}{c^2}}}$$

根据题意知 $\Delta t=\frac{16c}{u}y$，$\Delta t'=4y$，代入上式得

$$\frac{16c}{u}=\frac{4}{\sqrt{1-\frac{u^2}{c^2}}}$$

解上式得宇宙飞船匀速飞行速度为 $u=\sqrt{\frac{16}{17}}c=\sqrt{\frac{16}{17}}\times 3\times 10^8\ \text{m}\cdot\text{s}^{-1}=2.9\times 10^8\ \text{m}\cdot\text{s}^{-1}$。

19. **解**　由相对论能量公式，得

$$E=mc^2=\frac{m_0}{\sqrt{1-(v/c)^2}}c^2=3m_0c^2$$

解得

$$v=2.83\times 10^8\ \text{m/s}$$

由洛伦兹时间变换公式，得

$$\Delta\tau=\frac{\Delta\tau_0}{\sqrt{1-(v/c)^2}}=6\times 10^{-6}\ \text{s}$$

因此，介子飞行的距离为

$$s=v\cdot\Delta\tau=1\,698\ \text{m}$$

20. **分析**　由相对论动能、动量守恒和能量守恒可求解。

解　质点 B 的动能为

$$E_{kB}=mc^2-m_0c^2=6m_0c^2$$

则可得

$$m=7m_0=\frac{m_0}{\sqrt{1-\frac{v^2}{c^2}}}$$

求解上式,则得质点 B 的速度为

$$v=\frac{\sqrt{48}}{7}c$$

则质点 B 的动量为

$$p=mv=7m_0v=\sqrt{48}m_0c$$

根据动量守恒定律,得

$$\sqrt{48}m_0c+0=\frac{M_0}{\sqrt{1-\frac{V^2}{c^2}}}V \tag{Ⅰ}$$

根据能量守恒定律,得

$$7m_0c^2+m_0c^2=\frac{M_0}{\sqrt{1-\frac{V^2}{c^2}}}c^2 \tag{Ⅱ}$$

联立式(Ⅰ)和式(Ⅱ),解得

$$V^2/c^2=3/4 \tag{Ⅲ}$$

将式(Ⅲ)代入式(Ⅱ)中得 $M_0=4m_0$。

(三) 综合题

1. **分析** 本题分别以地球和火箭为参考系,用时间膨胀效应公式可得所求。

解 设地球为惯性系 S,火箭为惯性系 S'。由题意知,S' 相对 S 以速度 $u=0.6c$ 匀速向上飞行,从火箭上看两件事间隔 10 s,即 $\Delta t'=10$ s,则地面上的人看两件事的时间间隔为

$$\Delta t=\frac{\Delta t'}{\sqrt{1-\frac{u^2}{c^2}}}=\frac{10}{\sqrt{1-0.6^2}}\ \text{s}=12.5\ \text{s}$$

在火箭发射 10 s 后,火箭相对地面 S 的距离为

$$l=0.6c\times 12.5=7.5c$$

导弹飞行距离 l 相对地面 S 所用的时间为

$$t_1=\frac{l}{0.3c}=\frac{7.5c}{0.3c}\ \text{s}=25\ \text{s}$$

则在地面上看来,火箭发射后导弹到达地面所用的时间为

$$t=\Delta t+t_1=37.5\ \text{s}$$

2. **分析** 本题分别以地球和飞船为参考系,利用长度收缩效应公式和洛伦兹时空逆变换公式可得所求。

解 (1) 设地球为惯性系 S,飞船为惯性系 S',则 S' 相对 S 以速度 v 运动。由题意知,宇宙飞船的原长为 l_0,则在地球上测得飞船的头部与尾部间的距离为

$$l=l_0\sqrt{1-\frac{v^2}{c^2}}$$

(2) 设位于飞船头部的灯发光为事件 1,对惯性系 S 时空坐标为(x_1,t_1),对惯性系 S' 时空坐标为(x'_1,t'_1);位于飞船尾部的灯发光为事件 2,对惯性系 S 时空坐标为(x_2,t_2),对惯性系 S'时空坐标为(x'_2,t'_2)。

由题意知,飞船里的宇航员令两盏灯同时发光,则

$$\Delta t'=t'_2-t'_1=0$$

另由题意知

$$l_0=x'_2-x'_1=\Delta x'$$

由洛伦兹时空变换公式有

$$\Delta x=x_2-x_1=\frac{\Delta x'+v\Delta t'}{\sqrt{1-\frac{v^2}{c^2}}}$$

则地球上测得两次发光的空间间隔为

$$\Delta x=\frac{l_0}{\sqrt{1-\frac{v^2}{c^2}}}$$

3. **解**　(1) 这个电子的质量是其静质量的倍数为

$$\frac{m}{m_e}=\frac{mc^2}{m_ec^2}=\frac{2.8\times10^3}{0.51}=5.5\times10^3$$

(2) 用 v 表示这个电子的速率,则有

$$\frac{1}{\sqrt{1-v^2/c^2}}=\frac{m}{m_e}$$

即得

$$v=\sqrt{1-\left(\frac{m_e}{m}\right)^2}c=\sqrt{1-\left(\frac{1}{5.5\times10^3}\right)^2}c=0.999\ 999\ 98c$$

第5章 真空中的静电场

一、教学基本要求

1. 了解库仑定律是静电学的基本定律。

2. 掌握描述静电场的电场强度和电势的概念，以及电场强度和电势的关系。

3. 理解电场强度叠加原理，掌握用电场强度叠加原理计算电场强度的基本方法，掌握用高斯定理计算电场强度的条件和方法。

4. 理解静电场的环路定理，理解静电场的保守性，掌握用电场强度的路径积分公式和电势叠加原理分析计算电势的基本方法。

5. 掌握电场力的功和电势能的计算方法。

二、知识要点

1. 电场强度

库仑定律：$\boldsymbol{F}=\dfrac{q_1q_2}{4\pi\varepsilon_0 r^2}\boldsymbol{e}_r$。

电场强度的定义式：$\boldsymbol{E}=\dfrac{\boldsymbol{F}}{q_0}$。

电场强度叠加原理：$\boldsymbol{E}=\sum\limits_i \boldsymbol{E}_i$。

点电荷系的电场强度：$\boldsymbol{E}=\sum\limits_i \boldsymbol{E}_i=\sum\limits_i \dfrac{q_1q_2}{4\pi\varepsilon_0 r_i^2}\boldsymbol{e}_r$。

连续带电体的电场强度：$\boldsymbol{E}=\int \mathrm{d}\boldsymbol{E}=\int \dfrac{\mathrm{d}q}{4\pi\varepsilon_0 r^2}\boldsymbol{e}_r$。

2. 电势

电势的定义式：$U=\int_{(P)}^{(P_0)}\boldsymbol{E}\cdot \mathrm{d}\boldsymbol{l}$（$P_0$ 为电势零点）。

电势叠加原理：$U=\sum\limits_i U_i$。

点电荷系的电势：$U=\sum\limits_i U_i=\sum\limits_i \dfrac{q_i}{4\pi\varepsilon_0 r_i}$。

连续带电体的电势：$U=\int \mathrm{d}U=\int \dfrac{\mathrm{d}q}{4\pi\varepsilon_0 r}$（当 $r\rightarrow\infty$ 时，$U=0$）。

电场强度 $\boldsymbol{E}$ 与电势 U 的微分关系：$\boldsymbol{E}=-\nabla U$。

点电荷 q 在静电场中 P 点的电势能：$W_P=qU$。

3. 静电场的基本定律

电通量：$\Phi_{\mathrm{e}}=\int_S \boldsymbol{E}\cdot \mathrm{d}\boldsymbol{S}$。

高斯定理：$\oint_S \boldsymbol{E}\cdot \mathrm{d}\boldsymbol{S}=\frac{1}{\varepsilon_0}\sum_i q_i$—— 静电场是有源场(注意：对闭合曲面积分时，以外法向为正方向)。

环路定理：$\oint_S \boldsymbol{E}\cdot \mathrm{d}\boldsymbol{l}=0$—— 静电场是保守场。

三、知识梗概框图

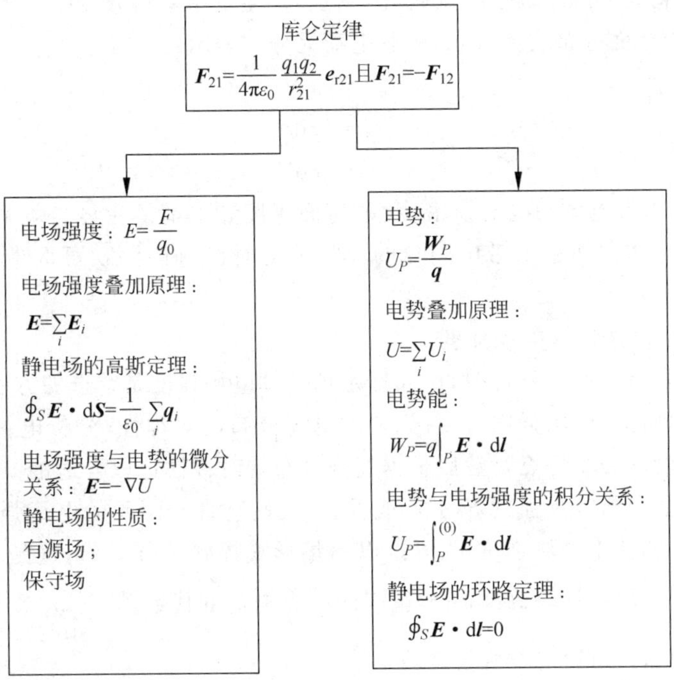

四、基本题型

1. 电场强度的计算

(1) 利用点电荷电场强度公式及电场强度叠加原理计算电场强度。

(2) 利用高斯定理计算电场强度。

(3) 利用电势与电场强度的微分关系计算电场强度。

2. 电势的计算

(1) 利用点电荷的电势公式及电势叠加原理计算电势。

(2) 利用电场强度与电势的积分关系计算电势。

五、解题方法介绍

1. 静电场电场强度的计算

(1) 利用叠加法计算电场强度

利用电场强度叠加原理 $\boldsymbol{E}=\int \mathrm{d}\boldsymbol{E}=\int \frac{\mathrm{d}q}{4\pi\varepsilon_0 r^2}\boldsymbol{e}_r$ 是计算电场强度的主要方法之一。如果场源为连续带电体,则可以将电荷连续分布的带电体分割为无数个电荷元 $\mathrm{d}q$,并将每个电荷元看作点电荷。根据点电荷电场强度的公式求出电荷元 $\mathrm{d}q$ 在空间所求场点产生的电场强度 $\mathrm{d}\boldsymbol{E}$,分析 $\mathrm{d}\boldsymbol{E}$ 的方向,建立适当的坐标系,并给出 $\mathrm{d}\boldsymbol{E}$ 在坐标系中各分量的表达式,再进行积分即可求得总电场强度。

电荷元 $\mathrm{d}q$ 也可以看作是由常见的典型带电体组成的,则可以根据典型带电体的电场强度公式求出电荷元 $\mathrm{d}q$ 在空间 P 点(称为场点)产生的电场强度 $\mathrm{d}\boldsymbol{E}$。典型带电体的电荷分布可以是线分布、面分布或体分布,则其电荷元分别表示为

$$\mathrm{d}q=\begin{cases}\lambda\,\mathrm{d}l\\ \sigma\,\mathrm{d}S\\ \rho\,\mathrm{d}V\end{cases}$$

其中,λ,σ,ρ 分别为带电体的电荷线密度、电荷面密度和电荷体密度。电荷元 $\mathrm{d}q$ 也可以取成常见的典型带电体。如在求带电圆盘的电场强度时,电荷元 $\mathrm{d}q$ 可取带电圆环。这是常用的简便方法。

(2) 用高斯定理法计算电场强度

当电荷分布具有高度对称性时,用高斯定理计算电场强度是首选的方法。

利用高斯定理计算电场强度时,首先要由电荷分布的对称性,分析电场强度的对称性,从而确定电场强度的分布特点。然后根据场强分布的对称性选取合适的高斯面:一般使高斯面各面积元的法向与电场强度 E 平行或垂直,且使垂直于面元的电场强度 E 大小相等。这样,高斯定理中的待求电场强度 E 可以以标量形式提到积分号外,这是利用高斯定理求电场强度的关键。最后,计算高斯面 S 包围的所有电荷的代数和 $\sum\limits_{S内} q_i$ 。由高斯定理求出电场强度的大小后,再讨论电场强度的方向。

(3) 用梯度法计算电场强度

已知电荷分布,先求电势分布,然后利用电场强度等于电势梯度的负值这一关系求出电场强度,其中其方向与电势梯度的方向相反。这种求电场强度的方法称为"梯度法"。电场强度与电势的关系为

$$\boldsymbol{E}=-\nabla U$$

注意:电场强度的大小和该点电势的变化率相联系,而不是和电势本身相联系。因此用此方法求某点电场,必须先求得包围该点的邻域内各点处的电势值。

2. 电势的计算

静电场是保守场,故可以用电势描述。

(1) 利用叠加法计算电势

当场源为点电荷系时,由叠加原理可求出点电荷系的电势,即

$$U=\sum_i U_i$$

其中，$U_i=\dfrac{1}{4\pi\varepsilon_0}\dfrac{q}{r_i}$为第 i 个点电荷单独存在时的电势。

计算电势时，场源若为连续带电体，首先需要将电荷连续分布的带电体分割为无数多个电荷元 $\mathrm{d}q$；然后选定电势零点，求电荷元 $\mathrm{d}q$ 在空间 P 点(称为场点)产生的电势 $\mathrm{d}U$；再应用叠加原理积分法求出电势，即电势 $U_P=\int \mathrm{d}U$。由于电势是标量，电势的叠加是标量叠加，而电场强度的叠加是矢量叠加。因此电势的计算比电场强度的计算简单。

若场源为多个带电体，由叠加原理可以求出多个带电体的电势：

$$U=\sum_i U_i$$

其中，U_i 为第 i 个带电体单独存在时的电势。若多个带电体为几个常见均匀带电体组成的带电系统时，可直接将几个常见均匀带电体单独存在时的电势进行代数求和，即可以得到总电势。这里需要注意的是，计算多个带电体的电势时，必须选取同一点为**电势零点**。

(2) 用路径积分法计算电势

如果已知电场强度 $\boldsymbol{E}$ 的分布，则可根据公式

$$U=\int_{(P)}^{(P_0)}\boldsymbol{E}\cdot \mathrm{d}\boldsymbol{r}\quad (P_0\ 为电势零点)$$

计算出 P 点的电势。这种求电势的方法称为积分路径法。它的具体步骤为：先求出电场分布，然后从场点 P 到电势零点选取任一方便的积分路径，最后进行积分计算，求出 P 点的电势。

利用路径积分法计算电势首先要选取电势零点。一般来说，电势零点选在无穷远处。但对于电荷分布延伸到无穷远处的带电体，电势零点就不能选在无穷远处了，因为这样会导致算得的电势值是发散的，此种情况只能选取有限远的点为电势零点。

六、典型例题

例题 5.1　如图 5-1 所示，一段半径为 R 的半圆细环上均匀分布着电荷 $q(q>0)$，求环心 O 处的电场强度。

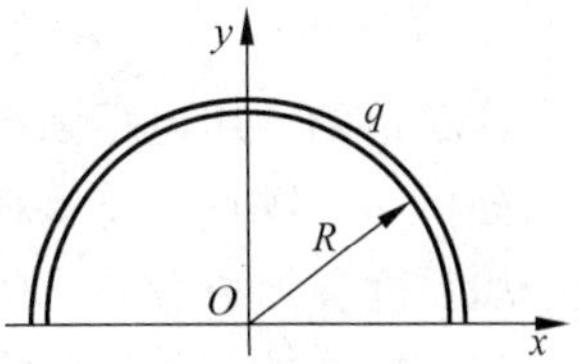

图 5-1　例题 5.1 用图(一)

选题目的　用叠加法求静电场的电场强度。

分析　由电荷分布的对称性可知，环心 O 处的电场强度在 x 轴的分量为零，只要计算其在 y 轴的分量就可以了。

解　如图 5-2 所示，首先在带电体上选取长为 $\mathrm{d}l$ 的电荷元 $\mathrm{d}q$，其所带的电荷量为

$$\mathrm{d}q=\frac{q}{\pi R}R\,\mathrm{d}\theta=\frac{q\,\mathrm{d}\theta}{\pi}$$

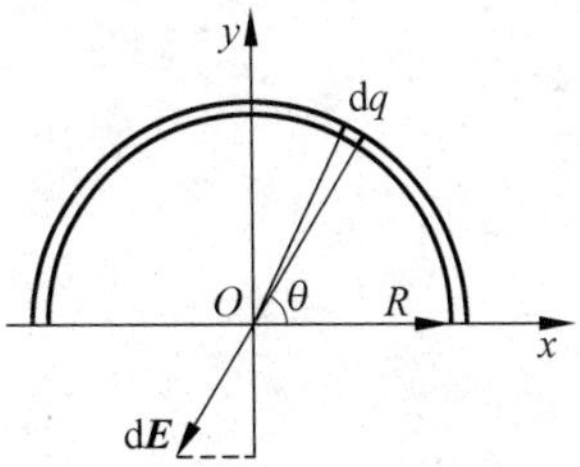

图 5-2　例题 5.1 用图(二)

$\mathrm{d}q$ 在环心 O 处产生的电场强度为

$$\mathrm{d}\boldsymbol{E}=\frac{1}{4\pi\varepsilon_0}\frac{\mathrm{d}q}{R^2}\boldsymbol{e}_r$$

$\mathrm{d}\boldsymbol{E}$ 的方向如图 5-2 所示。则整个半圆细环在 O 点产生的电场强度为所有电荷元在 O 点产生的电场强度的叠加，即

$$\boldsymbol{E}=\int_L \mathrm{d}\boldsymbol{E}$$

由于电荷对 y 轴呈对称分布,因此电场强度对 y 轴也是对称分布的,各电荷元产生的电场强度 $\mathrm{d}\boldsymbol{E}$ 在 x 轴的分量相互抵消,故环心 O 点处的电场强度在 x 轴的分量互相抵消,即

$$E_x=\int \mathrm{d}E_x=0$$

所以只要计算其在 y 轴的分量就可以了。$\mathrm{d}q$ 在 O 点产生的电场强度在 y 轴的分量为

$$\mathrm{d}E_y=-\mathrm{d}E\sin\theta=-\frac{\mathrm{d}q}{4\pi\varepsilon_0 R^2}\sin\theta=-\frac{q\sin\theta}{4\pi^2\varepsilon_0 R^2}\mathrm{d}\theta$$

沿半圆环积分,得环心 O 处的电场强度为

$$\boldsymbol{E}=\int \mathrm{d}\boldsymbol{E}_y=-\int_0^{\pi}\frac{q\sin\theta}{4\pi^2\varepsilon_0 R^2}\mathrm{d}\theta=-\frac{q}{2\pi^2\varepsilon_0 R^2}$$

电场强度 $\boldsymbol{E}$ 的方向沿 y 轴负方向。

讨论 (1) 在求连续带电体的电场强度时,可以先将其分割为无穷多个电荷元 $\mathrm{d}q$,考虑 $\mathrm{d}q$ 在场点贡献的电场强度 $\mathrm{d}\boldsymbol{E}$。然后,根据电场强度叠加原理 $\boldsymbol{E}=\int_L \mathrm{d}\boldsymbol{E}$,计算该场点的电场强度。由于 $\mathrm{d}\boldsymbol{E}$ 为矢量,一般需要建立直角坐标系,将 $\mathrm{d}\boldsymbol{E}$ 正交分解,再进行积分计算,此时矢量积分变为标量积分,计算较为方便。

(2) 根据电荷分布的对称性,可以分析得出电场强度分布的对称性。由计算结果可以得到均匀带电细圆环环心处,$E_x=0$,$E_y=0$,即 $\boldsymbol{E}=0$。

例题 5.2 如图 5-3 所示,长为 l 的两根均匀带电细棒,单位长度所带电荷为 λ,沿同一直线放置,相距为 l。求两根细棒间的静电相互作用力。

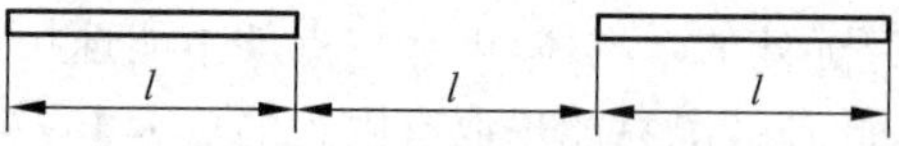

图 5-3 例题 5.2 用图(一)

选题目的 用电场强度定义和叠加法求连续带电体受到的电场力。

分析 本题首先将整根带电细棒分割成无穷多个电荷元并取其中一个电荷元,然后运用电场强度叠加原理和力的叠加原理积分求解整根棒受到的静电场力。

解 方法 1 建立如图 5-4 所示的坐标系,取左棒为场源电荷,在左棒上取电荷元 $\lambda\mathrm{d}x$,它与原点 O 的距离为 x,则它在距原点 x' 处产生的电场强度为

$$\mathrm{d}E=\frac{\lambda\mathrm{d}x}{4\pi\varepsilon_0(x'-x)^2}$$

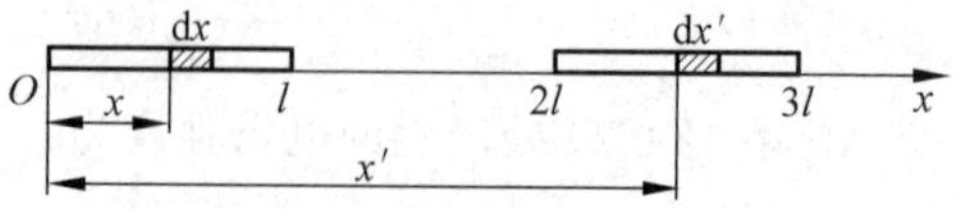

图 5-4 例题 5.2 用图(二)

因此,带电左棒在距原点 x' 处产生的电场强度为

$$E=\int \mathrm{d}E=\int_0^l \frac{\lambda \mathrm{d}x}{4\pi\varepsilon_0(x'-x)^2}=\frac{\lambda}{4\pi\varepsilon_0}\left(\frac{l}{x'-l}-\frac{1}{x'}\right)$$

故右棒距原点 x'处的电荷元$\lambda \mathrm{d}x'$受到的静电场力为

$$\mathrm{d}\boldsymbol{F}'=\lambda \mathrm{d}x'E=\frac{\lambda^2}{4\pi\varepsilon_0}\left(\frac{1}{x'-l}-\frac{1}{x'}\right)\mathrm{d}x'$$

由于右棒上各电荷元所受的电场力方向相同，因此整根右棒所受到的总静电场力为

$$F'=\int \mathrm{d}F'=\int_{2l}^{3l}\frac{\lambda^2}{4\pi\varepsilon_0}\left(\frac{1}{x'-l}-\frac{1}{x'}\right)\mathrm{d}x'=\frac{\lambda^2}{4\pi\varepsilon_0}\ln\frac{4}{3}$$

F'的方向沿 x 轴正方向，左棒受到的静电场力 $F=-F'$。

方法 2　在左右两棒上各取电荷元$\lambda \mathrm{d}x$ 和$\lambda \mathrm{d}x'$，右棒电荷元$\lambda \mathrm{d}x'$受到的左棒电荷元的库仑力为

$$\mathrm{d}F'=\frac{\lambda \mathrm{d}x\lambda \mathrm{d}x'}{4\pi\varepsilon_0(x'-x)^2}$$

因此右棒受到左棒的静电作用力为

$$\begin{aligned}F'=\int \mathrm{d}F'&=\iint \frac{1}{4\pi\varepsilon_0}\frac{\lambda \mathrm{d}x\lambda \mathrm{d}x'}{(x'-x)^2}\\&=\frac{\lambda^2}{4\pi\varepsilon_0}\int_{2l}^{3l}\mathrm{d}x'\int_0^l\frac{1}{(x'-x)^2}\mathrm{d}x\\&=\frac{\lambda^2}{4\pi\varepsilon_0}\ln\frac{4}{3}\end{aligned}$$

讨论　(1) 受力电荷不能看成点电荷，必须用力的叠加原理计算合力。

(2) 求解的是带电细棒所受的合外力，因此只需计算左(或右)棒在带电右(或左)棒附近所产生的外电场，而不必计算所求受力细棒自身所激发的电场。

例题 5.3　一个均匀带电球体的电荷体密度为 ρ，球半径为 R，计算距球心为 r 的任一点处的电场$\boldsymbol{E}(r)$和电势$U(r)$。

选题目的　用高斯定理法求解场强，用路径积分法求电势。

分析　均匀带电球体具有球对称性，用高斯定理法求解最简便。任取一半径为 r 的虚拟球面 S(亦即高斯面)，该球面上各点处的电场强度的大小处处相等、方向处处与球面正交。

解　取如图 5-5 所示的高斯面 S，运用高斯定理，有

$$\oint_S \boldsymbol{E}\cdot \mathrm{d}\boldsymbol{S}=\frac{q_{内}}{\varepsilon_0}$$

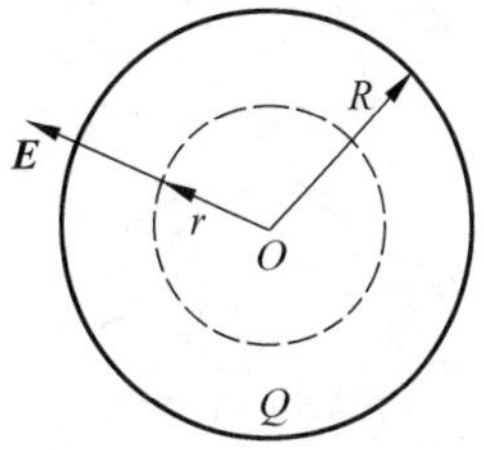

图 5-5　例题 5.3 用题

左边$=\oint_S E\cdot \mathrm{d}S=E\oint_S \mathrm{d}S=E\cdot 4\pi r^2$，因此可得

$$E=\frac{q_{内}}{4\pi\varepsilon_0 r^2}$$

若 $r\geqslant R$，$q_{内}=\frac{4}{3}\pi R^3\rho$，则得

$$E=\frac{\rho R^3}{3\varepsilon_0 r^2}$$

若 $r<R$,$q_{内}=\frac{4\pi}{3}r^3\rho$,则得

$$E=\frac{\rho r}{3\varepsilon_0}$$

所求电场的正方向：垂直于球面向外。上述结果还可以用矢量形式表达为

$$\boldsymbol{E}=\begin{cases}\frac{\rho R^3}{3\varepsilon_0 r^3}\boldsymbol{r}, & r\geqslant R\\ \frac{\rho}{3\varepsilon_0}\boldsymbol{r}, & r<R\end{cases}$$

其中,$\boldsymbol{r}$ 为由球心 O 指向场点的矢径。

现考虑各点的电势,选取无穷远的电势为零,因电场分布已求得,则可用路径积分法求出各点的电势：

$$U=\int_L \boldsymbol{E}\cdot \mathrm{d}\boldsymbol{l}$$

式中,积分路径 L 为从场点到电势零点(无穷远)的任一路径。不妨选最简单的路径：由场点沿半径方向延伸到无穷远的射线,则得

$$U=\int_L \boldsymbol{E}\cdot \mathrm{d}\boldsymbol{l}=\int_L E\,\mathrm{d}r=\int_r^{\infty} E\,\mathrm{d}r$$

当 $r\geqslant R$ 时,$E=\frac{\rho R^3}{3\varepsilon_0 r^2}$,故得

$$U=\int_r^{\infty}\frac{R^3\rho}{3\varepsilon_0 r^3}r\,\mathrm{d}r=\frac{R^3\rho}{3\varepsilon_0 r}$$

当 $r<R$ 时,需要分段积分,故得

$$U=\int_r^R E\,\mathrm{d}r+\int_R^{\infty}E\,\mathrm{d}r=\int_r^R\frac{\rho}{3\varepsilon_0}r\,\mathrm{d}r+\int_R^{\infty}\frac{R^3\rho}{3\varepsilon_0 r^3}r\,\mathrm{d}r$$

$$=\frac{\rho}{6\varepsilon_0}(R^2-r^2)+\frac{\rho}{3\varepsilon_0}R^2=\frac{\rho}{6\varepsilon_0}(3R^2-r^2)$$

讨论 (1) 如果电场强度容易求得,可先求得电场分布,然后求电势。

(2) 以带电球体表面($r=R$ 处)为界,电场强度和电势均表达为分段连续函数,所不同的是：在 $r=R$ 处,电场强度函数的左右导数不相等(即不可导),而电势函数为一阶可导函数(即在该点光滑)。

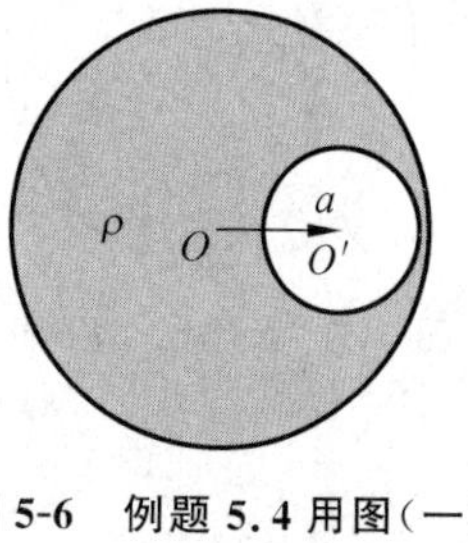

图 5-6 例题 5.4 用图(一)

例题 5.4 如图 5-6 所示,在电荷体密度为 ρ 的均匀带电球体中,存在一个球形空腔。若用 $\boldsymbol{a}$ 表示带电体球心 O 指向球形空腔球心 O' 的矢量,证明球形空腔中任一点的电场强度为 $\boldsymbol{E}=\frac{\rho}{3\varepsilon_0}\boldsymbol{a}$。

选题目的 用补偿法和高斯定理求电场强度。

分析 由于挖了空腔的带电球体的电场的对称性被破坏,其电场分布也不是球对称分布。因此题中的带电系统可以等效于电荷体密度分别为 ρ 和 $-\rho$ 的均匀带电大球体和均匀带电小球体,利用电场强度叠加原理求电场强度。

解　如图 5-7 所示，小空腔中 P 点的场强可以看作是没有挖去空腔（即假设把空腔补上）的半径为 r_1、电荷体密度为 $+\rho$ 的大实心球体在 P 点的场强 $\boldsymbol{E}_1$ 与半径为 r_2 的电荷体密度为 $-\rho$ 的小实心球体在 P 点的场强 $\boldsymbol{E}_2$ 的矢量和。由于带电球体内部一点的电场强度为

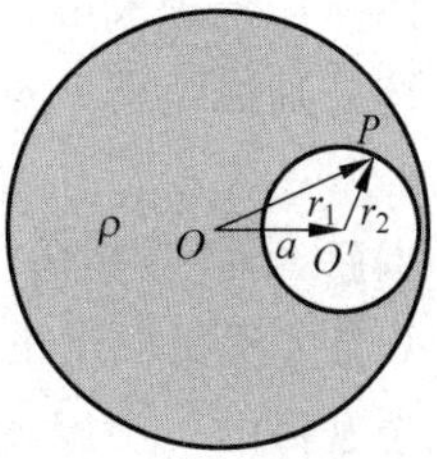

图 5-7　例题 5.4 用图（二）

$$\boldsymbol{E}=\frac{\rho}{3\varepsilon_0}\boldsymbol{r}$$

其中，$\boldsymbol{r}$ 为由球心 O 指向场点的矢径。因此，空腔内 P 点处的电场强度可表示为

$$\boldsymbol{E}=\boldsymbol{E}_1+\boldsymbol{E}_2=\frac{\rho}{3\varepsilon_0}\boldsymbol{r}_1+\frac{-\rho}{3\varepsilon_0}\boldsymbol{r}_2=\frac{\rho}{3\varepsilon_0}(\boldsymbol{r}_1-\boldsymbol{r}_2)$$

其中，$\boldsymbol{E}_1$ 和 $\boldsymbol{E}_2$ 分别为带电大球体和带电小球体在 P 点的电场强度。由几何关系 $\boldsymbol{r}_1-\boldsymbol{r}_2=\boldsymbol{a}$，得 $\boldsymbol{E}=\frac{\rho}{3\varepsilon_0}\boldsymbol{a}$。

讨论　挖去空腔的带电体不满足电荷对称分布，其电场分布也不再是对称分布，不能直接用高斯定理求解。若用 $\mathrm{d}\boldsymbol{E}=\frac{1}{4\pi\varepsilon_0}\frac{\mathrm{d}q}{r^2}\boldsymbol{e}_r$ 积分求解，计算复杂。因此可以采用补偿法以恢复球体的对称性，再应用高斯定理和叠加原理求解电场强度，计算会简洁方便。

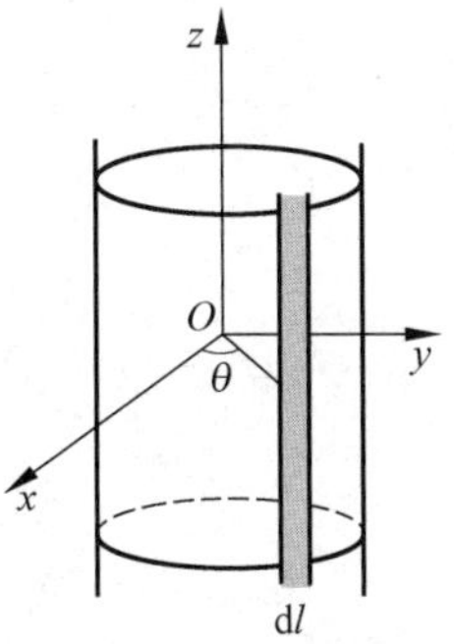

图 5-8　例题 5.5 用图

例题 5.5　无限长带电圆柱面的电荷面密度为 $\sigma=\sigma_0\cos\theta$，其中，$\theta$ 是面积元的法线方向与 x 轴正向之间的夹角，如图 5-8 所示。试求圆柱轴线 z 上的电场强度分布。

选题目的　选取合适的积分微元并利用电荷分布对称性计算电场强度。

分析　如图 5-8 所示，选取无限长窄圆柱面为电荷元，可导出电荷元在圆柱轴线上任一点产生的电场强度。根据对称性分析可知，无穷多个无限长均匀带电直导线在 O 处产生的合电场强度，沿 y 轴方向的分量为零，只有沿 x 轴方向的分量。本题中 $\lambda=\frac{\sigma\cdot\mathrm{d}l\cdot\mathrm{d}z}{\mathrm{d}z}=\sigma_0\cos\theta R\,\mathrm{d}\theta$。

解　设该圆柱面的横截面的半径为 R，取如图 5-8 所示的圆柱面上宽度为 $\mathrm{d}l=R\,\mathrm{d}\theta$ 的无限长均匀带电直线为电荷元，则有

$$\mathrm{d}E=-\frac{\lambda}{2\pi\varepsilon_0 R}\cos\theta\boldsymbol{i}+\frac{\lambda}{2\pi\varepsilon_0 R}\sin\theta\boldsymbol{j}$$

$$=-\frac{\sigma_0\cos^2\theta}{2\pi\varepsilon_0}\mathrm{d}\theta\boldsymbol{i}+\frac{\sigma_0\sin\theta\cos\theta}{2\pi\varepsilon_0}\mathrm{d}\theta\boldsymbol{j}$$

由此得

$$\boldsymbol{E}=\int_0^{2\pi}\mathrm{d}\boldsymbol{E}=-\frac{\sigma_0}{2\varepsilon_0}\boldsymbol{i}$$

即电场强度方向沿 x 轴负方向。

讨论　本题中无限长带电圆柱面的电荷面密度为 $\sigma=\sigma_0\cos\theta$，电荷分布不均匀，不能直

接利用高斯定理求解。因此选取了宽度为 $dl=Rd\theta$ 的无限长窄圆柱面为微元,就可以推出其在圆柱轴线上任一点产生的电场强度。然后利用电场强度分布的对称性求解就可以简化计算。

例题 5.6 一个半径为 R 的带电球体,其电荷体密度分布为 $\rho=Ar(r\leqslant R)$,$\rho=0(r>R)$,A 为一常量。试求球体内外的电场强度分布。

选题目的 利用高斯定理求电场强度。

分析 由于电荷呈球对称分布,电场分布也具有球对称性,因此可根据高斯定理求电场强度的分布。

解 在球体内取半径为 r、厚度为 dr 的薄球壳,该薄球壳层所包含的电荷元为

$$dq=\rho dV=Ar\cdot 4\pi r^2 dr$$

在半径为 r 的球面内包含的总电荷为

$$q=\int_V \rho dV=\int_0^r 4\pi A r^3 dr=\pi A r^4$$

式中,$r\leqslant R$。以该球面为高斯面,根据高斯定理可得

$$E_1\cdot 4\pi r^2=\pi A r^4/\varepsilon_0$$

解得

$$E_1=Ar^2/(4\varepsilon_0),\quad r\leqslant R$$

写成矢量式为

$$\boldsymbol{E}(r)=\frac{Ar^2}{4\varepsilon_0}\boldsymbol{e}_r$$

方向沿径向,$A>0$ 时向外,$A<0$ 时向里。

在球体外作一个半径为 r 的同心高斯球面,根据高斯定理可得

$$E_2\cdot 4\pi r^2=\pi A R^4/\varepsilon_0$$

解得

$$E_2=AR^4/(4\varepsilon_0 r^2)$$

式中,$r>R$。写成矢量式为

$$\boldsymbol{E}(r)=\frac{AR^4}{4\varepsilon_0 r^2}\boldsymbol{e}_r$$

方向沿径向,$A>0$ 时向外,$A<0$ 时向里。

讨论 本题中电荷是非均匀连续分布,但呈球对称分布,因此仍可以取球面为高斯面,运用高斯定理求解。不过,在确定高斯面内包围的净电荷时应采用积分方法。

例题 5.7 电荷线密度为 λ 的无限长均匀带电细线,弯成如图 5-9 所示的形状。若半圆弧 AB 的半径为 R,试求圆心 O 点的电场强度。

选题目的 利用典型带电体的电场强度和电场强度叠加原理求解。

分析 此题中的带电体可以分为三部分,分别是两条半无限长直线带电体和一个半圆形圆弧电荷。根据电场强度的叠加原理,如果能够求出每部分电荷在 O 点的电场强度,问题就可以得到解决。

解 以 O 点为坐标原点,建立如图 5-10 所示的坐标系。

半无限长直线 A 在 O 点产生的电场强度为

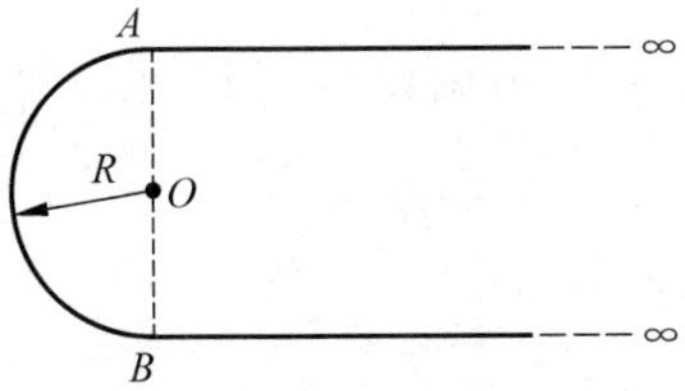

图 5-9　例题 5.7 用图(一)

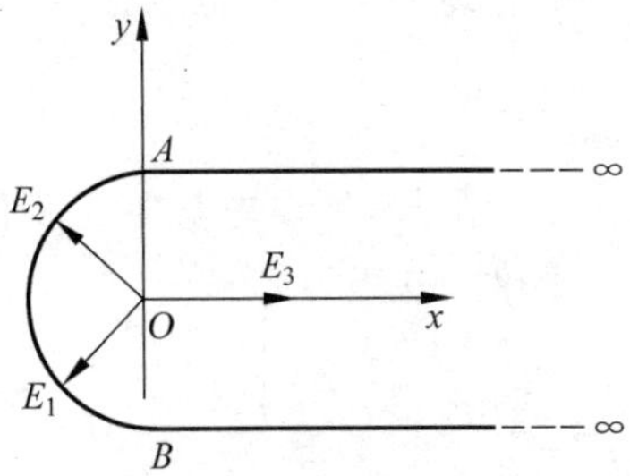

图 5-10　例题 5.7 用图(二)

$$\boldsymbol{E}_1=\frac{\lambda}{4\pi\varepsilon_0 R}(-\boldsymbol{i}-\boldsymbol{j})$$

半无限长直线 B 在 O 点产生的电场强度为

$$\boldsymbol{E}_2=\frac{\lambda}{4\pi\varepsilon_0 R}(-\boldsymbol{i}+\boldsymbol{j})$$

半段弧线 $\widehat{AB}$ 在 O 点产生的电场强度为

$$\boldsymbol{E}_3=\frac{\lambda}{2\pi\varepsilon_0 R}\boldsymbol{i}$$

由电场强度叠加原理,O 点处的合电场强度为

$$\boldsymbol{E}=\boldsymbol{E}_1+\boldsymbol{E}_2+\boldsymbol{E}_3=0$$

讨论　在本题中运用分割法,利用典型带电体的电场强度和电场强度叠加原理,可以使问题简单化。在以后,处理磁学问题时也可以用到此方法。

例 5.8　一无限长均匀带电圆柱体的电荷体密度为 ρ,截面半径为 R,以圆柱体轴线处为电势零点,求柱体内外各点处的电场和电势分布。

选题目的　利用高斯定理求电场强度,用电场强度积分法求解电势。

分析　无限长均匀带电圆柱体的电场分布具有轴对称性,可利用高斯定理求解。无限长带电体的电势零点在有限远处,本题取在圆柱轴线处。可利用电场强度积分法求解电势。

解　由于电荷分布具有柱对称性,所以取柱形表面(截面半径为 r,高度为 h)为高斯面。

由高斯定理 $\oiint_S \boldsymbol{E}\cdot d\boldsymbol{S}=\frac{\sum q}{\varepsilon_0}$ 得,当 $0\leqslant r\leqslant R$ 时,

$$E_{内}\,2\pi rh=\frac{\rho\pi r^2 h}{\varepsilon_0}\tag{Ⅰ}$$

由式(Ⅰ)得圆柱体内部距轴线为 r 处的电场强度为

$$E_{内}=\frac{\rho\pi r^2 h}{\varepsilon_0 2\pi rh}=\frac{\rho r}{2\varepsilon_0}\tag{Ⅱ}$$

同样地,当 $r>R$ 时,由高斯定理 $\oiint_S \boldsymbol{E}\cdot d\boldsymbol{S}=\frac{\sum q}{\varepsilon_0}$ 得

$$E_{外}\,2\pi rh=\frac{\rho\pi R^2 h}{\varepsilon_0}\tag{Ⅲ}$$

圆柱体外部距轴线为 r 处的电场强度为

$$E_{外}=\frac{\rho\pi R^2 h}{\varepsilon_0 2\pi rh}=\frac{\rho R^2}{2\varepsilon_0 r} \tag{Ⅳ}$$

因为带电体是无限长,所以电势零点不能取在无限远处,可取圆柱轴线 P_0 处为电势零点,则当 $0\leqslant r\leqslant R$ 时,电势为

$$\boldsymbol{U}_{内}=\int_{(P)}^{(P_0)}\boldsymbol{E}\cdot\mathrm{d}\boldsymbol{r}=\int_r^0\frac{\rho r}{2\varepsilon_0}\mathrm{d}r=-\frac{\rho r^2}{4\varepsilon_0} \tag{Ⅴ}$$

$r>R$ 时,电势为

$$\begin{aligned}\boldsymbol{U}_{外}&=\int_{(P)}^{(P_0)}\boldsymbol{E}\cdot\mathrm{d}\boldsymbol{r}\\&=\int_R^0\frac{\rho r}{2\varepsilon_0}\mathrm{d}r+\int_r^R\frac{\rho r^2}{2\varepsilon_0 R}\mathrm{d}r\\&=-\frac{\rho R^2}{4\varepsilon_0}\left(1+2\ln\frac{r}{R}\right)\end{aligned}$$

讨论 求电势时,要注意电势零点的选取。对于无限大带电体,电势零点要取在有限远处。

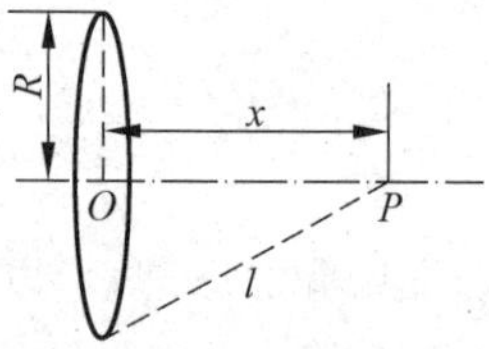

图 5-11 例题 5.9 用图

例题 5.9 如图 5-11 所示,一个半径为 R 的均匀带电圆环,所带总电荷量为 Q,轴线上 P 点到圆盘中心的距离为 x,求轴线上点 P 的电场强度和电势。

选题目的 用电势叠加法求电势,用梯度法求电场强度。

分析 先利用叠加法求电势,再用梯度法求电场强度。

解 圆环上任一电荷元 $\mathrm{d}q$ 到 P 点的距离均为 l,所贡献的电势为

$$\mathrm{d}U=\frac{\mathrm{d}q}{4\pi\varepsilon_0 l}$$

故圆环上所有电荷贡献的总电势应为

$$U=\int\mathrm{d}U=\int_0^Q\frac{\mathrm{d}q}{4\pi\varepsilon_0 l}=\frac{Q}{4\pi\varepsilon_0 l}$$

而 $l=\sqrt{x^2+R^2}$,则得

$$U=\frac{Q}{4\pi\varepsilon_0\sqrt{x^2+R^2}}$$

由于电荷分布的对称性,可知 P 点的电场强度方向沿轴线方向。由电场和电势的微分关系,只需对电势 U 沿轴线方向求导数,可得

$$E=-\frac{\mathrm{d}U}{\mathrm{d}x}=-\frac{\mathrm{d}}{\mathrm{d}x}\left(\frac{Q}{4\pi\varepsilon_0\sqrt{x^2+R^2}}\right)=\frac{Qx}{4\pi\varepsilon_0\sqrt{(x^2+R^2)^3}}$$

$\boldsymbol{E}$ 的正方向沿轴线向右。

讨论 (1) 此题目中用叠加法计算电势(标量)比用叠加法计算电场强度(矢量)更为简便,避免了矢量分解的麻烦。

(2) 若通过定性分析即可知道电场的方向,则用梯度法求电场时完全可以通过直接求

电势沿电场方向的导数求得电场。

(3) 当 $x\to 0$ 时，$E\to 0$ 是正确的。

(4) 当 $x\gg R$ 时，带电圆环可视为“点电荷”，因此 P 点的场强为 $E=\dfrac{q}{4\pi\varepsilon_0 x^2}\propto\dfrac{1}{x^2}$ 是合理的。

例题 5.10　图 5-12 所示为一沿 x 轴放置的长度为 l 的不均匀带电细棒，其电荷线密度为 $\lambda=\lambda_0(x-a)$，λ_0 为一常量。取无穷远为电势零点，求坐标原点 O 处的电势。

选题目的　利用电势叠加原理求连续带电体的电势。

分析　本题为求解连续带电体的电势问题。先计算电荷元在场点的电势，再用电势叠加法计算带电体在场点的电势即可。

解　如图 5-13 所示，在任意位置 x 处取长度元 $\mathrm{d}x$，其上带有电荷 $\mathrm{d}q=\lambda_0(x-a)\mathrm{d}x$。它在 O 点产生的电势为

$$\mathrm{d}U=\frac{\lambda_0(x-a)\mathrm{d}x}{4\pi\varepsilon_0 x}$$

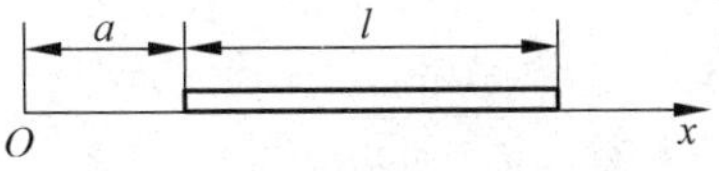

图 5-12　例题 5.10 用图(一)

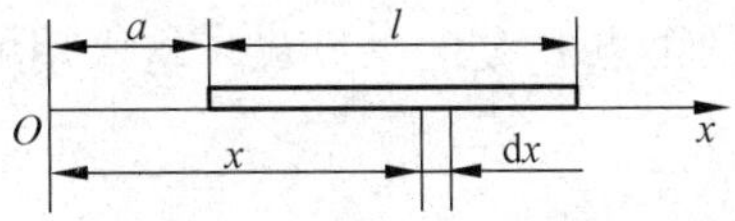

图 5-13　例题 5.10 用图(二)

则 O 点的总电势为

$$U=\int\mathrm{d}U=\frac{\lambda_0}{4\pi\varepsilon_0}\left[\int_a^{a+l}\mathrm{d}x-a\int_a^{a+l}\frac{\mathrm{d}x}{x}\right]=\frac{\lambda_0}{4\pi\varepsilon_0}\left[l-a\ln\frac{a+l}{a}\right]$$

讨论　计算连续带电体的电势一般有两种方法：(1)如果已知电场强度 $\boldsymbol{E}$ 的分布，从场点到电势零点选取任一方便的路径积分，就可计算出场点的电势；(2)如果场源电荷为点电荷系，可利用电势叠加原理求电势。本题中电荷不是均匀分布的，可以采用微元法计算电荷元在场点的电势，再利用积分方法求解即可。由于电势是标量，积分计算较为简单，因此采用第二种方法一般较为方便。

七、课堂讨论与练习

(一) 课堂讨论

1. 把质量为 m，电荷为 q 的点电荷，在电场中由静止释放，则该点电荷将沿着电场线运动。这种说法是否正确？

2. 根据电场强度与电势的关系回答下列问题，并举例说明。

(1) 电场强度为零的地方，电势是否一定为零？反之如何？

(2) 电势高的地方，电场强度是否一定大？反之，其情况如何？

(3) 电势相等处，电场强度是否一定相等？反之，其情况如何？

(4) 已知某一点的电势，可否求出该点的电场强度？反之，其情况如何？

3. 已知某一高斯面所包围的空间内 $\sum q=0$，能否说明穿过高斯面上每一部分的电通

量都是零？能否说明高斯面上的电场强度处处为零？

4. 已知某高斯面上处处 $\boldsymbol{E}=\mathbf{0}$，可否肯定高斯面内 $\sum q=0$，可否肯定高斯面内处处无电荷？

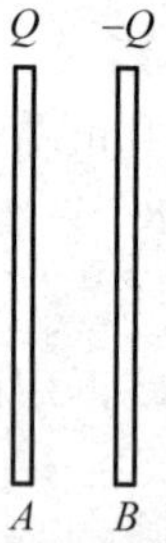

图 5-14 课堂讨论题 5 用图

5. 如图 5-14 所示，真空中有两均匀带电平板 A、B，它们相互平行并靠近放置，间距为 d(d 很小)，平板平面面积均为 S，所带电荷分别为 Q 和 $-Q$。关于两板间的相互作用力，有人说，根据库仑定律应有

$$f=\frac{Q^2}{4\pi\varepsilon_0 d^2}$$

又有人说，根据 $f=QE$，应有 $f^2=\dfrac{Q^2}{\varepsilon_0 S}$。他们说得对吗？你认为 f 应等于多少？

6. 在无限大带电平面和无限长带电直线的电场中，确定各点电势时，可否选无穷远为电势零点？为什么？

7. 无限大均匀带电平板的电荷面密度为 σ，与板相距为 a 处有一点电荷 q，欲求 q 到平板垂线的中点 P 处的电势 U_P，有人用电势叠加法求得

$$U_P=\frac{q}{4\pi\varepsilon_0\cdot\dfrac{a}{2}}+\left(-\frac{\sigma}{2\varepsilon_0}\cdot\frac{a}{2}\right)=\frac{q}{2\pi\varepsilon_0 a}-\frac{\sigma a}{4\varepsilon_0}$$

请分析以上结果是否正确。

8. 电场力做功具有什么特性？并讨论下面各式的意义。

(1) $A=\int_{(a)}^{b} qE\cdot \mathrm{d}l$；

(2) $W_a=\int_{(a)}^{\infty} qE\cdot \mathrm{d}l$；

(3) $\dfrac{W_P}{q}=\int_{(P)}^{\infty} E\cdot \mathrm{d}l$；

(4) $\oint_L E\cdot \mathrm{d}l=0$；

(5) $\varepsilon=\oint_L E'\cdot \mathrm{d}l$($E'$ 为非静电场的电场强度)。

(二) 课堂练习

课堂练习题 1

1. 一细玻璃棒被弯成如图 5-15 所示的形状，已知棒上的电荷线密度为 λ，试求：半圆圆心 O 处的电场强度 $\boldsymbol{E}_O$ 和电势 φ_O。

课堂练习题 2

2. 如图 5-16 所示，无限大均匀带电平板的厚度为 d，电荷体密度为 ρ，求板内外的电场分布和电势分布。

3. 如图 5-17 所示，两个均匀带电的同心球面，半径分别为 R_1 和 R_2，所带电荷分别为 q_1 和 q_2，分别求图 5-17 中Ⅰ、Ⅱ和Ⅲ区内的电场分布和电势分布。

课堂练习题 4

4. 在半径为 R，电荷密度为 ρ 的均匀带电球体中挖去以 O' 点为中心，$R'(R'<R)$ 为半径的球形空腔，且 O 与 O' 相距为 a，如图 5-18 所示，求：

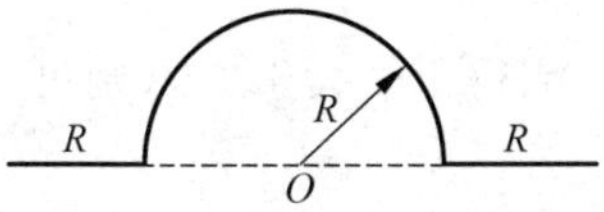

图 5-15　课堂练习题 1 用图

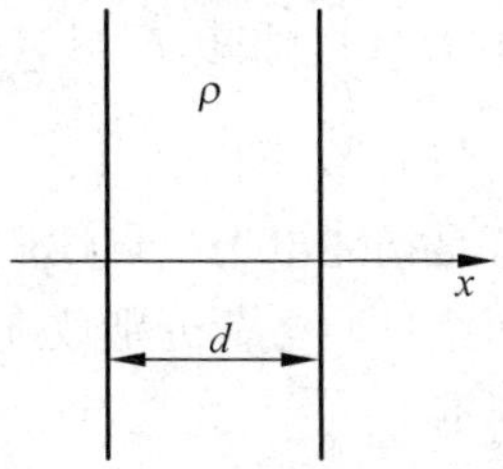

图 5-16　课堂练习题 2 用图

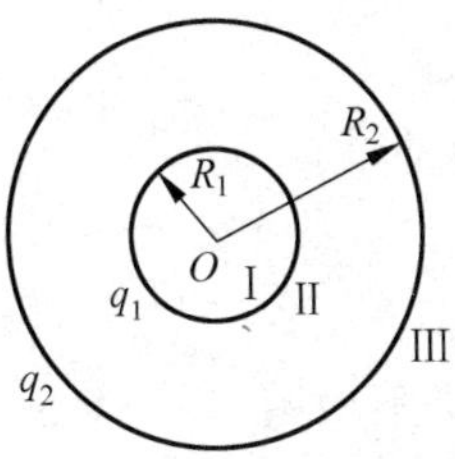

图 5-17　课堂练习题 3 用图

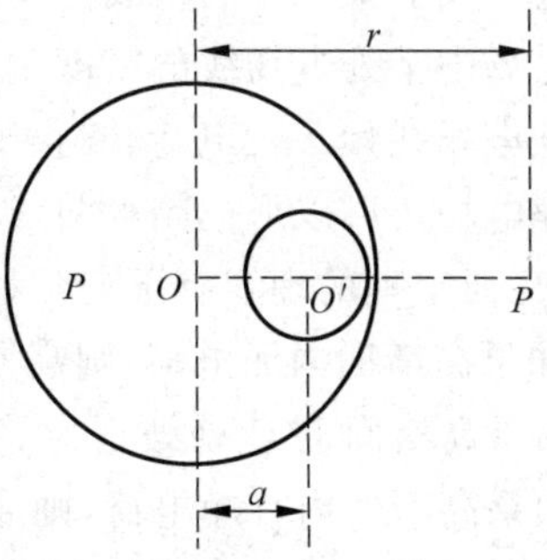

图 5-18　课堂练习题 4 用图

(1) P 点的电场强度和电势。

(2) 空腔内任一点 Q 的电场强度 $\boldsymbol{E}_Q$。

5. 如图 5-19 所示，电偶极子 $\boldsymbol{p}=q\boldsymbol{l}$，且电场中 P 点距电偶极子的距离 $r\gg l$。求：

(1) P 点的电势 U；

(2) P 点的电场强度 $\boldsymbol{E}$(用分量 $\boldsymbol{E}_r$ 和 $\boldsymbol{E}_\theta$ 表示)。

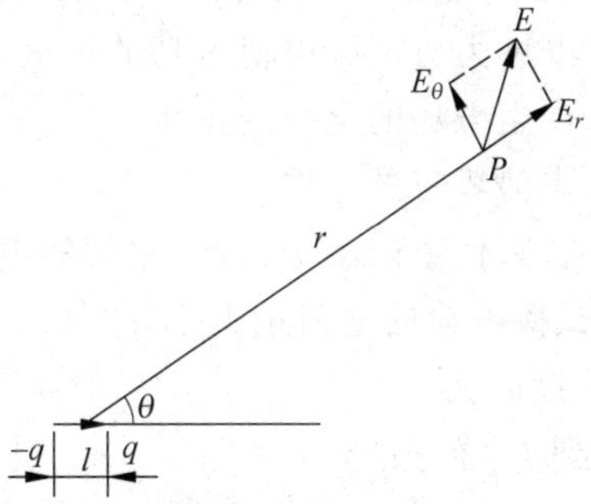

图 5-19　课堂练习题 5 用图

八、解题训练

(一) 课前预习题

1. 下列说法中，正确的是[　　]。

A. 由 $E=\dfrac{F}{q_0}$ 可见,E 与试验电荷 q_0 成正比

B. E 与 F 成正比

C. E 是描述电场各点性质的物理量,与试验电荷无关

D. 两个试验电荷分别放在电场中 A、B 两点,测得 F_A 大于 F_B,则可以肯定 E_A 大于 E_B

2. 以下说法中,不正确的是[　　]。

A. 电场遵从叠加原理

B. 电场线上某一点的切线方向给出了该点电场强度的方向

C. 电场中某处电场线的密度正比于该处电场强度的大小

D. 静电场线始于正电荷,终止于负电荷

E. 静电场线可以形成闭合曲线

3. 关于高斯定理的理解有下列几种说法,其中正确的是[　　]。

A. 如果高斯面内无电荷,则高斯面上 $\boldsymbol{E}$ 处处为零

B. 如果高斯面上 $\boldsymbol{E}$ 处处不为零,则该面内必无电荷

C. 如果高斯面内有净电荷,则通过该面的电通量必不为零

D. 如果高斯面上 $\boldsymbol{E}$ 处处为零,则该面内必无电荷

4. 静电场中某点的电势在量值上等于[　　]。

A. 试验电荷 q 置于该点时具有的电势能

B. 单位试验电荷置于该点时具有的电势能

C. 单位正电荷置于该点时具有的电势能

D. 把单位正电荷从该点移到电势零点过程中外力所做的功

5. 关于静电场中某点电势的正负,下列说法正确的是[　　]。

A. 电势的正负取决于置于该点的试验电荷的正负

B. 电势的正负取决于电场力对试验电荷做功的正负

C. 电势的正负取决于产生电场的电荷的正负

D. 电势的正负取决于电势零点的选取

6. 电荷分布在有限空间内,则任意两点 P_1、P_2 之间的电势差取决于[　　]。

A. 从 P_1 移到 P_2 的试探电荷的电荷量大小

B. P_1 和 P_2 处电场强度的大小

C. 试探电荷由 P_1 移到 P_2 的路径

D. 由 P_1 移到 P_2 电场力对单位正电荷所做的功

(二) 基础题

1. 一带电体可作为点电荷处理的条件是[　　]。

A. 电荷必须呈球形分布

B. 带电体的线度很小

C. 带电体的线度与其他有关长度相比可忽略不计

D. 电荷量很小

2. 如图 5-20 所示，任一闭合曲面 S 内有一点电荷 q，O 为 S 面上任一点，若将 q 由闭合曲面内的 P 点移到 T 点，且 $OP=OT$，那么[　　]。

A. 穿过 S 面的电通量改变，O 点的场强大小不变

B. 穿过 S 面的电通量改变，O 点的场强大小改变

C. 穿过 S 面的电通量不变，O 点的场强大小改变

D. 穿过 S 面的电通量不变，O 点的场强大小不变

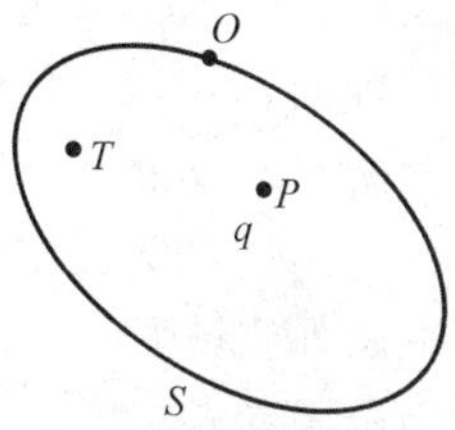

图 5-20　基础题 2 用图

3. 如图 5-21 所示，一电荷量为 q 的点电荷位于正立方体的 A 角上，则通过侧面 $abcd$ 的电场强度通量等于[　　]。

A. $\dfrac{q}{6\varepsilon_0}$　　B. $\dfrac{q}{12\varepsilon_0}$

C. $\dfrac{q}{24\varepsilon_0}$　　D. $\dfrac{q}{36\varepsilon_0}$

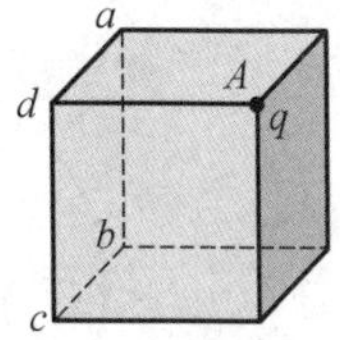

图 5-21　基础题 3 用图

4. 半径为 R 的均匀带电圆环，带电荷量为 q，则该环的环心处的电势和电场强度的大小分别为[　　]。

A. $\dfrac{q}{4\pi\varepsilon_0 R}$，0　　B. 0，$\dfrac{q}{4\pi\varepsilon_0 R}$　　C. 0，$\dfrac{q}{4\pi\varepsilon_0 R^2}$　　D. $\dfrac{q}{4\pi\varepsilon_0 R^2}$，0

5. 真空中一半径为 R 的球面均匀带电 Q，球心 O 处有一带电量为 q 的电荷，设无穷远为电势零点，则在球内距球心 O 为 r 的 P 点处的电势为[　　]。

A. $\dfrac{q}{4\pi\varepsilon_0 r}$　　B. $\dfrac{1}{4\pi\varepsilon_0}\left(\dfrac{q}{r}+\dfrac{Q}{R}\right)$

C. $\dfrac{q+Q}{4\pi\varepsilon_0 r}$　　D. $\dfrac{1}{4\pi\varepsilon_0}\left(\dfrac{q}{r}+\dfrac{Q+q}{R}\right)$

6. 如图 5-22 所示，直线 MN 长 $2L$，弧 OCD 是以点 N 为中心，L 为半径的半圆弧，N 点有正电荷 $+q$，M 点有负电荷 $-q$。将一试验电荷 $+q_0$ 从 O 点出发沿路径 $OCDP$ 移到无穷远处，设无穷远的电势为零，则电场力做功[　　]。

A. $W<0$　　B. $W>0$

C. $W=\infty$　　D. $W=0$

7. 如图 5-23 所示，边长分别为 a 和 b 的矩形，其 A、B、C 三个顶点上分别放置一个电量为 q 的点电荷，则中心 O 点的电场强度大小为________，方向________。

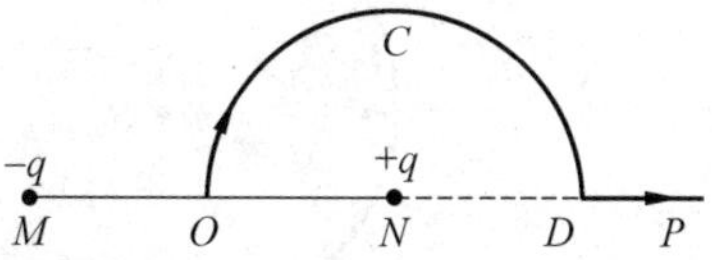

图 5-22　基础题 6 用图

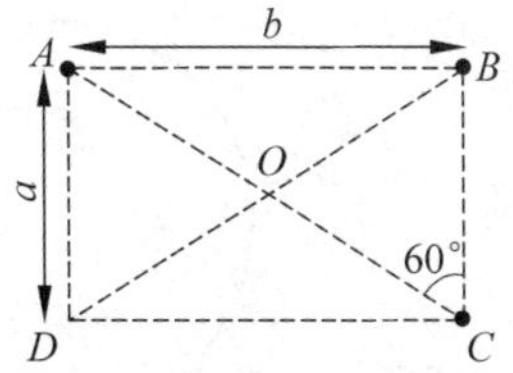

图 5-23　基础题 7 用图

8. 内、外半径分别为 R_1、R_2 的均匀带电厚球壳，电荷体密度为 ρ，则在 $r<R_1$ 的区域内电场强度大小为________，在 $R_1<r<R_2$ 的区域内电场强度大小为________，在 $r>R_2$ 的区域内电场强度大小为________。

9. 一均匀带电直线长为 d,电荷线密度为 $+\lambda$,以导线中点 O 为球心,R 为半径($R>d$)作一球面,如图 5-24 所示,则通过该球面的电场强度通量为________,带电直线的延长线与球面交点 P 处的电场强度的大小为________,方向________。

10. A、B 为真空中两个平行的无限大均匀带电平面,已知两平面间场强的大小为 E_0,两平面外侧场强的大小都为 $E_0/3$,方向如图 5-25 所示,则 A、B 两平面上的面电荷密度分别为 $\sigma_A=$________,$\sigma_B=$________。

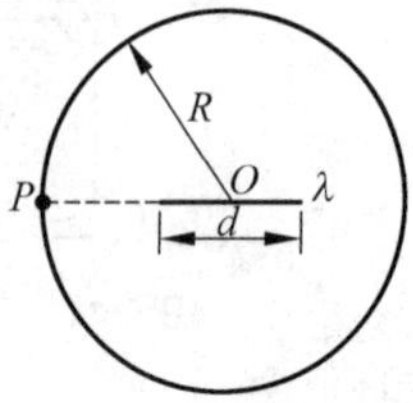

图 5-24 基础题 9 用图

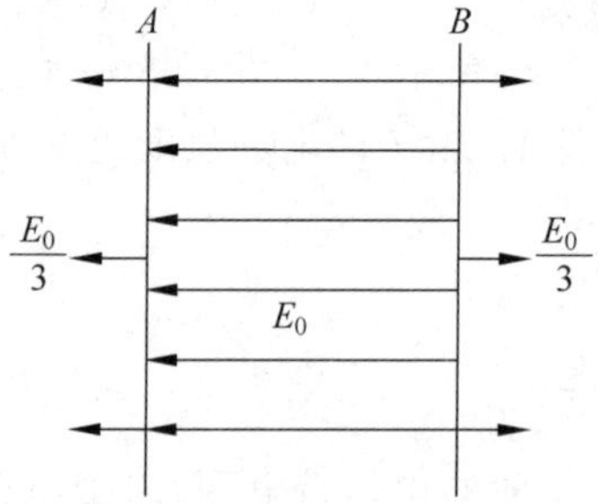

图 5-25 基础题 10 用图

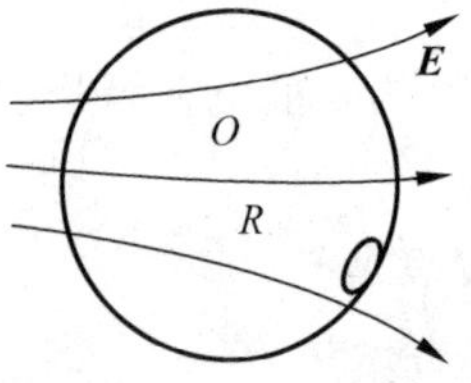

图 5-26 基础题 11 用图

11. 如图 5-26 所示,在电场中作一半径为 R 的闭合球面 S,已知通过球面上某一面元 ΔS 的电场强度通量为 $\Delta\Phi_e$,则通过该球面其余部分的电场强度通量为________。

12. 在电场强度为 E 的均匀电场中取一半球面,其半径为 R,电场强度的方向与半球面的对称轴平行,则通过这个半球面的 ΔS 电通量为________。若用半径为 R 的圆面将半球面封闭,则通过这个封闭的半球面的电通量为________。

13. 点电荷 q_1、q_2、q_3、q_4 在真空中的分布如图 5-27 所示。图中 S 为闭合面,则通过该闭合面的电通量 $\oint_S \boldsymbol{E}\cdot \mathrm{d}\boldsymbol{S}=$________,式中的 $\boldsymbol{E}$ 是点电荷________在闭合面上任一点产生的电场强度的矢量和。

14. 真空中有一半径为 R 的半圆细环,均匀带电 Q,如图 5-28 所示。设无穷远为电势零点,则圆心 O 点处的电势 $U_0=$________,若将一电荷量为 q 的点电荷从无穷远移到圆心 O 点,则电场力做功 $W=$________。

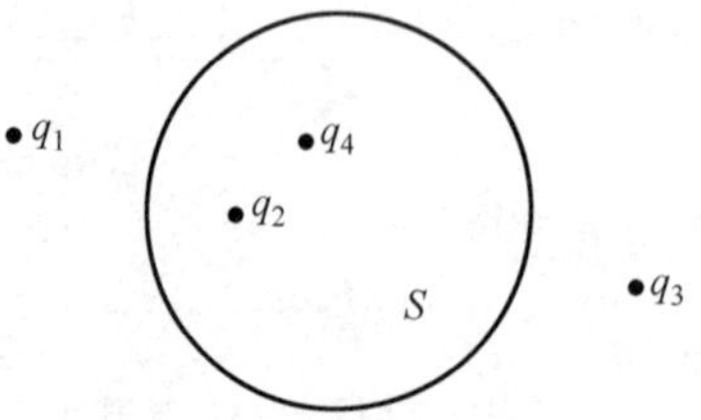

图 5-27 基础题 13 用图

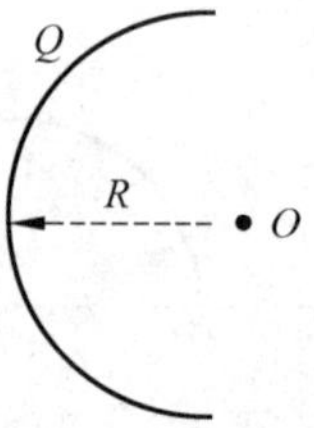

图 5-28 基础题 14 用图

15. 半径分别为 R_A、R_B 的均匀带电同心球面,$R_B=2R_A$。A 球面带电 q_1,欲使 A 球面的电势为零,则 B 球面应带的电荷量 $q_2=$________。

16. 点电荷 $q=10^{-9}$ C，与它在同一直线的 A、B、C 三点分别距 q 为 10 cm、20 cm、30 cm，如图 5-29 所示。若选 B 为电势零点，则 A、C 两点的电势分别为 $U_A=$ ________，$U_C=$ ________。

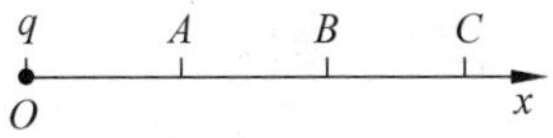

图 5-29 基础题 16 用图

17. 设在一半径为 R 的球体内，电荷体密度分布为 $\rho=Ar$（A 为一正常数），求带电球体内外的电场强度分布。

18. 如图 5-30 所示，两条无限长平行带电细直导线之间的距离为 r_0，均匀带有等量异号电荷，电荷线密度均为 λ。求：

(1) 两导线之间任意一点的电场强度（设该点到其中一直导线的垂直距离为 x）；

(2) 每一条导线上单位长度导线受到另一条导线上电荷作用的电场力。

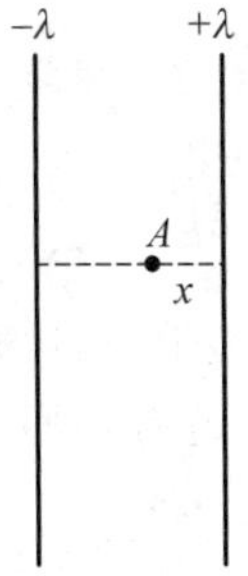

图 5-30 基础题 18 用图

19. 一无限长均匀带电圆柱体的电荷体密度为 ρ，截面半径为 R，以圆柱轴线处为势能零点，求柱体内外各点处的电场和电势分布。

20. 如图 5-31 所示，一厚度为 a 的无限大带电平板，电荷体密度为 $\rho=kx$（$0\leqslant x\leqslant a$），k 为正常数，求：

(1) 板外两侧任一点 M_1、M_2 的电场强度大小。

(2) 板内任一点 M 的电场强度大小。

(3) 电场强度最小的点的位置。

21. 两个同心的均匀带电球面，半径分别为 $R_1=5$ cm，$R_2=20$ cm，已知内球面的电势 $U_1=60$ V，外球面的电势 $U_2=-30$ V。(1)求内外球面上所带的电荷；(2)在两球面之间，何处的电势为零？

22. 在半径为 R，电荷体密度为 ρ 的无限长的均匀带电圆柱中挖去以 O' 为中心，半径为 R' 的无限长圆柱形空腔，且 $\overline{OO'}=a$，图 5-32 为圆柱的横截面。求：空腔内任一点 P 的电场强度。

23. 在半径为 R，电荷体密度为 ρ 的均匀带电球内，挖去一个半径为 r 的小球，如图 5-33 所示。试求：P、P' 各点的电场强度。（O、O'、P、P' 在一条直线上）

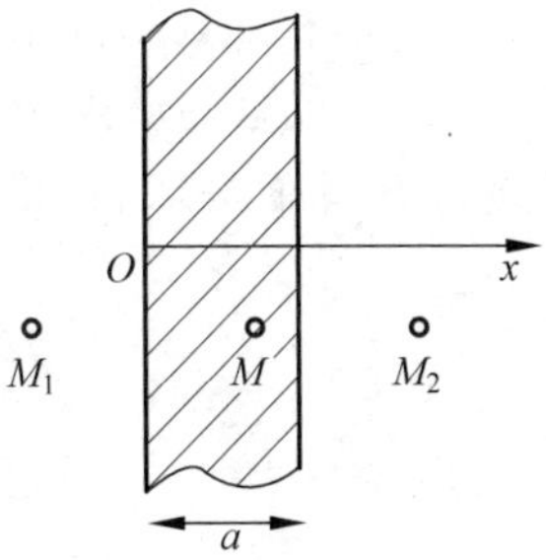

图 5-31 基础题 20 用图

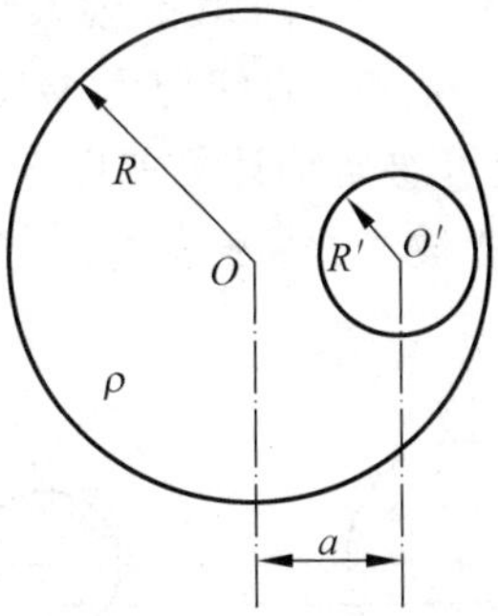

图 5-32 基础题 22 用图

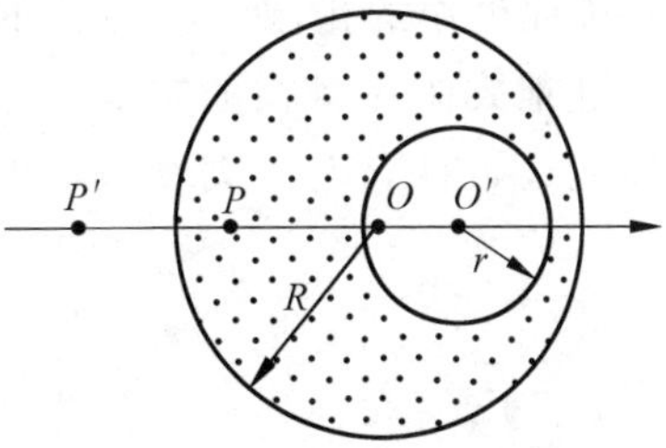

图 5-33 基础题 23 用图

(三) 综合题

1. 如图 5-34 所示，有三个点电荷 Q_1, Q_2, Q_3 沿一条直线等间距分布，相距均为 d，且 $Q_1=Q_3=Q$，已知其中任一点电荷所受合力均为零。求在固定 Q_1, Q_3 的情况下，将 Q_2 从点 O 推到无穷远时，外力所做的功。

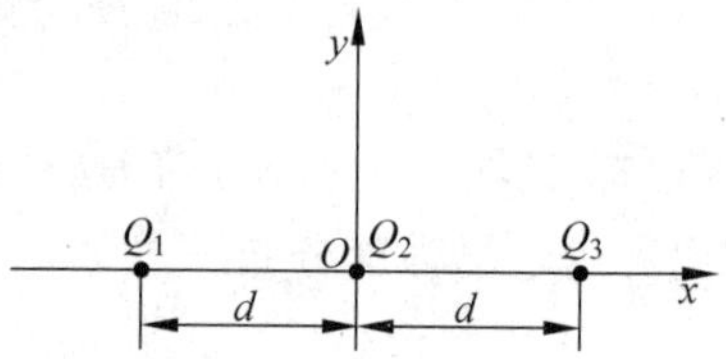

图 5-34 综合题 1 用图

2. 外电场中一无限大带电平面周围的电场线分布如图 5-35 所示。左侧的电场强度为 E_1，右侧的电场强度为 E_2。试求：(1)带电平面上的电荷面密度；(2)外电场电场强度大小和方向；(3)图中 A、B 两点间的电势差。

3. 如图 5-36 所示，有一金属环，其内外半径分别为 R_1 和 R_2，圆环均匀带电，电荷面密度为 $\sigma(\sigma>0)$。(1)计算通过环心垂直环面的轴线上任意一点的电势；(2)若有一质子沿轴线以无限远射向带正电的圆环，要使质子能穿过圆环，它的初速度至少是多少？

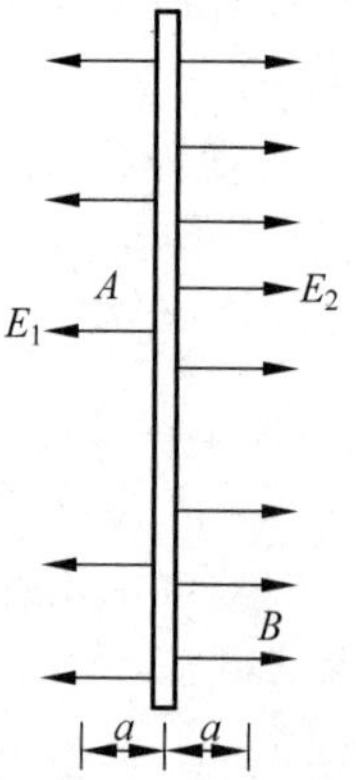

图 5-35 综合题 2 用图

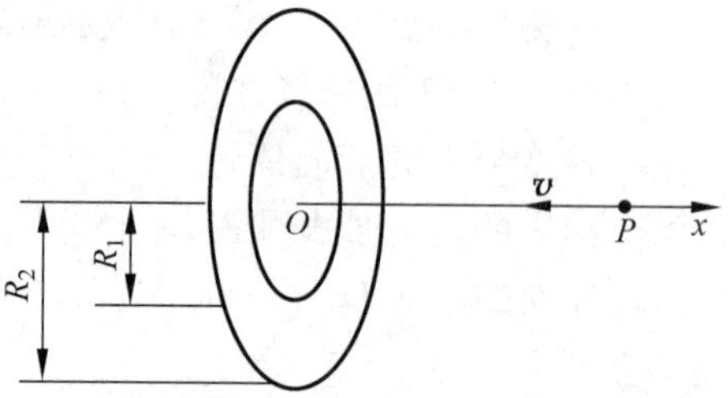

图 5-36 综合题 3 用图

4. 根据汤姆孙模型，氢原子由一团均匀的正电荷云和其中的两个电子构成。设正电荷云是半径为 0.05 nm 的球，总电荷量为 $2e$，两个电子处于和球心对称的位置。(1)求两电子的平衡间距 d；(2)若两个电子关于系统质心在平衡位置附近做微小振动，试求其固有角频率 ω。

5. 两个固定的均匀带电球面 A、B 的球心间距 d 远大于 A、B 的半径，A 带电荷量为 $4Q(Q>0)$，B 带电荷量为 Q。由两球心确定的直线记为 MN，在 MN 与球面相交处均开出一个足够小的孔，随小孔挖去的电荷量可忽略不计。如图 5-37 所示，将一带负电的质点 P 静止地放在 A 球面的左侧某处，假设 P 被释放后恰能穿经三个小孔越过 B 球面的球心，试确定开始时 P 与 A 球面球心的距离 x。

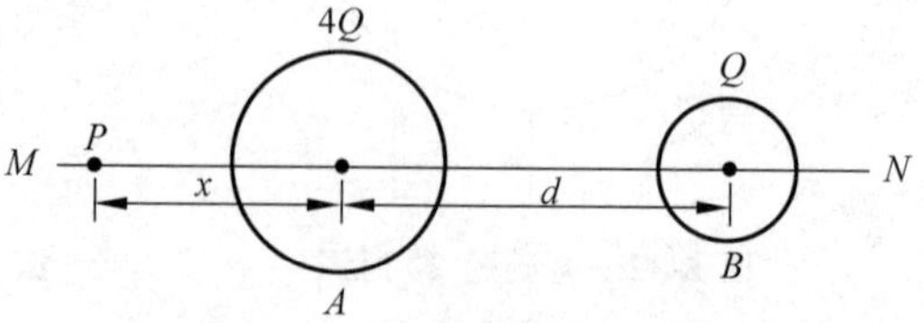

图 5-37 综合题 5 用图

解题训练答案及解析

(一) 课前预习题

1. C　2. E　3. C　4. C　5. D　6. D

(二) 基础题

1. C　2. D　3. C　4. A　5. B　6. D

7. $\dfrac{q}{2\pi\varepsilon_0(a^2+b^2)}$，方向沿着 BD。

8. $0,\dfrac{\rho}{3\varepsilon_0 r^2}(r^3-R_1^3),\dfrac{\rho}{3\varepsilon_0 r^2}(R_2^3-R_1^3)$

9. $\lambda d/\varepsilon_0,\dfrac{\lambda d}{\pi\varepsilon_0(4R^2-d^2)}$，沿矢径 OP

10. $-\dfrac{2}{3}\varepsilon_0 E_0,\dfrac{4}{3}\varepsilon_0 E_0$

11. $-\Delta\Phi_e$

12. $\pi R^2 E,0$

13. $\dfrac{q_2+q_4}{\varepsilon_0},q_1,q_2,q_3,q_4$

14. $\dfrac{Q}{4\pi\varepsilon_0 R},-\dfrac{qQ}{4\pi\varepsilon_0 R}$

15. $-2q_1$

16. 45 V，−15 V

17. **解**　利用高斯定理求解。

当 $0\leqslant r\leqslant R$ 时，取 r 为半径的球面为高斯面，则得

$$E_1\cdot 4\pi r^2=\frac{1}{\varepsilon_0}\iiint Ar\,\mathrm{d}V=\frac{A\pi r^4}{\varepsilon_0}$$

解得 $E_1=Ar^2/(4\varepsilon_0)$，方向沿径向朝外；

当 $r>R$ 时，取 r 为半径的球面为高斯面，则得

$$E_2\cdot 4\pi r^2=\frac{1}{\varepsilon_0}\iiint_V Ar\,\mathrm{d}V=\frac{A\pi R^4}{\varepsilon_0}$$

解得 $E_2=AR^4/(4\varepsilon_0 r^2)$，方向沿径向朝外。

18. **解**　(1) 设 A 到正电荷导线的距离为 x，到负电荷导线的距离为 (r_0-x)。由高斯定理可得

$$E_+\cdot 2\pi xL=\frac{\lambda L}{\varepsilon_0}$$

则得

$$E_{+}=\frac{\lambda}{2\pi\varepsilon_0 x}$$

同样可得，

$$E_{-}=\frac{\lambda}{2\pi\varepsilon_0(r_0-x)}$$

故得

$$E=E_{+}+E_{-}=\frac{\lambda r_0}{2\pi\varepsilon_0 x(r_0-x)}$$

方向指向负电荷导线。

(2) 一条导线对另一条导线产生的电场强度为

$$E=\frac{\lambda}{2\pi\varepsilon_0 r_0}$$

两导线之间的作用力为库仑力，所以单位长度导线受到的电场力为

$$F=\lambda\cdot E=\frac{\lambda^2}{2\pi\varepsilon_0 r_0}$$

19. **解** 由于电荷分布具有柱对称性，所以取柱形表面（截面半径为 r，高度为 h）为高斯面，则当 $0\leqslant r\leqslant R$ 时，

$$E_{内}\cdot 2\pi rh=\frac{\rho\pi r^2 h}{\varepsilon_0}$$

故圆柱体内部距轴线为 r 处的电场强度为

$$E_{内}=\frac{\rho r}{2\varepsilon_0}$$

同样可得，当 $r>R$ 时，

$$E_{外}\cdot 2\pi rh=\frac{\rho\pi R^2 h}{\varepsilon_0}$$

由此可得圆柱体外部距轴线为 r 处的电场强度为

$$E_{外}=\frac{\rho R^2}{2\varepsilon_0 r}$$

因为是无限长带电体，所以取圆柱轴线 P_0 为电势零点，当 $0\leqslant r\leqslant R$ 时电势为

$$U_{内}=\int_P^{P_0}\boldsymbol{E}\cdot \mathrm{d}\boldsymbol{r}=\int_r^0 E\cdot \mathrm{d}r=\int_r^0\frac{\rho r}{2\varepsilon_0}\mathrm{d}r=-\frac{\rho r^2}{4\varepsilon_0}$$

当 $r>R$ 时，电势为

$$U_{外}=\int_P^{P_0}\boldsymbol{E}\cdot \mathrm{d}\boldsymbol{r}=\int_r^0 E\cdot \mathrm{d}r=\int_R^0\frac{\rho r}{2\varepsilon_0}\mathrm{d}r+\int_r^R\frac{\rho R^2}{2\varepsilon_0 r}\mathrm{d}r$$

$$=-\frac{\rho R^2}{4\varepsilon_0}\left(1+2\ln\frac{r}{R}\right)$$

20. **解** 如图 5-38 所示，在平板内任取厚度为 $\mathrm{d}x$ 的薄层为电荷元，其带电荷量为 $\sigma=\rho\mathrm{d}x$，薄层两侧的电场强度大小为

$$\mathrm{d}E=\frac{\sigma}{2\varepsilon_0}=\frac{\rho}{2\varepsilon_0}\mathrm{d}x$$

(1) M_1 处的电场强度为

$$E_1=\int \mathrm{d}E=\int_0^a -\frac{\rho}{2\varepsilon_0}\mathrm{d}x=-\int_0^a \frac{kx}{2\varepsilon_0}\mathrm{d}x=-\frac{ka^2}{4\varepsilon_0}$$

M_2 处的电场强度为

$$E_2=\int \mathrm{d}E=\int_0^a \frac{\rho}{2\varepsilon_0}\mathrm{d}x=\int_0^a \frac{kx}{2\varepsilon_0}\mathrm{d}x=\frac{ka^2}{4\varepsilon_0}$$

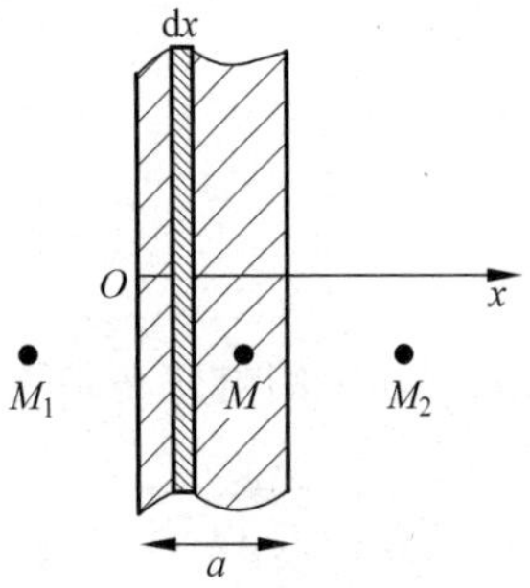

图 5-38　基础题 20 解答用图

(2) M 处($a>x>0$)的电场强度为

$$E=\int \mathrm{d}E=\int_0^x \frac{\rho}{2\varepsilon_0}\mathrm{d}x+\int_x^a -\frac{\rho}{2\varepsilon_0}\mathrm{d}x=\frac{k}{4\varepsilon_0}(2x^2-a^2)$$

(3) 电场强度最小为 $E_{\min}=0$,代入上式得

$$\frac{k}{4\varepsilon_0}(2x^2-a^2)=0\quad (a>x>0)$$

则 $x=\frac{\sqrt{2}}{2}a$。

21. **解**　设内球面带电 q_1,外球面带电 q_2,则得

$$\begin{cases} E_1=0, & r<R_1 \\ E_2=\dfrac{q_1}{4\pi\varepsilon_0 r^2}, & R_1<r<R_2 \\ E_3=\dfrac{q_1+q_2}{4\pi\varepsilon_0 r^2}, & r>R_2 \end{cases}$$

(1) 两球面间的电势差为

$$U=U_1-U_2=\int_{R_1}^{R_2} \frac{q_1}{4\pi\varepsilon_0 r^2}\mathrm{d}r=\frac{q_1}{4\pi\varepsilon_0}\left(\frac{1}{R_1}-\frac{1}{R_2}\right)$$

代入相关数据,可得内球面的带电量为

$$q_1=\frac{4\pi\varepsilon_0 R_1R_2(U_1-U_2)}{R_2-R_1}=6.63\times10^{-10}\ \mathrm{C}$$

又外球面的电势为

$$U_2=\int_{R_2}^{\infty} \frac{q_1+q_2}{4\pi\varepsilon_0 r^2}\mathrm{d}r=\frac{q_1+q_2}{4\pi\varepsilon R_2}$$

代入相关数据得外球面的带电量为 $q_2=-1.33\times10^{-9}$ C。

(2) 设 r_0 处的电势为零,则得

$$U_0=\int_{r_0}^{R_2} \frac{q_1}{4\pi\varepsilon_0 r^2}\mathrm{d}r+\int_{R_2}^{\infty} \frac{q_1+q_2}{4\pi\varepsilon r^2}\mathrm{d}r$$

$$=\frac{q_1}{4\pi\varepsilon_0 r_0}+\frac{q_2}{4\pi\varepsilon_0 R_2}=0$$

代入相关数据可得,$r_0=-\frac{q_1}{q_2}R_2=0.1$ m。

22. **解**　本题可以采用补偿法求解。将此无限长圆柱形空腔视为电荷体密度为 $+\rho$ 的大圆柱体和 $-\rho$ 的小圆柱体的合成。由高斯定理,可得圆柱体内外的电场分布为

$$\begin{cases} \boldsymbol{E}=\dfrac{\rho \boldsymbol{r}}{2\varepsilon_0}, & 0 \leqslant r \leqslant R \\ \boldsymbol{E}=\dfrac{\rho R^2 \boldsymbol{r}}{2\varepsilon_0 r^2}, & r>R \end{cases}$$

故大圆柱中的电荷在距离 O'点为 r_1 处的 P 点产生的电场强度为 $\boldsymbol{E}_1=\dfrac{\rho \boldsymbol{r}_1}{2\varepsilon_0}$,小圆柱体中异号电荷在距离 O'点为 r_2 处的 P 点产生的电场强度为 $\boldsymbol{E}_2=-\dfrac{\rho \boldsymbol{r}_2}{2\varepsilon_0}$。

依据矢量分析,$\boldsymbol{r}_1-\boldsymbol{r}_2=\boldsymbol{OO}'$,故腔内任一点 P 的电场强度 $\boldsymbol{E}=\boldsymbol{E}_1+\boldsymbol{E}_2=\dfrac{\rho}{2\varepsilon_0}\boldsymbol{a}$,其中,$\boldsymbol{a}$ 为位矢 $\boldsymbol{OO}'$。

23. **解** 应用场强叠加原理求解。建立如图 5-39 所示的坐标系,P 点处的电场强度大小为

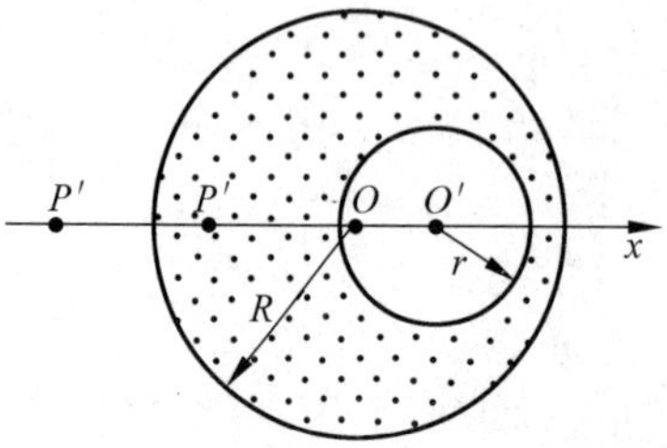

图 5-39 基础题 23 解答用图

$$E_P=E_{RP}+E_{rP}$$

$$=-\frac{1}{4\pi\varepsilon_0}\frac{\rho\dfrac{4}{3}\pi r_{PO}^3}{r_{PO}^2}+\frac{1}{4\pi\varepsilon_0}\frac{\rho\dfrac{4}{3}\pi r^3}{(r_{PO}+r_{OO'})^2}$$

$$=\frac{\rho}{3\varepsilon_0}\left[\frac{r^3}{(r_{PO}+r_{OO'})^2}-r_{PO}\right]$$

电场强度方向沿 x 轴正方向。P'点处的电场强度大小为

$$E_{P'}=E_{RP'}+E_{rP'}=-\frac{1}{4\pi\varepsilon_0}\frac{\rho\dfrac{4}{3}\pi R^3}{r_{P'O}^2}+\frac{1}{4\pi\varepsilon_0}\frac{\rho\dfrac{4}{3}\pi r^3}{(r_{P'O}+r_{OO'})^2}$$

$$=\frac{\rho}{3\varepsilon_0}\left[\frac{r^3}{(r_{P'O}+r_{OO'})^2}-\frac{R^3}{r_{P'O}^2}\right]$$

方向沿 x 轴正方向。

(三) 综合题

1. **分析** 根据功的定义式 $W_{ab}=\int_A^B F\cdot \mathrm{d}l$ 求电场力做的功。

解 方法 1 根据题意,Q_1 所受的合力为零,即

$$Q_1\frac{Q_2}{4\pi\varepsilon_0 d^2}+Q_1\frac{Q_3}{4\pi\varepsilon_0(2d)^2}=0$$

由于 $Q_1=Q_3=Q$,则得

$$Q_2=-\frac{Q_3}{4}=-\frac{Q}{4}$$

又由于 Q_2 和 Q_3 激发的电场在 y 轴上任意一点的电场强度大小为

$$E=E_{1y}+E_{3y}=\frac{Qy}{2\pi\varepsilon_0(d^2+y^2)^{\frac{3}{2}}}$$

因此将 Q_2 从点 O 移到无穷远，外力所做的功为

$$W=-\int_0^{\infty} Q_2 E \cdot \mathrm{d}l=-\int_0^{\infty}-\frac{Q}{4} \frac{Q y}{2\pi\varepsilon_0\left(d^2+y^2\right)^{\frac{3}{2}}} \mathrm{d}y=\frac{Q^2}{8\pi\varepsilon_0 d}$$

方法 2　根据电场力做功与电势差的关系 $W_{AB}=qU_{AB}=Q(U_0-U_\infty)$ 求电场力做功。取无穷远为电势零点。与方法 1 相同，在任意一点处电荷所受合力为零，可得

$$Q_2=-\frac{Q}{4}$$

由于 Q_1，Q_2，Q_3 在点 O 产生的电势为

$$U_{AB}=U_0-U_\infty=\frac{Q_1}{4\pi\varepsilon_0 d}+\frac{Q_3}{4\pi\varepsilon_0 d}=\frac{Q}{2\pi\varepsilon_0 d}$$

因此将 Q_2 从点 O 移到无穷远，外力所做的功为

$$W_{AB}=-Q_2 U_{AB}=\frac{Q^2}{8\pi\varepsilon_0 d}$$

讨论　这是静电学和力学的综合问题，可以直接根据功的定义 $W_{AB}=\int_A^B F \cdot \mathrm{d}l$ 求解，也可以根据电场力做功与电势差的关系 $W_{AB}=qU_{AB}$ 求解。由于求电场分布困难较大，求电势分布要简单，因此用做功与电势差的关系求解往往更方便。

2. **解**　(1) 如图 5-40 所示，取侧面与带电平面相垂直，底面为 ΔS 的圆柱面为高斯面，设带电平面上的电荷面密度为 σ，根据高斯定理，可得

$$\oiint \boldsymbol{E} \cdot \mathrm{d}S=E_1 \Delta S+E_2 \Delta S=\frac{\sigma \Delta S}{\varepsilon_0}$$

由此得，$\sigma=\varepsilon_0(E_1+E_2)$。

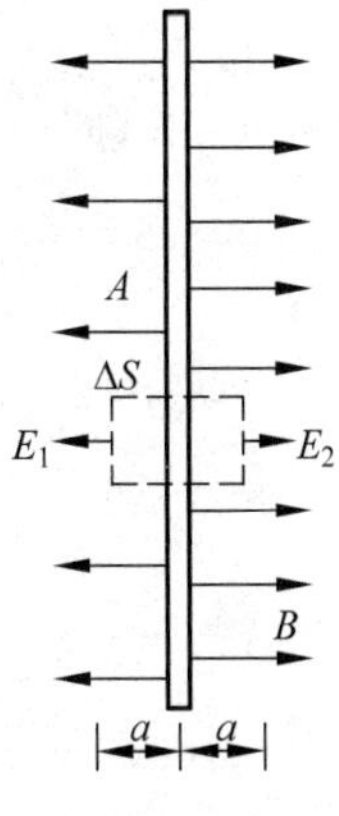

图 5-40　综合题 2 解答用图

(2) 设外电场的电场强度大小为 E_0，根据电场强度叠加原理，可得

$$E_2=E_0+\frac{\sigma}{2\varepsilon_0}=E_0+\frac{\varepsilon_0(E_1+E_2)}{2\varepsilon_0}$$

故得 $E_0=\dfrac{E_2-E_1}{2}$，电场强度方向与 E_2 的方向相同。

(3) 根据电势差的定义，可得

$$U_{AB}=\int_A^B E \cdot \mathrm{d}l=-E_1 a+E_2 a=(E_2-E_1)a$$

3. **解**　(1) 设该点距圆环中心的距离为 x，则根据电势叠加原理，可得

$$U(x)=\int_{R_1}^{R_2} \frac{\sigma \cdot 2\pi r}{4\pi\varepsilon_0} \cdot \frac{1}{\sqrt{r^2+x^2}} \mathrm{d}r$$

$$=\frac{\sigma}{2\varepsilon_0}\left(\sqrt{R_2^2+x^2}-\sqrt{R_1^2+x^2}\right)$$

(2) 圆环中心处的电势为

$$U(0)=\frac{\sigma}{2\varepsilon_0}(R_2-R_1)$$

若要使质子从 x 处出发到达 O 处,它的初速度 v 必须满足以下条件:

$$\frac{1}{2}mv^2 \geqslant eU(0)=\frac{e\sigma}{2\varepsilon_0}(R_2-R_1)$$

因此所需要的最小初速度为

$$v_{\min}=\sqrt{\frac{e\sigma(R_2-R_1)}{\varepsilon_0 m}}$$

4. **解** (1) 电子云可看作均匀带电球体,当两电子处于平衡间距时,其所在位置的电场强度为零。设一电子位于距球心为 r 处,根据高斯定理,电子云内部距球心为 r 处的电子云自身所带电荷产生的电场强度为

$$E_1=\frac{\rho r}{3\varepsilon_0}=\frac{1}{3}\cdot\frac{2e}{\frac{4}{3}\pi\varepsilon_0 R^3}r=\frac{e}{2\pi\varepsilon_0 R^3}r$$

另一电子在此处产生的电场强度为

$$E_2=\frac{e}{4\pi\varepsilon_0(2r)^2}$$

当电子平衡时,$E(r)=E_1-E_2=0$,即

$$\frac{e}{2\pi\varepsilon_0 R^3}r=\frac{e}{4\pi\varepsilon_0(2r)^2}$$

故可得 $r=\frac{1}{2}R$,即当 $d=2r=R$ 时,两电子平衡。

(2) 当偏离平衡位置为 x 时,电子受力为

$$F(x)=E\cdot e=\left|\frac{e}{2\pi\varepsilon_0 R^3}\left(\frac{R}{2}+x\right)-\frac{e}{4\pi\varepsilon_0\left[2\left(\frac{R}{2}+x\right)\right]^2}\right|e=m\frac{\mathrm{d}^2x}{\mathrm{d}t^2}$$

由此得

$$\frac{\mathrm{d}^2x}{\mathrm{d}t^2}+\omega_0^2x=0$$

其中,$\omega_0^2=\frac{3e^2}{2\pi\varepsilon_0 R^2 m}$。因此固有角频率为

$$\omega_0=\sqrt{\frac{3e^2}{2\pi\varepsilon_0 R^2 m}}$$

5. **解** P 若要到达 B 球的球心必须能到达 A、B 之间的库仑力平衡点 S,如图 5-41 所示,在平衡点 S,有

$$\frac{4Q}{4\pi\varepsilon_0 r_1^2}=\frac{Q}{4\pi\varepsilon_0 r_2^2} \tag{Ⅰ}$$

其中,r_1、r_2 分别为 A 球球心和 B 球球心到平衡点 S 的距离,它们满足:

$$r_1+r_2=d \tag{Ⅱ}$$

如果质点 P 从静止开始,到达 S 时也刚好静止,则 P 在出发点和 S 点有相同的静电势能,即

$$\frac{4Q(-q)}{4\pi\varepsilon_0 x}+\frac{Q(-q)}{4\pi\varepsilon_0(x+d)}=\frac{4Q(-q)}{4\pi\varepsilon_0 r_1}+\frac{Q(-q)}{4\pi\varepsilon_0 r_2} \tag{Ⅲ}$$

联立上述 3 个方程，可得

$$x=\frac{2}{9}(\sqrt{10}-1)d,\quad r_1=\frac{2}{3}d,\quad r_2=\frac{1}{3}d$$

若要质点 P 在 B 球球心处的电势能 W_B 小于在 S 处的电势能 W_S，则 P 到达 B 球球心处仍具有一定的动能，可以越过 B 球球心。质点 P 在 B 球球心处和 S 处的电势能分别为

$$W_B=\frac{4Q(-q)}{4\pi\varepsilon_0 d}+\frac{Q(-q)}{4\pi\varepsilon_0 R_B}=\frac{-Qq}{4\pi\varepsilon_0}\left(\frac{4}{d}+\frac{1}{R_B}\right)$$

$$W_S=\frac{4Q(-q)}{4\pi\varepsilon_0 r_1}+\frac{Q(-q)}{4\pi\varepsilon_0 r_2}=\frac{-Qq}{4\pi\varepsilon_0}\ \frac{9}{d}$$

由于 $R_B \ll d$，可得 $\frac{4}{d}+\frac{1}{R_B}>\frac{9}{d}$，即 $W_B<W_S$，因此质点 P 必能穿过 B 球球心。

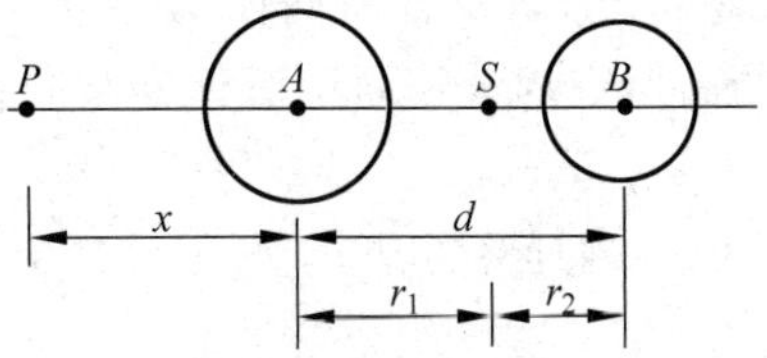

图 5-41　综合题 3 解答用图

第6章 静电场中的导体和电介质

一、基本要求

1. 了解导体静电感应的特点，理解导体的静电平衡条件及其性质，掌握导体处于静电平衡时的电场强度、电势和电荷分布的分析或计算方法。了解静电屏蔽现象。

2. 了解电介质极化的微观机理，以及各向同性均匀电介质中电位移 $\boldsymbol{D}$ 与电场强度 $\boldsymbol{E}$ 的关系。掌握应用电介质中的高斯定理计算简单对称分布的各向同性均匀介质中电位移矢量和电场强度。

3. 理解电容的概念，掌握电容的计算方法，了解电介质对电容的影响，以及电容器串联和并联的特点。

4. 理解静电场能量的概念，掌握其计算方法。

二、知识要点

1. 导体的静电平衡条件：$\boldsymbol{E}_{内}=0$

导体静电平衡性质：导体内部和表面各点的电势都相等，即整个导体是等势体，导体外(附近)的电场方向与表面垂直；导体的净电荷只能分布于表面。

导体表面附近的电场：$\boldsymbol{E}=\dfrac{\sigma}{\varepsilon_0}\boldsymbol{n}$(注：$\boldsymbol{n}$ 为导体表面外法向单位矢量，σ 为导体表面的自由电荷面密度)。

2. 电介质的电极化强度：$\boldsymbol{P}=\sum\limits_i \boldsymbol{p}_i/\Delta V$

各向同性电介质的极化强度：$\boldsymbol{P}=\chi_e\varepsilon_0\boldsymbol{E}=(\varepsilon_r-1)\varepsilon_0\boldsymbol{E}$，其中 χ_e 为电介质的电极化率，$\varepsilon_r=\chi_e+1$ 称为电介质的相对电容率(相对介电常数)，而 $\varepsilon=\varepsilon_r\varepsilon_0$ 为电介质的电容率(介电常数)。

电位移：$\boldsymbol{D}=\boldsymbol{P}+\varepsilon_0\boldsymbol{E}$。

各向同性均匀介质的电位移：$\boldsymbol{D}=\varepsilon_r\varepsilon_0\boldsymbol{E}=\varepsilon\boldsymbol{E}$。

用电位移表达的静电场的高斯定理：$\oint_S \boldsymbol{D}\cdot \mathrm{d}\boldsymbol{S}=\sum q_{自由}$，其中 $q_{自由}$ 为高斯面 S 包围的自由电荷(注意：对闭合曲面积分时，以外法向为正方向)。

3. 电容

孤立导体的电容：$C=\dfrac{Q}{U_A-U_B}$

电容器的电容：$C=\dfrac{Q}{U}$（U 是电容器两极板的电势差）。

4. 电场能量与能量密度

电场的能量密度：$w_e=\dfrac{1}{2}\boldsymbol{E}\cdot\boldsymbol{D}$。

各向同性均匀介质的能量密度：$w_e=\dfrac{1}{2}\varepsilon E^2=\dfrac{1}{2}\varepsilon_r\varepsilon_0 E^2$。

某区域 V 中电场的总能量：$W_e=\int_V w_e \mathrm{d}V=\int_V \dfrac{1}{2}\varepsilon E^2 \mathrm{d}V$。

三、知识梗概框图

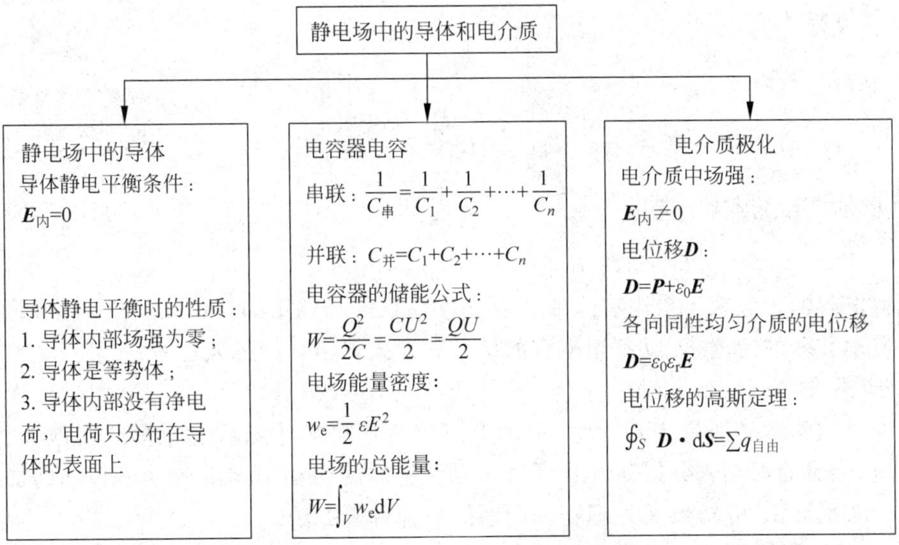

四、基本题型

1. 电场强度、电势以及电荷分布的计算。
2. 电介质中的电场强度及相关物理量的计算。
3. 电容器电容的计算。
4. 静电场的能量的计算。

五、解题方法介绍

1. 有导体存在时的静电场的计算方法

在计算有导体存在时的静电场的电场强度和电势时，应先根据导体静电平衡条件，确定导体上电荷的分布，然后可以利用电荷守恒定律和高斯定理以及电场强度和电势叠加原理进行求解。

2. 有电介质存在时的电场强度的计算方法

在计算各向同性均匀电介质存在时的电场强度时，可以利用电位移 $\boldsymbol{D}$ 的高斯定理求得静电场的电场强度 $\boldsymbol{E}$。解这类问题时，首先分析电荷分布的对称性及电场强度分布的对称性,然后选取合适的高斯面,由有电位移的高斯定理求出 $\boldsymbol{D}$;再根据电位移 $\boldsymbol{D}$ 与电场强度 $\boldsymbol{E}$ 的关系求出 $\boldsymbol{E}$。最后由电场强度 $\boldsymbol{E}$ 计算其他要求的物理量。

3. 电容的计算方法

(1) 由于电容器的电容 $C=\dfrac{Q}{U}$ 与电荷无关,所以在求电容 C 时,先假定电容器的两个极板带有任意等量异号的电荷 Q(或具有一定的电压 U)。

(2) 计算电场分布,求出两极板之间的电势差 U(或极板所带电荷 Q)。

(3) 利用电容定义式 $C=Q/U$ 求出电容。

孤立导体的电容:$C=Q/U$。

电容器的电容:$C=Q/(U_a-U_b)$。

几种典型电容器的电容(设极板间为真空):

① 孤立导体球:$C=4\pi\varepsilon_0 R$

② 平行板电容器:$C=\dfrac{\varepsilon_0 S}{d}$

③ 同心球形电容器:$C=4\pi\varepsilon_0 R_1R_2/(R_2-R_1)$

④ 同轴柱形电容器 $C=\dfrac{2\pi\varepsilon_0 L}{\ln\dfrac{R_2}{R_1}}$

求解电容的关键在于求出有介质或有导体存在的场强 $\boldsymbol{E}$,进而求出 U。此外还经常遇到电容器串并联的情况,可以利用电容的串并联公式算出总的等效电容。

4. 能量法

任何物质的运动都包含着能量,运动形态的变化总是伴随着能量形式的改变。“能量法”就是从能量的观点来分析研究物理过程以及物体的运动形态的改变所伴随的能量的变化。能量法是认识、分析以及处理物理问题的一种普遍方法。

5. 电场能量的计算方法

(1) 电容器中储存的电能的计算方法。

当电场仅分布在电容器所在的空间(极板间)时,先求出电容 C 和带电荷量 Q(或电容电压 U),然后代入电容器储能公式 $W_e=\dfrac{1}{2}\dfrac{Q^2}{C}$(或 $W_e=\dfrac{1}{2}CU^2$)来计算电场的能量。

(2) 给定电荷分布,通过电场能量密度的积分计算电场能量。

① 根据电荷分布计算出电场分布,写出电场能量密度公式 $w_e=\dfrac{1}{2}\varepsilon E^2$;

② 根据电场分布特点,建立合适的坐标系,选择体元 $\mathrm{d}V$,写出电场能量的积分表达式;

③ 在指定区域对电场能量密度进行体积分 $W_e=\int_V w_e\mathrm{d}V=\int_V\dfrac{1}{2}\varepsilon E^2\mathrm{d}V$ 求出电场的总能量。

六、典型例题

例题 6.1 如图 6-1 所示,两块表面积均为 S 的大金属平板 A 和 B 靠近放置,它们各自所带电荷分别为 Q_A 和 Q_B,且 $Q_A>Q_B>0$,忽略边缘效应,计算平板各个表面所带电荷以及空间各区域的电场分布。

选题目的　掌握求解若干相互靠近的带电导体平板组成的系统的电荷与电场分布的两种基本方法。

分析　忽略边缘效应,可将电荷分布近似当作无限大对称平面(无限大均匀带电平面),先利用高斯定理求电场分布,然后计算电压和电容。

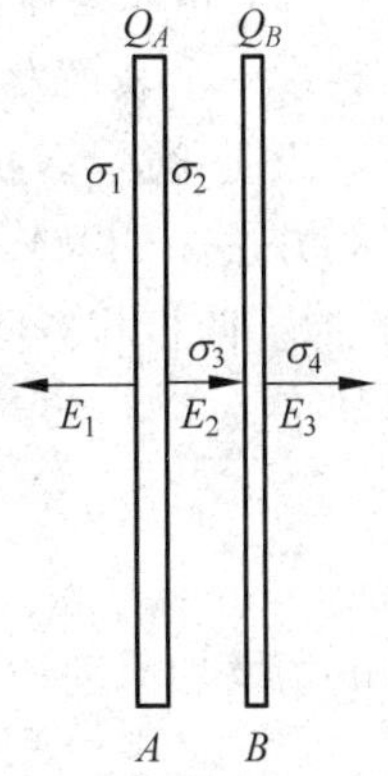

图 6-1　例题 6.1 用图

解　方法 1　应用电场叠加原理、电荷守恒定律以及静电平衡条件求解。设 A 板左右两表面带电荷分别为 Q_1 和 Q_2,B 板左右两表面带电荷分别为 Q_3 和 Q_4。两板将空间分成三个区域,它们的电场强度分别为 $\boldsymbol{E}_1$、$\boldsymbol{E}_2$ 和 $\boldsymbol{E}_3$,则 4 个表面的电荷面密度分别为

$$\sigma_1=\frac{Q_1}{S},\quad \sigma_2=\frac{Q_2}{S},\quad \sigma_3=\frac{Q_3}{S},\quad \sigma_4=\frac{Q_4}{S}$$

首先由电荷守恒定律得如下关系:

$$\sigma_1+\sigma_2=Q_A/S \tag{Ⅰ}$$

$$\sigma_3+\sigma_4=Q_B/S \tag{Ⅱ}$$

根据导体静电平衡条件:导体内部电场处处为零,可得:A 板内部 $\boldsymbol{E}_A=0$;B 板内部 $\boldsymbol{E}_B=0$。又由电场强度叠加原理知:

$$E_A=\frac{\sigma_1}{2\varepsilon_0}-\frac{\sigma_2}{2\varepsilon_0}-\frac{\sigma_3}{2\varepsilon_0}-\frac{\sigma_4}{2\varepsilon_0},\quad E_B=\frac{\sigma_1}{2\varepsilon_0}+\frac{\sigma_2}{2\varepsilon_0}+\frac{\sigma_3}{2\varepsilon_0}-\frac{\sigma_4}{2\varepsilon_0}$$

若规定电场强度的正方向向右,则得

$$\sigma_1-\sigma_2-\sigma_3-\sigma_4=0 \tag{Ⅲ}$$

$$\sigma_1+\sigma_2+\sigma_3-\sigma_4=0 \tag{Ⅳ}$$

联立式(Ⅰ)~式(Ⅳ)解得

$$\sigma_1=\sigma_4=\frac{Q_A+Q_B}{2S},\quad \sigma_2=-\sigma_3=\frac{Q_A-Q_B}{2S}$$

因此,4 个表面带的电荷分别为

$$Q_1=Q_4=\frac{Q_A+Q_B}{2},\quad Q_2=-Q_3=\frac{Q_A-Q_B}{2}$$

下面计算 3 个区域的电场。利用电场强度叠加原理得

$$E_1=-\frac{\sigma_1}{2\varepsilon_0}-\frac{\sigma_2}{2\varepsilon_0}-\frac{\sigma_3}{2\varepsilon_0}-\frac{\sigma_4}{2\varepsilon_0}=-\frac{Q_A+Q_B}{2\varepsilon_0 S}$$

$$E_2=\frac{\sigma_1}{2\varepsilon_0}+\frac{\sigma_2}{2\varepsilon_0}-\frac{\sigma_3}{2\varepsilon_0}-\frac{\sigma_4}{2\varepsilon_0}=\frac{Q_A-Q_B}{2\varepsilon_0 S}$$

$$E_3=\frac{\sigma_1}{2\varepsilon_0}+\frac{\sigma_2}{2\varepsilon_0}+\frac{\sigma_3}{2\varepsilon_0}+\frac{\sigma_4}{2\varepsilon_0}=\frac{Q_A+Q_B}{2\varepsilon_0 S}$$

电场的方向如图 6-1 所示。

讨论　由本题的结果我们得到以下两个重要结论:

(1) 相邻导体的外部两个表面(1 和 4)上的电荷量相等,两个表面附近的电场强度大小相等,方向相反。

(2) 相邻导体的相对两个表面(2 和 3)上的电荷等值反号,两个表面之间的电场线总是从其中一个表面发出,在另一个表面终止。

为简化运算,我们完全可以把以上两个结论直接用于解题过程。

方法 2 设 A 板左右两表面带电荷分别为 Q_1 和 Q_2,B 板左右两表面带电荷分别为 Q_3 和 Q_4。两板将空间分成三个区域,它们的电场分别为 $\boldsymbol{E}_1$、$\boldsymbol{E}_2$ 和 $\boldsymbol{E}_3$。首先由电荷守恒定律得如下关系:

$$Q_1+Q_2=Q_A \tag{Ⅰ}$$

$$Q_3+Q_4=Q_B \tag{Ⅱ}$$

由电场叠加原理和导体静电平衡性质得

$$Q_1=Q_4 \tag{Ⅲ}$$

由电场的高斯定理得

$$Q_2=-Q_3 \tag{Ⅳ}$$

由式(Ⅰ)~式(Ⅳ)解得

$$Q_1=Q_4=\frac{Q_A+Q_B}{2},\quad Q_2=-Q_3=\frac{Q_A-Q_B}{2}$$

由导体表面电荷面密度与导体外部表面附近电场的普遍关系$\left(\boldsymbol{E}=\dfrac{\sigma}{\varepsilon_0}\boldsymbol{n}\right)$得

$$E_1=-\frac{Q_1}{\varepsilon_0 S}=-\frac{Q_A+Q_B}{2\varepsilon_0 S}$$

$$E_2=\frac{Q_2}{\varepsilon_0 S}=-\frac{Q_3}{\varepsilon_0 S}=\frac{Q_A-Q_B}{2\varepsilon_0 S}$$

$$E_3=\frac{Q_4}{\varepsilon_0 S}=\frac{Q_A+Q_B}{2\varepsilon_0 S}$$

例题 6.2 一段圆柱形长直导线的横截面半径为 r_1,总长度为 $l(l\gg r_1)$,所带电荷为 Q。导线外包有一层相对电容率为 ε_r 的电介质,其横截面的内外半径分别为 r_1 和 r_2。图 6-2 为导线与介质的横截面示意图。忽略边缘效应,计算:

(1) 导线内外各处的电场分布。

(2) 导线电介质内外表面的极化电荷分布。

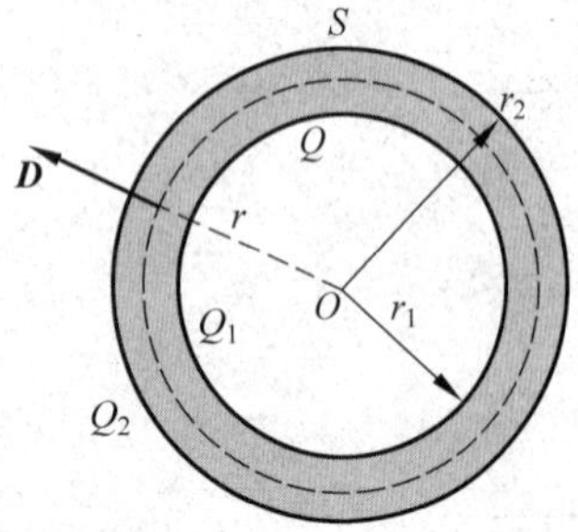

图 6-2 例题 6.2 用图

选题目的 有介质存在时,利用 $\boldsymbol{D}$ 的高斯定理求电位移 $\boldsymbol{D}$ 及电场强度 $\boldsymbol{E}$。

分析 本题中导体和电介质分布具有轴对称性,故可用 $\boldsymbol{D}$ 的高斯定理求解静电场的电场分布,然后根据极化电荷激发的电场与电场强度关系求极化电荷分布。

解 (1) 此题中的电荷与导体以及电介质分布具有轴对称性,可用电位移 $\boldsymbol{D}$ 的高斯定理求解电场。可在远离导线端点处、以圆柱轴心 O 为中心轴任做一个横截面半径为 r,高为 $h(h\ll l)$的圆柱面 S,则通过该面的电位移通量为

$$\oint_S \boldsymbol{D}\cdot \mathrm{d}\boldsymbol{S}=D\cdot 2\pi rh$$

由电位移的高斯定理 $\oint_S \boldsymbol{D}\cdot \mathrm{d}\boldsymbol{S}=q$（$q$ 为 S 包围的自由电荷）得

$$D=\frac{q}{2\pi rh}=\begin{cases}0, & r\leqslant r_1\\ \dfrac{Q}{l}h/2\pi rh=\dfrac{Q}{2\pi lr}, & r>r_1\end{cases}$$

又由电场与电位移的关系得

$$E=\begin{cases}0, & r\leqslant r_1,\\ \dfrac{D}{\varepsilon_r\varepsilon_0}=\dfrac{Q}{2\pi\varepsilon_r\varepsilon_0 lr}, & r_1<r\leqslant r_2\\ \dfrac{D}{\varepsilon_0}=\dfrac{Q}{2\pi\varepsilon_0 lr}, & r>r_2\end{cases}$$

(2) 设电介质内外表面的极化面电荷总量分别为 Q_1' 和 Q_2'，则利用高斯定理易得，极化电荷激发的电场为

$$E'=\begin{cases}0, & r\leqslant r_1\\ \dfrac{Q_1'}{2\pi\varepsilon_0 lr}, & r_1<r\leqslant r_2\\ \dfrac{Q_1'+Q_2'}{2\pi\varepsilon_0 lr}, & r>r_2\end{cases}$$

而自由电荷激发的电场为

$$E_0=\begin{cases}0, & r\leqslant r_1\\ \dfrac{Q}{2\pi\varepsilon_0 lr}, & r>r_1\end{cases}$$

又因为 $\boldsymbol{E}=\boldsymbol{E}_0+\boldsymbol{E}'$，将以上结果代入此关系式整理得

$$Q+Q_1'=\frac{Q}{\varepsilon_r}$$

$$Q+Q_1'+Q_2'=Q$$

解得

$$Q_1'=-(1-\varepsilon_r^{-1})Q,\quad Q_2'=(1-\varepsilon_r^{-1})Q$$

讨论　(1) 求解极化电荷还有一种思路：由电极化强度 $\boldsymbol{P}$ 与极化电荷密度 σ' 的关系 $\sigma'=\boldsymbol{P}\cdot\boldsymbol{n}$（$\boldsymbol{n}$ 为介质表面指向介质外的法向单位矢量）、$\boldsymbol{P}$ 与电场强度 $\boldsymbol{E}$ 的关系 $\boldsymbol{P}=(\varepsilon_r-1)\varepsilon_0\boldsymbol{E}$ 以及电场强度 E 与电位移的关系 $\boldsymbol{E}=\boldsymbol{D}/\varepsilon_r\varepsilon_0$ 可得到普适关系：$\sigma'=\dfrac{\varepsilon_r-1}{\varepsilon_r}\boldsymbol{D}\cdot\boldsymbol{n}=(1-\varepsilon_r^{-1})\boldsymbol{D}\cdot\boldsymbol{n}$。由此式也可直接求出极化电荷分布。

(2) 通过此例题的求解过程可以清楚地了解存在电介质时求解电场问题的主要方法，以及引入电位移对于回避求解极化电荷分布的必要性。

(3) 电场是由自由电荷和极化电荷共同决定的，且因极化电荷产生的退极化场的影响，电介质中的电场比真空中的电场要弱一些（为同样无电介质时的真空中的电场的 ε_r^{-1} 倍）。

例题 6.3　半径为 R_1 的导体球，带有电荷为 q，在它外面罩一同心金属球壳，其内、外半径分别为 $R_2=2R_1$，$R_3=3R_1$，今在距球心 $d=4R_1$ 处放一点电荷 Q，并将球壳接地，如

图 6-3 所示,试求球壳上感应的总电荷。

选题目的 静电平衡时求感应电荷。

例题 6.3

分析 这是一个需要考虑接地对球面感应电荷影响的静电平衡问题。在满足导体静电平衡的条件下,接地导体的电势为零,所带的电荷不一定为零。

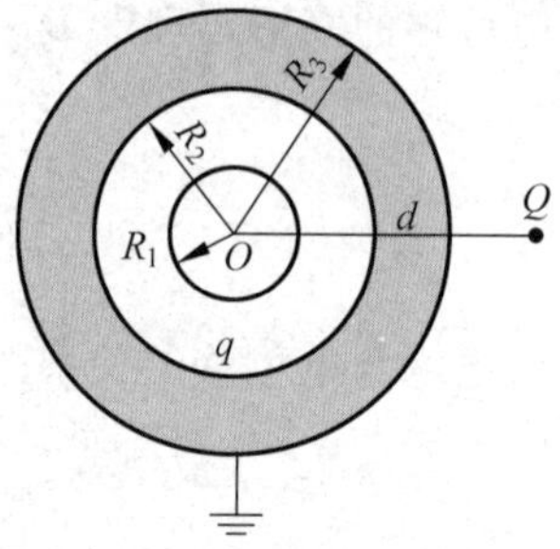

图 6-3 例题 6.3 用图

解 应用高斯定理,可得导体球与球壳间的电场强度为

$$E=\frac{q\boldsymbol{r}}{4\pi\varepsilon_0 r^3},\quad R_1<r<R_2$$

设大地电势为零,则导体球心 O 点电势为

$$U_0=\int_{R_1}^{R_2}E\,\mathrm{d}r=\frac{q}{4\pi\varepsilon_0}\int_{R_1}^{R_2}\frac{\mathrm{d}r}{r^2}=\frac{q}{4\pi\varepsilon_0}\left(\frac{1}{R_1}-\frac{1}{R_2}\right)$$

根据导体静电平衡条件和高斯定理可知,球壳内表面上感应电荷应为 $-q$。设球壳外表面上感应电荷为 Q'。以无穷远为电势零点,根据电势叠加原理,导体球心 O 点电势为

$$U_0=\frac{1}{4\pi\varepsilon_0}\left(\frac{Q}{d}+\frac{Q'}{R_3}-\frac{q}{R_2}+\frac{q}{R_1}\right)$$

大地与无穷远等电势,则上述两种方式所得的 O 点电势应相等,由此可得

$$Q'=-\frac{3}{4}Q$$

故导体壳上感应的总电荷应是 $Q'=-\left(\frac{3}{4}Q+q\right)$。

讨论 通过本题的分析可以看出,任何电荷激发的电场并不是不能进入(或穿过)金属导体内。所谓导体内电场强度为零,应该是所有电荷(包括感应电荷)在导体内产生的合电场强度为零。这是静电平衡中一个容易出错的概念,希望能够引起读者注意。

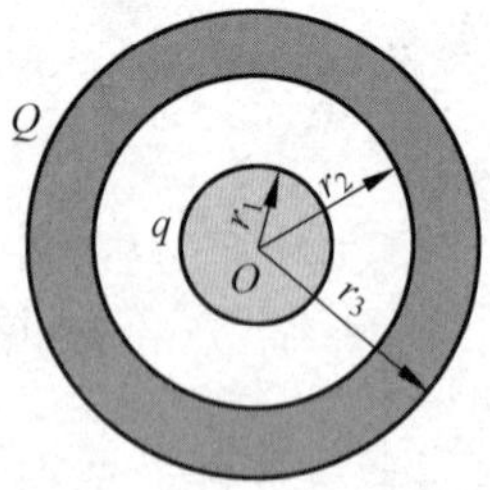

图 6-4 例题 6.4 用图

例题 6.4 半径为 r_1 的导体球带有电荷 q,此球外有一个内、外半径分别为 r_2、r_3 的同心导体球壳,壳上带有电荷 Q,如图 6-4 所示。

(1) 求内球的电势 U_1、外球壳的电势 U_2 及其电势差 ΔU。

(2) 用导线把内球和外球壳的内表面连接在一起后,U_1,U_2 和 ΔU 各为多少?

(3) 在(1)中,若外球接地,U_1,U_2 和 ΔU 又各为多少?

(4) 在(1)中,设外球离地面很远,若内球接地,情况又怎样?

选题目的 静电平衡时,利用高斯定理、电荷守恒定律求导体的电势。

分析 本题要利用高斯定理、电荷守恒定律、导体静电平衡条件以及带电体相连后电势相等求电势。

解 (1) 由于静电感应,球壳内表面应带电荷 $-q$,外表面带电荷 $q+Q$,因此内球电势为

$$U_1=\int_{r_1}^{\infty}\boldsymbol{E}\cdot\mathrm{d}\boldsymbol{r}=\int_{r_1}^{r_2}\boldsymbol{E}_1\cdot\mathrm{d}\boldsymbol{r}+\int_{r_3}^{\infty}\boldsymbol{E}_2\cdot\mathrm{d}\boldsymbol{r}$$

$$=\int_{r_1}^{r_2}\frac{q}{4\pi\varepsilon_0 r^2}\mathrm{d}r+\int_{r_3}^{\infty}\frac{Q+q}{4\pi\varepsilon_0 r^2}\mathrm{d}r$$

$$=\frac{q}{4\pi\varepsilon_0}\left(\frac{1}{r_1}-\frac{1}{r_2}+\frac{1}{r_3}\right)+\frac{Q}{4\pi\varepsilon_0 r_3}$$

外球壳电势为

$$U_2=\int_{r_3}^{\infty}\boldsymbol{E}\cdot\mathrm{d}\boldsymbol{r}=\int_{r_3}^{\infty}\frac{Q+q}{4\pi\varepsilon_0 r^2}\mathrm{d}r=\frac{Q+q}{4\pi\varepsilon_0 r_3}$$

两球间的电势差为

$$\Delta U=U_1-U_2=\frac{q}{4\pi\varepsilon_0}\left(\frac{1}{r_1}-\frac{1}{r_2}\right)$$

(2) 连接后，两球的电势应相等，均为

$$U_1=U_2=\int_{r_3}^{\infty}\frac{Q+q}{4\pi\varepsilon_0 r^2}\mathrm{d}r=\frac{Q+q}{4\pi\varepsilon_0 r_3}$$

因此，电势差为

$$\Delta U=0$$

(3) 若外球壳接地，则 $U_2=0$，此时两球的电势差等于内球的电势，即

$$\Delta U=U_1-U_2=\int_{r_1}^{r_2}\frac{q}{4\pi\varepsilon_0 r^2}\mathrm{d}r=\frac{q}{4\pi\varepsilon_0}\left(\frac{1}{r_1}-\frac{1}{r_2}\right)$$

(4) 若内球接地，则 $U_1=0$，$\Delta U=U_1-U_2=-U_2$。设此时内球剩余电荷为 q'，由于静电感应，外球壳内外表面分别带电荷 $-q'$ 和 $q'+Q$，则两球的电势差及外球壳的电势分别为

$$\Delta U=U_1-U_2=\frac{q'}{4\pi\varepsilon_0}\left(\frac{1}{r_1}-\frac{1}{r_2}\right),\quad U_2=\frac{Q+q'}{4\pi\varepsilon_0 r_3}$$

因此可得

$$-\frac{q'}{4\pi\varepsilon_0}\left(\frac{1}{r_1}-\frac{1}{r_2}\right)=\frac{Q+q'}{4\pi\varepsilon_0 r_3}$$

解得

$$q'=\frac{Qr_1r_2}{r_1r_3-r_2r_3-r_1r_2}$$

故得

$$U_2=-\Delta U=-\frac{q'}{4\pi\varepsilon_0}\left(\frac{1}{r_1}-\frac{1}{r_2}\right)=-\frac{Q(r_2-r_1)}{4\pi\varepsilon_0(r_1r_3-r_2r_3-r_1r_2)}$$

例题 6.5 平行板电容器的板极是边长为 a 的正方形，间距为 d，两板带电荷 $\pm Q$。如图 6-5 所示，把厚度为 d、相对介电常数为 ε_r 的电介质插入一半，试求电介质所受电场力的大小及方向。

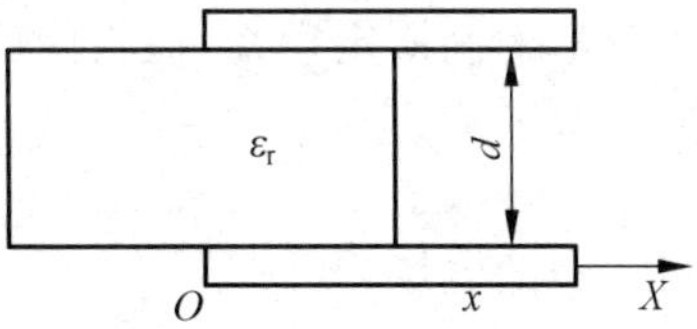

图 6-5 例题 6.5 用图

选题目的 利用静电场力做功来求电场力。

分析 此题须从能量角度来考虑，求出电介质插入任意深度 x 时的电容器能量(静电势能)，因为静电场力为保守力，静电场为保守场，所以静电场力所做的功等于静电势能增量的负值，从而求出电场力。

解 建立 Ox 坐标系，当电介质插入任意深度 x 时，等效为两个电容器并联，故得等效电容为

$$C=\frac{\varepsilon_0 a(a-x)}{d}+\frac{\varepsilon_0\varepsilon_r xa}{d}=\frac{\varepsilon_0 a}{d}[a+(\varepsilon_r-1)x]$$

因此电容器储能为

$$W(x)=\frac{Q^2}{2C}=\frac{Q^2 d}{2\varepsilon_0 a[a+(\varepsilon_r-1)x]}$$

因为 $F\cdot dx=-dW$,所以

$$F=-\frac{dW}{dx}=\frac{Q^2 d(\varepsilon_r-1)}{2\varepsilon_0 a[a+(\varepsilon_r-1)x]^2}$$

方向沿 x 轴正向。因此,当电介质插入一半时,电介质所受的电场力大小为

$$F\Big|_{x=\frac{a}{2}}=\frac{2Q^2 d(\varepsilon_r-1)}{\varepsilon_0 a^3(\varepsilon_r+1)^2}$$

方向沿 x 轴正向。

讨论 此题的解题思路就是从静电场能量出发,这种思路在此类题目中用得很多。但要注意静电场力是保守力,静电场为保守场,由此定义静电势能而有 $F\cdot dx=-dW$。但稳恒电流产生的磁场为非保守场,故磁力做功不等于磁场能量增量的负值。在磁学中上述公式不能使用。

例题 6.6

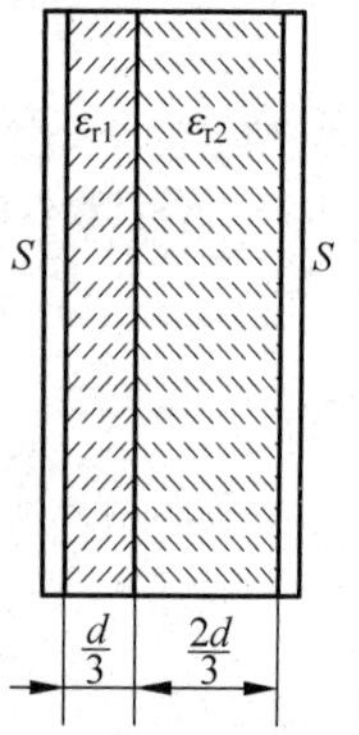

图 6-6 例题 6.6 用图(一)

例题 6.6 如图 6-6 所示,一个平行板电容器的极板面积为 S,间距为 d,板间充有两层相对电容率分别为 ε_{r1} 和 ε_{r2}、厚度分别为 $d/3$ 和 $2d/3$ 的电介质。

(1) 计算此电容器的电容值 C。

(2) 若将此电容器充电至电压为 U,每层介质中的电场应为多大?

选题目的 综合运用静电场的基本知识求解电容和电场问题。

分析 本题中的介质分布具有平面对称性,可通过 $\boldsymbol{D}$ 的高斯定理求各介质中的场强,然后计算电压和电容。

解 (1) 首先假定极板充有电荷 Q,为计算极板间的电压,首先计算电场分布。忽略边缘效应,可认为电场具有平面对称性,在远离极板边缘处作高斯面 S(图 6-7),并设该面的底面积为 $A(A\ll S)$,则通过该面的电位移通量为

$$\oint_S D\cdot dS=D\cdot A$$

由电位移的高斯定理知,极板间的电位移为

$$D=\frac{Q}{S}\cdot A/A=\frac{Q}{S}$$

则极板间的电场为

$$E_1=\frac{D}{\varepsilon_{r1}\varepsilon_0}=\frac{Q}{\varepsilon_{r1}\varepsilon_0 S}\quad(\text{介质 1})$$

$$E_2=\frac{D}{\varepsilon_{r2}\varepsilon_0}=\frac{Q}{\varepsilon_{r2}\varepsilon_0 S}\quad(\text{介质 2})$$

故极板间的电压为

$$U=E_1\cdot\frac{d}{3}+E_2\cdot\frac{2d}{3}=\frac{Qd}{3\varepsilon_{r1}\varepsilon_0 S}+\frac{2Qd}{3\varepsilon_{r2}\varepsilon_0 S}=\left(\frac{1}{\varepsilon_{r1}}+\frac{2}{\varepsilon_{r2}}\right)\frac{Qd}{3\varepsilon_0 S}$$

因此电容为

$$C=\frac{Q}{U}=\left(\frac{1}{\varepsilon_{r1}}+\frac{2}{\varepsilon_{r2}}\right)^{-1}\frac{3\varepsilon_0 S}{d}$$

(2) 若将此电容器充电至电压为 U,则所充电荷应为

$$Q=CU=\left(\frac{1}{\varepsilon_{r1}}+\frac{2}{\varepsilon_{r2}}\right)^{-1}\frac{3\varepsilon_0 SU}{d}$$

极板间两层介质的电场应分别为

$$E_1=\frac{Q}{\varepsilon_{r1}\varepsilon_0 S}=\left(1+\frac{2\varepsilon_{r1}}{\varepsilon_{r2}}\right)^{-1}\frac{3U}{d}$$

$$E_2=\frac{Q}{\varepsilon_{r2}\varepsilon_0 S}=\left(\frac{\varepsilon_{r2}}{\varepsilon_{r1}}+2\right)^{-1}\frac{3U}{d}$$

讨论　实际上,还可以把该电容器等效地看成由两个电容器 C_1 和 C_2 串联而成,如图 6-8 所示。易知

$$C_1=\frac{\varepsilon_{r1}\varepsilon_0 S}{d/3}=\frac{3\varepsilon_{r1}\varepsilon_0 S}{d},\quad C_2=\frac{\varepsilon_{r2}\varepsilon_0 S}{2d/3}=\frac{3\varepsilon_{r2}\varepsilon_0 S}{2d}$$

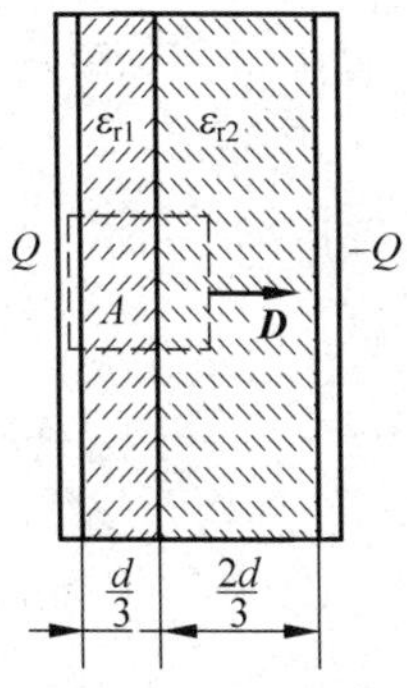

图 6-7　例题 6.6 用图(二)

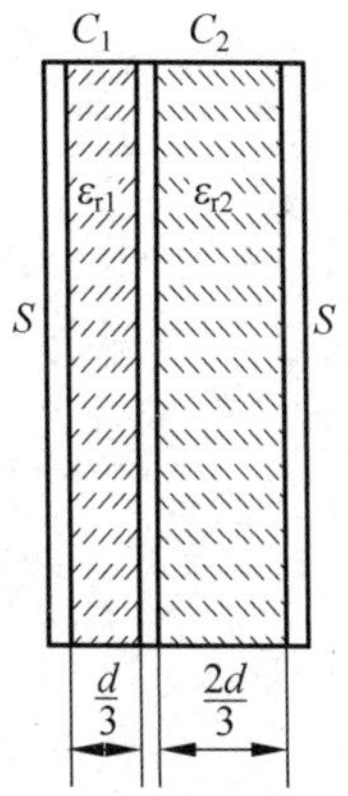

图 6-8　例题 6.6 用图(三)

由 C_1 和 C_2 串联所得的等效电容应为

$$C=(C_1^{-1}+C_2^{-1})^{-1}=\left(\frac{1}{\varepsilon_{r1}}+\frac{2}{\varepsilon_{r2}}\right)^{-1}\frac{3\varepsilon_0 S}{d}$$

这与前面所得的结果相同。

由于两极板间产生的是均匀电场,所以两极板间的电势差与金属板所处的位置无关,两极板间的金属板的位置对电容 C 没有影响。

例题 6.7　一个半径为 a 的金属球外套着一个内外半径分别为 b 和 c 的同心金属球壳,如图 6-9 所示。现将内球充有电荷 Q_1,外球壳充有电荷 Q_2。

(1) 求各导体表面的电荷分布以及各导体的电势。

(2) 计算空间中的总电场能量。

(3) 若将外球壳接地,重复(1)(2)的计算。

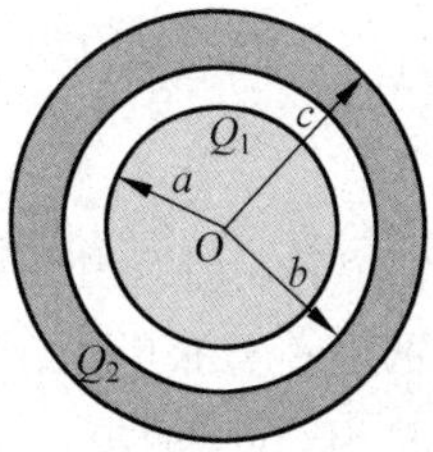

图 6-9　例题 6.7 用图(一)

选题目的　静电场中的导体的电荷、电场和电势分布的计

算,用能量密度积分法求电场能量。

分析 本题中的导体和电介质分布具有球对称性,故可通过高斯定理求电场强度分布,进而利用典型带电体(球壳)的电势分布结论通过电势叠加法求电势分布,并用能量密度积分法计算电场能量。

解 (1) 本题中的导体和电介质分布具有球对称性,根据导体静电平衡性质,电荷应均匀分布在导体表面,故:金属球表面均匀分布电荷,总电荷为 Q_1;由高斯定理可证,球壳内表面亦应均匀分布电荷,总电荷为 $-Q_1$;又由电荷守恒定律可知,球壳外表面上均匀分布的电荷总量应为 Q_1+Q_2。

由电势叠加原理得,内球的电势应为

$$U_1=\frac{1}{4\pi\varepsilon_0}\frac{Q_1}{a}+\frac{1}{4\pi\varepsilon_0}\frac{-Q_1}{b}+\frac{1}{4\pi\varepsilon_0}\frac{Q_1+Q_2}{c}$$

整理得

$$U_1=\frac{Q_1}{4\pi\varepsilon_0}\left(\frac{1}{a}-\frac{1}{b}\right)+\frac{Q_1+Q_2}{4\pi\varepsilon_0 c}$$

外球壳的电势应为

$$U_2=\frac{1}{4\pi\varepsilon_0}\frac{Q_1+Q_2}{c}$$

(2) 由高斯定理可得,空间各处的电场强度为

$$E=\begin{cases}0, & r\leqslant a\\ \dfrac{1}{4\pi\varepsilon_0}\dfrac{Q_1}{r^2}, & a<r\leqslant b\\ 0, & b<r\leqslant c\\ \dfrac{1}{4\pi\varepsilon_0}\dfrac{Q_1+Q_2}{r^2}, & r>c\end{cases}$$

而电场能量密度为 $w=\frac{1}{2}\varepsilon_0 E^2$,空间总电场能量为 $W=\int_V w\,\mathrm{d}V$,因此可得

$$W=\frac{1}{2}\varepsilon_0\int_V E^2\,\mathrm{d}V$$

因电场分布具有球对称性,可取 $\mathrm{d}V=4\pi r^2\mathrm{d}r$,则得

$$\begin{aligned}W&=\frac{1}{2}\varepsilon_0\int_V E^2 4\pi r^2\mathrm{d}r=2\pi\varepsilon_0\left(\int_a^b E^2 r^2\mathrm{d}r+\int_c^\infty E^2 r^2\mathrm{d}r\right)\\&=\frac{1}{8\pi\varepsilon_0}\left(\int_a^b\frac{Q_1^2}{r^4}\cdot r^2\mathrm{d}r+\int_c^\infty\frac{(Q_1+Q_2)^2}{r^4}\cdot r^2\mathrm{d}r\right)\\&=\frac{Q_1^2}{8\pi\varepsilon_0}\left(\frac{1}{a}-\frac{1}{b}\right)+\frac{(Q_1+Q_2)^2}{8\pi\varepsilon_0 c}\end{aligned}$$

(3) 若将外球壳接地,球壳将与无穷远等电势,则球壳外表面的电荷将完全放掉,结果形成的电荷分布应为:金属球表面仍均匀分布总电量为 Q_1 的电荷;球壳内表面仍均匀分布总量为 $-Q_1$ 的电荷;球壳外表面无电荷,如图 6-10 所示。由电势叠加原理得,内球的电势应为

$$U_1=\frac{1}{4\pi\varepsilon_0}\frac{Q_1}{a}+\frac{1}{4\pi\varepsilon_0}\frac{-Q_1}{b}=\frac{Q_1}{4\pi\varepsilon_0}\left(\frac{1}{a}-\frac{1}{b}\right)$$

外球壳的电势应为 $U_2=0$。由高斯定理可得，空间各处的电场为

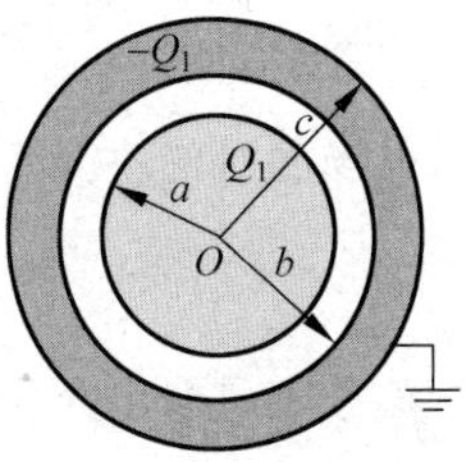

图 6-10　例题 6.7 用图(二)

$$E=\begin{cases}0, & r\leqslant a\\ \dfrac{1}{4\pi\varepsilon_0}\dfrac{Q_1}{r^2}, & a<r\leqslant b\\ 0, & r>b\end{cases}$$

因此，空间总电场能量为

$$W=\frac{1}{2}\varepsilon_0\int_V E^2 4\pi r^2\,\mathrm{d}r=2\pi\varepsilon_0\int_a^b E^2r^2\,\mathrm{d}r=\frac{1}{8\pi\varepsilon_0}\int_a^b\frac{Q_1^2}{r^4}\cdot r^2\,\mathrm{d}r=\frac{Q_1^2}{8\pi\varepsilon_0}\left(\frac{1}{a}-\frac{1}{b}\right)$$

讨论　从以上结果可看出，只要内球所带电荷不变，外球壳是否接地，对于内球表面与球壳内表面之间的空间中的电场分布乃至电场能量分布并无影响，只会影响整体的电势。这是一种静电屏蔽效应。

例题 6.8　平板电容器的极板面积为 S，两块极板的间距为 d，板上电荷面密度为 σ，电容器充满相对介电常数为 ε_r 的均匀电介质。试求在下列两种情况下把电介质取出，外力所做的功：(1)维持两板上的电荷不变；(2)维持两板间的电压不变。

选题目的　通过计算电容器能量的增加求外力做的功。

分析　当维持两块极板上的电荷不变时，取出电介质后，两块极板间的电场强度大于取出前的电场强度，这表明电容器的能量增加了，电容器能量的增加等于外力所做的功。

当维持两块极板间的电压不变时，取出电介质后，两块极板间的电场强度不变，但电容减少了，板上的电荷也减少了，因而外力做的功一方面使电场能量改变，另一方面还要反抗电源做功。

解　(1) 维持两极板上电荷不变的情况。当电容器充满电介质时，电场强度为

$$E_1=\frac{\sigma}{\varepsilon_0\varepsilon_r}$$

取出电介质后，电场强度为

$$E_2=\frac{\sigma}{\varepsilon_0}$$

因此，电容器电场能量的变化为

$$\Delta W=W_2-W_1=\frac{1}{2}\varepsilon_0E_2^2Sd-\frac{1}{2}\varepsilon_0\varepsilon_rE_1^2Sd=\frac{1}{2\varepsilon_0}\left(\frac{\varepsilon_r-1}{\varepsilon_r}\right)\sigma^2Sd$$

故外力做的功为

$$A=\Delta W=\frac{1}{2\varepsilon_0}\left(\frac{\varepsilon_r-1}{\varepsilon_r}\right)\sigma^2Sd$$

(2) 维持电压不变的情况。当电容器充满电介质时，电场能量为

$$W_1=\frac{1}{2}\varepsilon_0\varepsilon_rE_1^2Sd=\frac{1}{2}\varepsilon_0\varepsilon_r\left(\frac{U}{d}\right)^2Sd=\frac{1}{2}\varepsilon_0\varepsilon_r\frac{U^2}{d}S$$

取出介质后，电场能量为

$$W_2=\frac{1}{2}\varepsilon_0 E_2^2 Sd=\frac{1}{2}\varepsilon_0\left(\frac{U}{d}\right)^2 Sd=\frac{1}{2}\varepsilon_0\frac{U^2}{d}S$$

因此,电场能量的改变为

$$\Delta W=W_2-W_1=-\frac{1}{2}\varepsilon_0(\varepsilon_r-1)\frac{U^2}{d}S$$

其中,负号表示取出介质后,电容器电场能量的减少。取出介质后,极板上的电荷量减少为

$$\Delta q=q-q_0=U\Delta C=(\varepsilon_r-1)\frac{\varepsilon_0 S}{d}U$$

反抗电源做的功为

$$A_1=U\Delta q=(\varepsilon_r-1)\frac{\varepsilon_0 S}{d}U^2$$

因此外力做的功为

$$\begin{aligned}A&=\Delta W+A_1=-\frac{1}{2}\varepsilon_0(\varepsilon_r-1)\frac{U^2}{d}S+(\varepsilon_r-1)\frac{\varepsilon_0 S}{d}U^2\\&=\frac{1}{2}(\varepsilon_r-1)\frac{\varepsilon_0 S}{d}U^2\end{aligned}$$

七、课堂讨论与练习

(一) 课堂讨论

1. 一个半径为 R 的金属球内部挖出了两个球形空腔,并在其各自的球心处同时放入点电荷 Q,如图 6-11 所示。

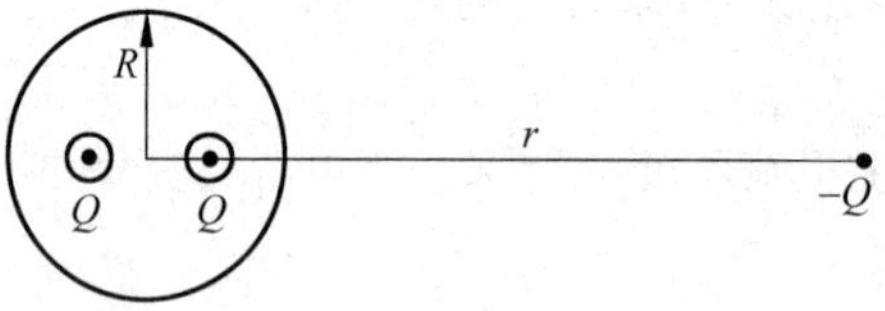

图 6-11 课堂讨论题 1 用图

(1) 求球壳上的电荷分布。

(2) 若在距金属球心很远的 r 处($r\gg R$)放置另一个点电荷 $-Q$,求这三个点电荷各自所受的力。

2. 有两个半径分别为 R 和 r($R>r$)的金属球相距很远,其中大球所带电荷为 Q,小球不带电,今用导线将其相连。

(1) 若规定无穷远的电势为 0,求两个球的电势。

(2) 两个球分别带多少电荷?两个球表面的电荷面密度分别是多少?

(3) 若 $r/R\to 0$,则(1)和(2)的结果将会如何变化?

3. 如图 6-12 所示,将一个正的点电荷 q 置于净电荷为零的导体球附近。

(1) 试定性地标出导体球上的电荷分布并画出点电荷与导体球周围空间的电场线。

(2) 导体球所受库仑力如何?若规定无穷远的电势为零,导体球的电势是正还是负?

(3) 若将导体球换成电介质球,如图 6-13 所示,再回答(1)和(2)中的问题。

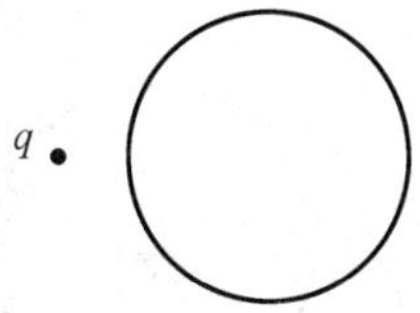

图 6-12　课堂讨论题 3 用图(一)

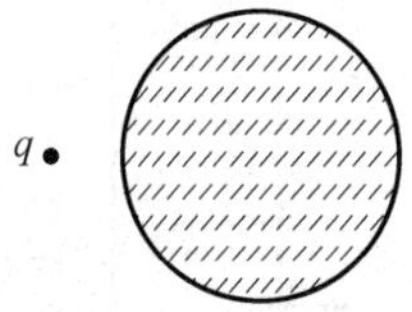

图 6-13　课堂讨论题 3 用图(二)

4. 在匀强电场 $\boldsymbol{E}$ 中同时放入一个导体平板 A 和一个电容率为 ε 的电介质平板 B(原来都不带电)。A 与 B 彼此平行靠近放置,并与 $\boldsymbol{E}$ 正交,如图 6-14 所示。忽略边缘效应。

(1) 设 A 与 B 的各个表面上感应出的电荷面密度分别为 σ_1、σ_2 和 σ_1'、σ_2'(图 6-14),请问它们的大小、正负应有何关系?

(2) A 与 B 的 4 个表面将空间从左到右划分为 5 个区域,求各区域的电场分布。

(3) 若取一个与 A、B 正交、底面积为 s 的闭合柱面 S(图 6-14),则通过 S 的电通量 $\oint_S \boldsymbol{E}\cdot \mathrm{d}\boldsymbol{S}$ 和电位移通量 $\oint_S \boldsymbol{D}\cdot \mathrm{d}\boldsymbol{S}$ 分别是多少?

5. 如图 6-15 所示,真空中有一平行板电容器,它的极板间距为 d,极板面积为 S,现对其充电至电压为 U,忽略边缘效应。

(1) 求两极板间的电场强度 $\boldsymbol{E}$、电场能量 W 以及相互作用力 $\boldsymbol{F}$。

(2) 若先切断电源,再将电容器两极板的间距略微增加 $x(x\ll d)$,则 $\boldsymbol{F}$ 做的功 A 和电场能量变化 ΔW 分别是多少?二者有什么关系?

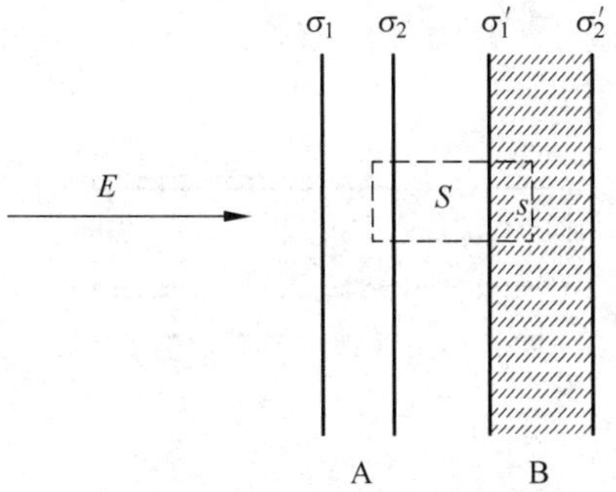

图 6-14　课堂讨论题 4 用图

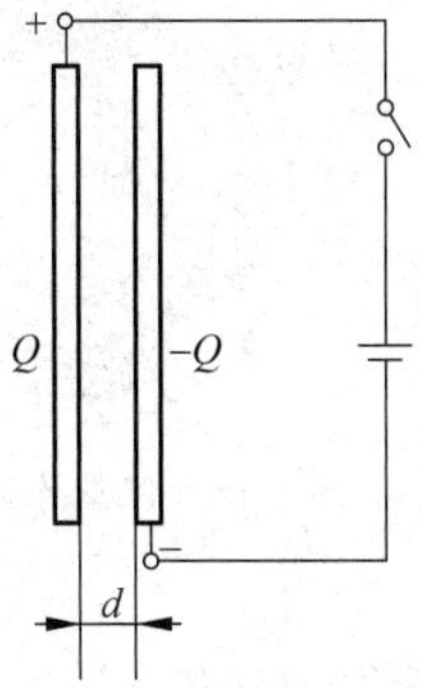

图 6-15　课堂讨论题 5 用图

(3) 若保持电源连通,再将电容器两极板的间距略微增加 $x(x\ll d)$,则 $\boldsymbol{F}$ 做的功 A、电场能量变化 ΔW 以及电源做的功 A'分别是多少?三者之间有何关系?

(二) 课堂练习

1. 将一个无限大导体板置于匀强电场中,导体表面法向与电场正交,已知导体板外左右两侧的电场强度分别为 $\boldsymbol{E}_1$ 和 $\boldsymbol{E}_2$,且 $E_1<E_2$,如图 6-16 所示。求导体板单位面积所受的库仑力。

2. 一个半径为 R 的金属球原本不带电,在附近放置一个点电荷 q,q 到球心 O 的距离为 r,如图 6-17 所示。

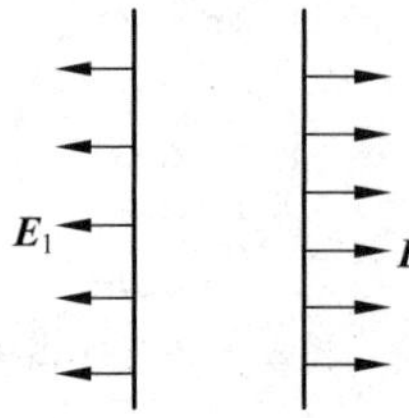

图 6-16 课堂练习题 1 用图

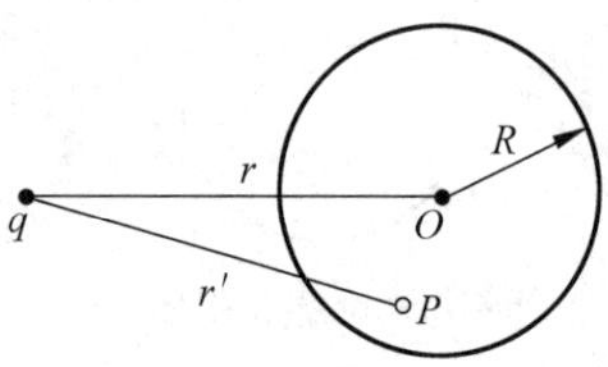

图 6-17 课堂练习题 2 用图

(1) 求金属球面的感应电荷在球内任一点 P 贡献的电场和电势。

(2) 若将金属球接地,则(1)的结果将如何变化?此时金属球面感应出的总电荷量是多少?

3. 如图 6-18 所示,一个球形电容器内外半径分别为 a 和 c,其间包围两层相对电容率分别为 ε_{r1} 和 ε_{r2} 的电介质,且两层介质分界面的半径为 b。

(1) 若将电容器充电至电压为 U,计算空间各点的电场分布。

(2) 计算电能密度分布,并用体积分方法求出电容器储存的总电场能量 W。

(3) 计算该电容器的电容 C,并导出电容 C 与电能 W 的关系式。

4. 一个平行板电容器的极板为边长为 a 的正方形,极板间距为 $d(d\ll a)$,并充电至带有电荷 Q,现将厚度亦为 d、相对电容率为 ε_r 的电介质板插入电容器极板间 1/3 处,如图 6-19 所示。忽略边缘效应,试求插入前后的电场能量变化,并判断电介质板的受力方向。

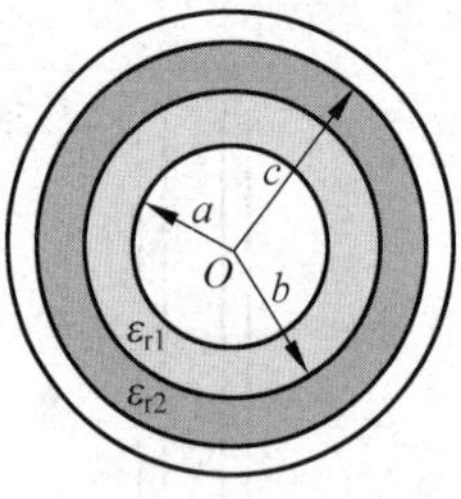

图 6-18 课堂练习题 3 用图

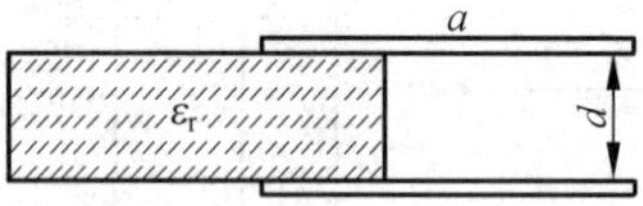

图 6-19 课堂练习题 4 用图

八、解题训练

(一) 课前预习题

1. 当一个带电导体达到静电平衡时,则[　　]。

A. 导体中所有电荷均匀分布在导体表面　B. 导体内部的电势为零

C. 导体中所有的电荷分布在导体内部　　D. 导体表面是一个等势面

2. 如图 6-20 所示,在一块厚度可忽略的"无限大"均匀带电平面 A 附近放置一个与它平行的、原先不带电的、却有一定厚度的"无限大"平面导体板 B。已知 A 上的电荷面密度为 $+\sigma$,则在导体板 B 的两个表面 1 和 2 上的感应电荷面密度 σ_1 和 σ_2 分别为[　　]。

A. $\sigma_1=-\sigma/2,\sigma_2=+\sigma/2$　　B. $\sigma_1=-\sigma,\sigma_2=+\sigma$

C. $\sigma_1=+\sigma/2,\sigma_2=-\sigma/2$　　D. $\sigma_1=+\sigma,\sigma_2=-\sigma$

3. 如图 6-21 所示，有一由两个同心薄球壳组成的导体，内球壳半径为 R_1，所带电荷为 q；外球壳半径为 R_2，原先不带电，且与地相接。设地为电势零点，则在两球之间距离球心为 r 的 P 点处的电场强度大小和电势分别为[　　]。

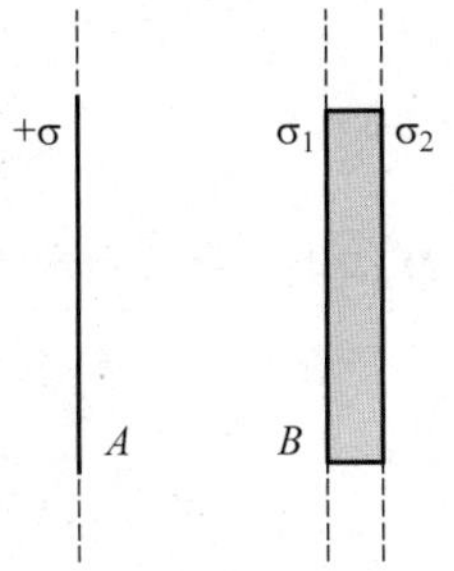

图 6-20　课前预习题 2 用图

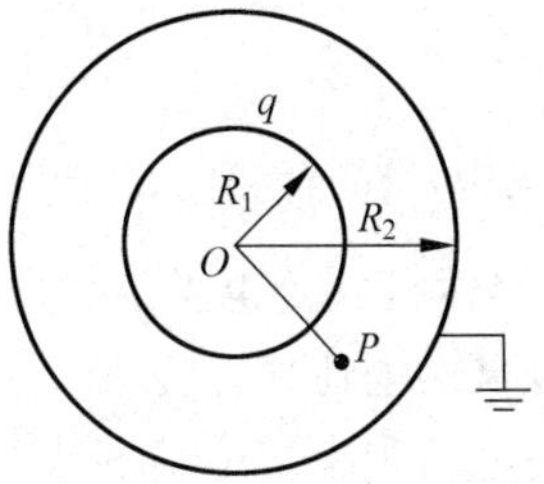

图 6-21　课前预习题 3 用图

A. $E=\dfrac{q}{4\pi\varepsilon_0 r^2}, U=\dfrac{q}{4\pi\varepsilon_0 r}$　　B. $E=\dfrac{q}{4\pi\varepsilon_0 r^2}, U=\dfrac{q}{4\pi\varepsilon_0}\left(\dfrac{1}{R_1}-\dfrac{1}{r}\right)$

C. $E=\dfrac{q}{4\pi\varepsilon_0 r^2}, U=\dfrac{q}{4\pi\varepsilon_0}\left(\dfrac{1}{r}-\dfrac{1}{R_2}\right)$　　D. $E=0, U=\dfrac{q}{4\pi\varepsilon_0 R_2}$

4. 有两个半径相同的金属球，一个为空心，一个为实心，两者的电容值的大小关系为[　　]。

A. 空心球电容值大　　B. 实心球电容值大

C. 两球电容值相等　　D. 大小关系无法确定

5. 当外加电压保持一定时，增加平板电容器所储存的能量的方法是[　　]。

A. 减小极板的面积　　B. 增加极板之间的距离

C. 在极板之间插入电介质　　D. 以上都对

6. 一孤立导体球壳带有正电荷，若将远处一带电体移至导体球壳附近，则[　　]。

A. 导体球壳外部表面附近的场强仍与其表面垂直

B. 导体球壳面上的电荷仍为均匀分布

C. 导体球壳的电势仍保持不变

D. 由于静电屏蔽，球壳外的带电体在球壳内产生的场强处处为零

(二) 基础题

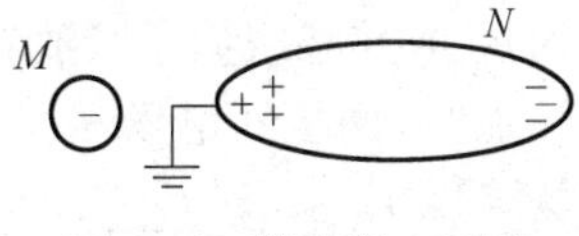

图 6-22　基础题 1 用图

1. 将一带负电的物体 M 靠近一个不带电的导体 N，在 N 的左端感应出正电荷，右端感应出负电荷。若将导体 N 的左端接地(图 6-22)，则[　　]。

A. N 上的负电荷入地　　B. N 上的正电荷入地

C. N 上的所有电荷入地　　D. N 上所有的感应电荷入地

2. 两个同心薄金属球壳的半径分别为 R_1 和 R_2($R_1<R_2$)，设两球壳所带电荷分别为 q_1 和 q_2 时，两球壳的电势分别为 U_1 和 U_2(选无穷远为电势零点)。现用导线将两球壳相连，则它们的电势为[　　]。

A. U_1　　B. U_2　　C. U_1+U_2　　D. $\frac{U_1+U_2}{2}$

3. 一厚度为 d 的无限大均匀带电导体板，电荷面密度为 σ，则板的两侧离板面距离均为 h 的两点 a，b 之间的电势差为[　　]。

A. 0　　B. $\frac{\sigma}{2\varepsilon_0}$　　C. $\frac{\sigma h}{\varepsilon_0}$　　D. $\frac{2\sigma h}{\varepsilon_0}$

4. 在静电场中，作闭合曲面 S，若有 $\oint_S \boldsymbol{D}\cdot d\boldsymbol{S}=0$（式中 $\boldsymbol{D}$ 为电位移），则 S 面内必定[　　]。

A. 既无自由电荷，也无束缚电荷

B. 没有自由电荷

C. 自由电荷和束缚电荷的代数和为零

D. 自由电荷的代数和为零

5. 两个导体大平板 A、B 平行放置，面积均为 S，如图 6-23 所示。A 板带有电荷 $+Q_1$，B 板带有电荷 $+Q_2$，如果使 B 板接地，则 A 与 B 间电场强度的大小 E 为[　　]。

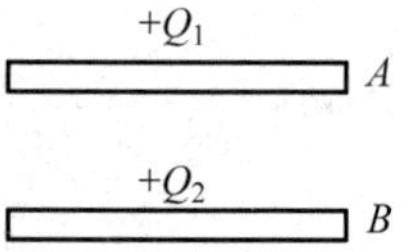

图 6-23　基础题 5 用图

A. $\frac{Q_1}{2\varepsilon_0 S}$　　B. $\frac{Q_1-Q_2}{2\varepsilon_0 S}$

C. $\frac{Q_1}{\varepsilon_0 S}$　　D. $\frac{Q_1+Q_2}{2\varepsilon_0 S}$

6. 一个平行板电容器，充电后与电源断开，当用绝缘手柄将电容器两极板间的距离拉大，则两极板间的电势差 U_{12}、电场强度的大小 E、电场能量 W 的变化情况为[　　]。

A. U_{12} 减小，E 减小，W 减小　　B. U_{12} 增大，E 增大，W 增大

C. U_{12} 增大，E 不变，W 增大　　D. U_{12} 减小，E 不变，W 不变

7. 如图 6-24 所示，将两个空气电容器 C_1 和 C_2 串联后接上电源充电。然后将电源断开，再把一电介质板插入 C_1 中，则[　　]。

A. C_1 上电势差减小，C_2 上电势差增大

B. C_1 上电势差减小，C_2 上电势差不变

C. C_1 上电势差增大，C_2 上电势差减小

D. C_1 上电势差增大，C_2 上电势差不变

8. 如图 6-25 所示，把一块原来不带电的金属板 B 平行地移近一块已带有正电荷 Q 的金属板 A 并将它们平行放置。设两板面积均为 S，板间距离为 d，忽略边缘效应。当 B 板不接地时，两板间电场强度 $E=$________，电势差 $U_{AB}=$________；当 B 板接地时，两板间电场强度 $E'=$________，电势差 $U'_{AB}=$________。

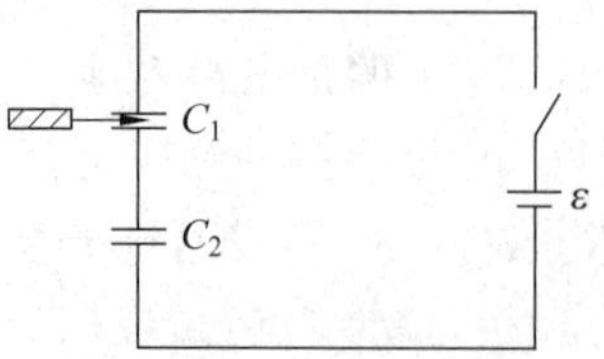

图 6-24　基础题 7 用图

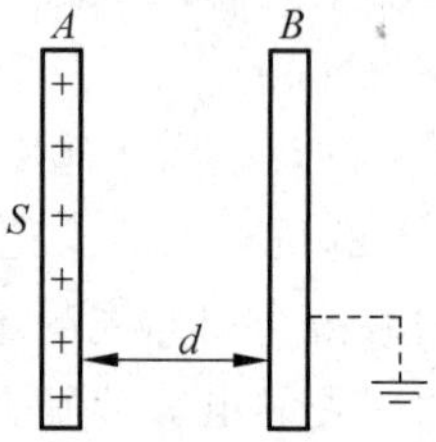

图 6-25　基础题 8 用图

9. 有一个由两同心导体球壳组成的导体，内球壳带有电荷 $+q$，外球壳带有电荷 $-2q$。静电平衡时，外球壳的电荷分布为：内表面所带电荷________；外表面所带电荷________。

10. 在一个不带电的导体球壳内，先放进一点电荷 $+q$，点电荷不与球壳内壁接触，然后使该球壳与地接触一下，再将点电荷 $+q$ 取出。此时，球壳的所带电荷为________，电场分布的范围是________。

11. 半径分别为 R 和 r 的两个球形导体($R>r$)相距很远，因此均可看成是孤立的导体。现在用一条导线将它们连接起来，两导体的电势为 U，则大、小两球表面的电荷面密度之比为________。

12. 一个平行板电容器，充电后与电源保持连接，然后使两极板间充满相对介电常数为 ε_r 的各向同性均匀电介质，这时两极板上的电荷是原来的________倍；电场强度是原来的________倍；电场能量是原来的________倍。

13. 有一空气平行板电容器，两极板间距为 d，充电后板间电压为 U。然后将电源断开，在两板间平行地插入一厚度为 $d/3$ 的金属板，则板间电压变成 $U'=$________。

14. 有一平行板电容器，充电并保持电源连通，这时在电容器中储存的电场能量为 W_0，然后在极板间充满相对电容率为 ε_r 的均匀电介质，则电容器内储存的电场能量变为 $W'=$________。

15. 一空气电容器充电后切断电源，电容器储存的能量为 W_0，若此时在极板间灌入相对介电常量为 ε_r 的煤油，则电容器储存的能量变为 W_0 的________倍。

16. 半径为 R_1 和 R_2 的两个同轴金属圆筒，其间充满着相对介电常量为 ε_r 的均匀介质。设两筒上单位长度带有的电荷分别为 $+\lambda$ 和 $-\lambda$，则介质中距轴线为 r 处的电位移大小 $D=$________，电场强度大小 $E=$________。

17. 真空中有一均匀带电的球体和一均匀带电的球面，如果它们的半径和所带的总电荷量都相等，则球体的静电能________(大于、小于、等于)球面的静电能。

18. 一电容器的极板面积为 S，极板间距为 d，极板间各一半充满相对电容率分别为 ε_{r1} 和 ε_{r2} 的电介质，如图 6-26 所示。此电容器的电容 $C=$________。

19. 三块互相平行的导体板 A、B、C 的面积均为 S，A、B 两板的间距为 d_1，B、C 两板的间距为 d_2，d_1、d_2 比板面积的线度小得多，A 板带电为 Q，B、C 板不带电，如图 6-27 所示。

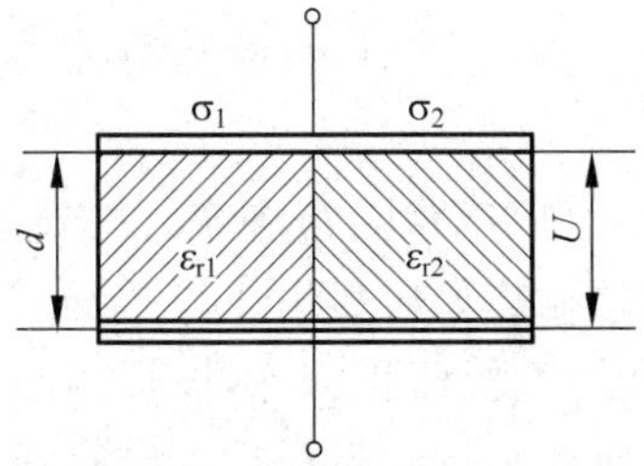

图 6-26　基础题 18 用图

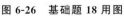

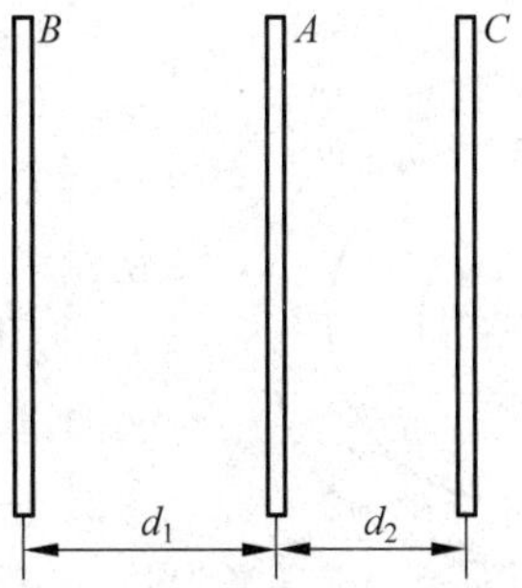

图 6-27　基础题 19 用图

(1) 求各导体板上的电荷分布和导体板间的电势差；

(2) 将 B、C 导体板分别接地,再求导体板上的电荷分布和导体板间的电势差。

20. 半径分别为 1.0 cm 和 2.0 cm 的两个球形导体,各带电荷 1.0×10^{-8} C,两球相距很远。若用一条细导线将它们相连接,求:

基础题 20

(1) 每个球所带电荷量。

(2) 每个球的电势。$\left(\dfrac{1}{4\pi\varepsilon_0}=9.0\times10^9\ \mathrm{N\cdot m^2/C^2}\right)$

21. 厚度为 b 的无限大平板(电容率为 ε_0)内均匀分布有电荷体密度为 ρ 的自由电荷,选择板内电场强度为零处为原点 O,板外两侧分别充有电容率为 ε_1 和 ε_2 的电介质,如图 6-28 所示。求:

(1) O 点到板的两表面间的距离 d_1 和 d_2。(提示:板外两侧的电场强度应等值反向。)

(2) $x=-d_1$ 和 $x=d_2$ 处的两点 A、B 间电势差 U_{AB}。

22. 同轴电缆内、外导体间充有两层电介质,其电容率分别为 ε_1 和 ε_2,如图 6-29 所示,若使两层电介质中最大的电场强度相等,必须满足什么条件?并求此时电缆单位长度的电容。

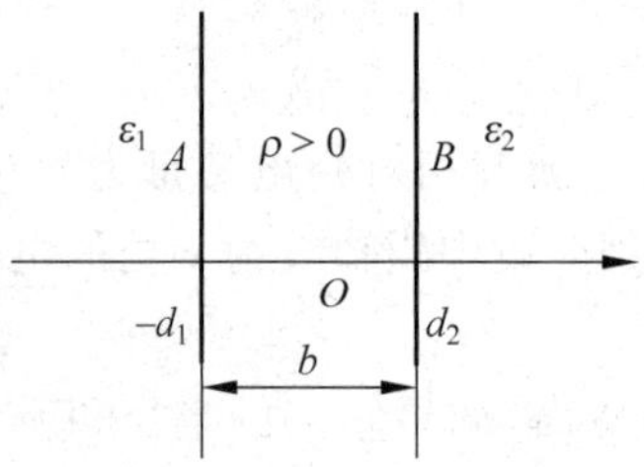

图 6-28 基础题 21 用图

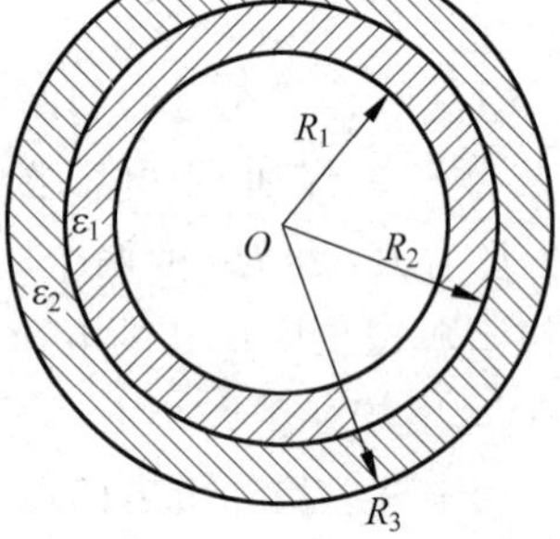

图 6-29 基础题 22 用题

(三) 综合题

1. 如图 6-30 所示,半径为 R_1 的导体球外部有一个内、外半径分别为 R_2、R_3 的同心导体球壳,球 A 带有电荷 Q_A,球壳带电 $-Q_B$。

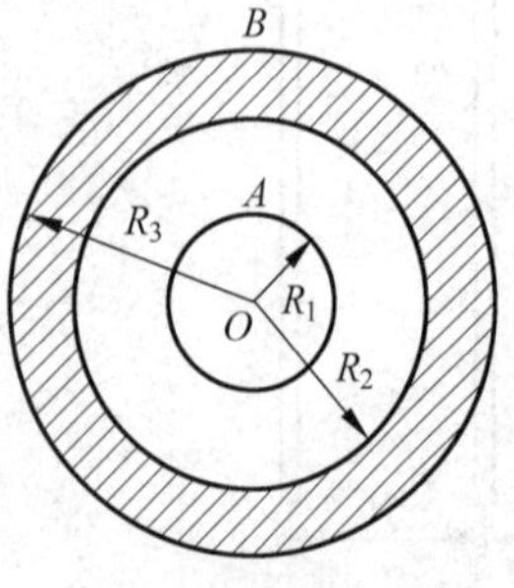

图 6-30 综合题 1 用图

(1) 外球壳的内、外表面各带多少电荷?球 A 和球壳 B 的电势 U_A,U_B 分别是多少。

(2) 若将球壳接地,球壳 B 上的电荷分布及其电势如何变化?

(3) 将球壳 B 接地后断开,然后再将球 A 接地,球 A 和球壳 B 上的电荷分布及它们的电势如何变化?

2. 一平行板电容器的极板面积为 S,极板间距为 d,现将一厚度为 $d'(d'<d)$ 的金属板平行于极板插入电容器内(不与极板接触),如图 6-31 所示。

(1) 求插入金属板后电容器的电容;

（2）将电容器充电到电势差为 U_0 后，断开电源，再把金属板从电容器中抽出，求外界要做的功。

3. 一平行板电容器的极板面积为 S，极板间距为 d，插入厚度为 $d/2$、相对电容率为 ε_r 的电介质板，如图 6-32 所示。

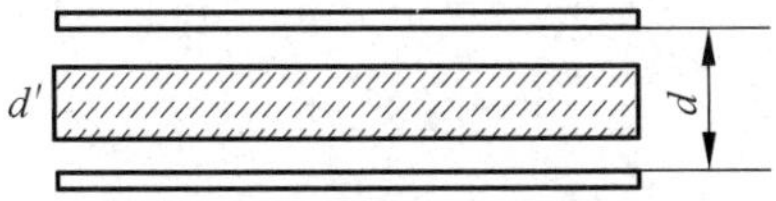

图 6-31　综合题 2 用图

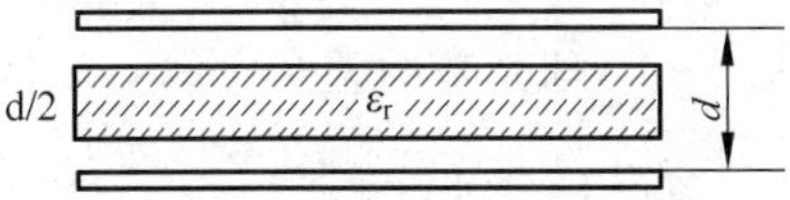

图 6-32　综合题 3 用图

（1）计算插入电介质板后的电容。

（2）若两极板所带电荷分别为 $\pm Q$，将该电介质板从电容器全部抽出时需做多少功？

4. 大型造纸厂在生产纸张过程中，为了实时检测纸张的厚度，常在生产流水线上安装一个电容传感装置，即让已成型的纸先通过一平板电容器两极板间（距离为 a）；也就是把纸张看成是平板电容器的介质，随后再进入转筒包装，如图 6-33 所示。试说明此检测原理，并导出特测纸张的厚度 d 与电容 C 之间的函数关系。

5. 如图 6-34 所示，面积同为 S 的两块相同导体薄板平行放置，间距为 d。左侧导体板 A 带有电荷 $3Q>0$；右侧导体板 B 带有电荷 Q，其右侧相距 d 处有一个质量为 m，电荷量为 $-q$ $(q>0)$ 的粒子 P。导体板静电平衡后，P 从静止释放，假设它可自由穿越导体板，且不会影响板上的电荷分布，试问经过多长时间 t，经多长路程 s 后，P 第一次返回到其初始位置？

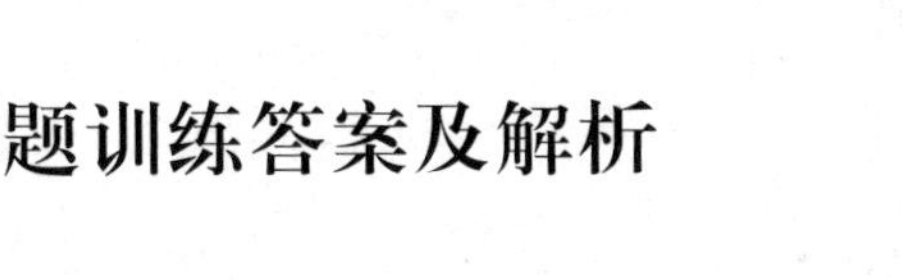

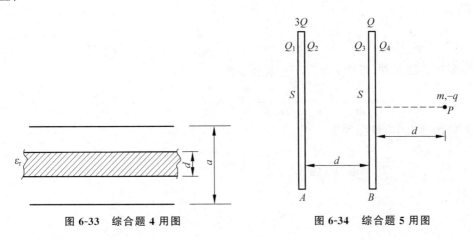

图 6-33　综合题 4 用图

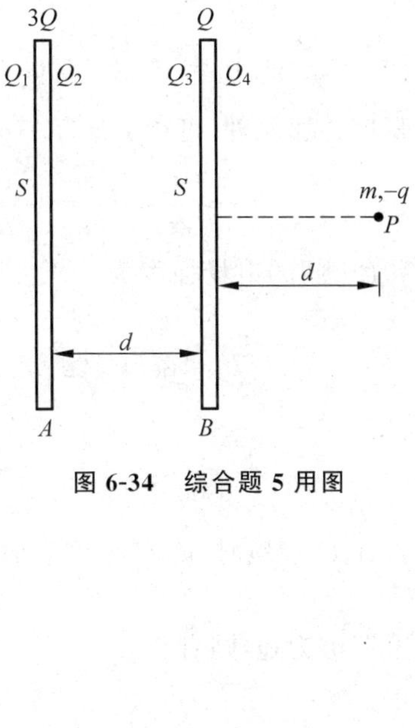

图 6-34　综合题 5 用图

解题训练答案及解析

（一）课前预习题

1. D　　2. A　　3. C　　4. C　　5. C　　6. A

(二) 基础题

1. A　2. B　3. A　4. D　5. C　6. C　7. B

8. $\dfrac{Q}{2\varepsilon_0 S}$, $Qd/(2\varepsilon_0 S)$, $\dfrac{Q}{\varepsilon_0 S}$, $Qd/(\varepsilon_0 S)$　9. $-q$, $-q$

10. $-q$,球壳外的整个空间　11. $r:R$　12. ε_r, 1, ε_r

13. $2U/3$　14. ε_r　15. $\dfrac{1}{\varepsilon_r}$　16. $\lambda/(2pr)$, $\lambda/(2\pi\varepsilon_0\varepsilon_r r)$

17. 大于　18. $\dfrac{\varepsilon_0(\varepsilon_{r1}+\varepsilon_{r2})S}{2d}$

19. **解**　(1) 忽略边缘效应,认为电荷均匀分布在导体间的两个表面上。设σ_1, σ_2, …, σ_6分别表示从左至右各导体表面的电荷密度,则由电荷守恒定律,得

$$\sigma_1+\sigma_2=0 \tag{Ⅰ}$$

$$\sigma_3+\sigma_4=Q_A/S \tag{Ⅱ}$$

$$\sigma_5+\sigma_6=0 \tag{Ⅲ}$$

根据静电平衡条件,导体内部电场强度为零,故A板、B板、C板内部电场强度处处为零,在此规定各分电场强度的正方向为右,故有

$$\sigma_1-\sigma_2-\sigma_3-\sigma_4-\sigma_5-\sigma_6=0 \tag{Ⅳ}$$

$$\sigma_1+\sigma_2+\sigma_3-\sigma_4-\sigma_5-\sigma_6=0 \tag{Ⅴ}$$

$$\sigma_1+\sigma_2+\sigma_3+\sigma_4+\sigma_5-\sigma_6=0 \tag{Ⅵ}$$

联立式(Ⅰ)~式(Ⅵ),可得:

$$\sigma_1=\frac{Q}{2S},\quad \sigma_2=-\frac{Q}{2S},\quad \sigma_3=\frac{Q}{2S},\quad \sigma_4=\frac{Q}{2S},\quad \sigma_5=-\frac{Q}{2S},\quad \sigma_6=\frac{Q}{2S}$$

根据电场强度叠加原理,可得AB间的电场强度为

$$E_1=\frac{\sigma_1}{2\varepsilon_0}+\frac{\sigma_2}{2\varepsilon_0}-\frac{\sigma_3}{2\varepsilon_0}-\frac{\sigma_4}{2\varepsilon_0}-\frac{\sigma_5}{2\varepsilon_0}-\frac{\sigma_6}{2\varepsilon_0}=-\frac{Q}{2\varepsilon_0 S}$$

方向向左。BC间的电场强度为

$$E_2=\frac{\sigma_1}{2\varepsilon_0}+\frac{\sigma_2}{2\varepsilon_0}+\frac{\sigma_3}{2\varepsilon_0}+\frac{\sigma_4}{2\varepsilon_0}-\frac{\sigma_5}{2\varepsilon_0}-\frac{\sigma_6}{2\varepsilon_0}=\frac{Q}{2\varepsilon_0 S}$$

从而可得

$$U_{BA}=E_1\cdot d_1=-\frac{Q}{2\varepsilon_0 S}d_1,\quad U_{AC}=E_2\cdot d_2=\frac{Q}{2\varepsilon_0 S}d_2$$

(2) 当B、C接地时,B、C外侧表面不带电,即

$$\sigma_1=\sigma_6=0 \tag{Ⅶ}$$

A板所带电荷仍为Q,则有

$$\sigma_3+\sigma_4=Q_A/S \tag{Ⅷ}$$

AB、AC间的电势差相等,则得

$$d_1\cdot\left(-\frac{\sigma_1}{2\varepsilon_0}-\frac{\sigma_2}{2\varepsilon_0}+\frac{\sigma_3}{2\varepsilon_0}+\frac{\sigma_4}{2\varepsilon_0}+\frac{\sigma_5}{2\varepsilon_0}+\frac{\sigma_6}{2\varepsilon_0}\right)=d_2\left(\frac{\sigma_1}{2\varepsilon_0}+\frac{\sigma_2}{2\varepsilon_0}+\frac{\sigma_3}{2\varepsilon_0}+\frac{\sigma_4}{2\varepsilon_0}-\frac{\sigma_5}{2\varepsilon_0}-\frac{\sigma_6}{2\varepsilon_0}\right) \tag{Ⅸ}$$

由静电平衡条件，上述的式(Ⅳ)～式(Ⅵ)仍然成立。联立式(Ⅲ)～式(Ⅸ)，解得

$$\sigma_1=0,\quad \sigma_2=-\frac{d_2}{d_1+d_2}\frac{Q}{S},\quad \sigma_3=\frac{d_2}{d_1+d_2}\frac{Q}{S},\quad \sigma_4=\frac{d_1}{d_1+d_2}\frac{Q}{S},$$

$$\sigma_5=-\frac{d_1}{d_1+d_2}\frac{Q}{S},\quad \sigma_6=0$$

根据电场强度叠加原理，可得 AB 间的电场强度为

$$E_1=\frac{\sigma_1}{2\varepsilon_0}+\frac{\sigma_2}{2\varepsilon_0}-\frac{\sigma_3}{2\varepsilon_0}-\frac{\sigma_4}{2\varepsilon_0}-\frac{\sigma_5}{2\varepsilon_0}-\frac{\sigma_6}{2\varepsilon_0}=-\frac{Q}{\varepsilon_0 S}\frac{d_2}{d_1+d_2}$$

由此得

$$U_{BA}=E_1\cdot d_1=-\frac{Q}{\varepsilon_0 S}\frac{d_1 d_2}{d_1+d_2}$$

$$U_{AC}=-U_{BA}=\frac{Q}{\varepsilon_0 S}\frac{d_1 d_2}{d_1+d_2}$$

20. **解**　(1) 由于两球相距很远，因此可将它们视为孤立导体，互不影响，球上电荷均匀分布。设两球半径分别为 r_1 和 r_2，连接导线后，其所带的电荷分别为 q_1 和 q_2，由于电荷守恒，因此两球所带的总电荷 q 为

$$q=q_1+q_2$$

则两球电势分别为

$$U_1=\frac{q_1}{4\pi\varepsilon_0 r_1},\quad U_2=\frac{q_2}{4\pi\varepsilon_0 r_2}$$

两球相连后电势相等，即 $U_1=U_2$，则得

$$\frac{q_1}{r_1}=\frac{q_2}{r_2}=\frac{q_1+q_2}{r_1+r_2}=\frac{q}{r_1+r_2}$$

由此可得

$$q_1=\frac{r_1 q}{r_1+r_2}=6.67\times10^{-9}\ \mathrm{C},\quad q_2=\frac{r_2 q}{r_1+r_2}=13.3\times10^{-9}\ \mathrm{C}$$

(2) 根据前面的分析，可得两球的电势分别为

$$U_1=U_2=\frac{q_1}{4\pi\varepsilon_0 r_1}=6.0\times10^3\ \mathrm{V}$$

21. **解**　(1) 电场分布具有平面对称性，利用高斯定理可求解电场分布。过 O 点做与无限大平板平行的平面 S，以 S 为底面做柱形高斯面。设 A 侧面处电场强度为 E_1，B 侧面处电场强度为 E_2，则得

$$\oint_{S_1}\boldsymbol{D}\cdot \mathrm{d}\boldsymbol{S}=\varepsilon_1 E_1 S=\rho S d_1 \tag{Ⅰ}$$

$$\oint_{S_2}\boldsymbol{D}\cdot \mathrm{d}\boldsymbol{S}=\varepsilon_2 E_2 S=\rho S d_2 \tag{Ⅱ}$$

由电场分布的对称性可得

$$|\boldsymbol{E}_1|=|\boldsymbol{E}_2| \tag{Ⅲ}$$

且 d_1 和 d_2 满足如下关系：

$$d_1+d_2=b \tag{Ⅳ}$$

联立式(Ⅰ)～式(Ⅳ),解得

$$d_1=\frac{\varepsilon_1 b}{\varepsilon_1+\varepsilon_2},\quad d_2=\frac{\varepsilon_2 b}{\varepsilon_1+\varepsilon_2}$$

(2) 电场沿水平方向对称分布,设水平方向距 O 点为 x 处的电场强度为 E,则由高斯定理可得

$$E\cdot 2S=\frac{q}{\varepsilon_0}=\frac{\rho S\cdot 2x}{\varepsilon_0}$$

即得

$$E=\frac{\rho x}{\varepsilon_0}$$

取原点为电势零点,则 A 点电势为

$$U_A=\int_{-d_1}^{0}\frac{\rho x}{\varepsilon_0}dx=-\frac{\rho d_1^2}{2\varepsilon_0}$$

B 点电势为

$$U_B=\int_{d_2}^{0}\frac{\rho x}{\varepsilon_0}dx=-\frac{\rho d_2^2}{2\varepsilon_0}$$

因此电势差为

$$U_{AB}=\frac{\rho(d_2^2-d_1^2)}{2\varepsilon_0}$$

即

$$U_{AB}=\frac{\rho b^2(\varepsilon_2-\varepsilon_1)}{2\varepsilon_0(\varepsilon_2+\varepsilon_1)}$$

22. **解** (1) 设电缆内、外导体单位长度所带电荷分别为 $\pm\lambda$,可通过高斯定理求出介质中距轴心为 r 处的场强为

$$E_1=\frac{\lambda}{2\pi\varepsilon_1 r},\quad R_1\leqslant r\leqslant R_2$$

$$E_2=\frac{\lambda}{2\pi\varepsilon_2 r},\quad R_2\leqslant r\leqslant R_3$$

故得内外导体间的电势差为

$$\begin{aligned}\Delta U&=\int_{R_1}^{R_3}\boldsymbol{E}\cdot \mathrm{d}\boldsymbol{r}\\&=\int_{R_1}^{R_2}\boldsymbol{E}\cdot \mathrm{d}\boldsymbol{r}+\int_{R_2}^{R_3}\boldsymbol{E}\cdot \mathrm{d}\boldsymbol{r}\\&=\frac{\lambda}{2\pi\varepsilon_1}\int_{R_1}^{R_2}\frac{1}{r}\cdot \mathrm{d}r+\frac{\lambda}{2\pi\varepsilon_2}\int_{R_2}^{R_3}\frac{1}{r}\cdot \mathrm{d}r\\&=\frac{\lambda}{2\pi\varepsilon_1}\ln\frac{R_2}{R_1}+\frac{\lambda}{2\pi\varepsilon_2}\ln\frac{R_3}{R_2}\end{aligned}$$

因此可得

$$\lambda=\frac{2\pi\cdot\Delta U}{\frac{1}{\varepsilon_1}\ln\frac{R_2}{R_1}+\frac{1}{\varepsilon_2}\ln\frac{R_3}{R_2}}$$

将上式代入 E_1 和 E_2 的表达式，可得

$$E_1=\frac{\Delta U}{\varepsilon_1 r}\cdot\frac{1}{\frac{1}{\varepsilon_1}\ln\frac{R_2}{R_1}+\frac{1}{\varepsilon_2}\ln\frac{R_3}{R_2}}$$

$$E_2=\frac{\Delta U}{\varepsilon_2 r}\cdot\frac{1}{\frac{1}{\varepsilon_1}\ln\frac{R_2}{R_1}+\frac{1}{\varepsilon_2}\ln\frac{R_3}{R_2}}$$

当 $r=R_1$ 时，E_1 最大；$r=R_2$ 时，E_2 最大，即

$$E_{1\max}=\frac{\Delta U}{\varepsilon_1 R_1}\cdot\frac{1}{\frac{1}{\varepsilon_1}\ln\frac{R_2}{R_1}+\frac{1}{\varepsilon_2}\ln\frac{R_3}{R_2}}$$

$$E_{2\max}=\frac{\Delta U}{\varepsilon_2 R_2}\cdot\frac{1}{\frac{1}{\varepsilon_1}\ln\frac{R_2}{R_1}+\frac{1}{\varepsilon_2}\ln\frac{R_3}{R_2}}$$

若要 $E_{1\max}=E_{2\max}$，则应

$$\frac{\varepsilon_1}{\varepsilon_2}=\frac{R_2}{R_1}$$

（2）电缆每单位长度上的电容为

$$C=\frac{\lambda}{\Delta U}=\frac{2\pi}{\frac{1}{\varepsilon_1}\ln\frac{R_2}{R_1}+\frac{1}{\varepsilon_2}\ln\frac{R_3}{R_2}}$$

将 $\frac{\varepsilon_1}{\varepsilon_2}=\frac{R_2}{R_1}$ 代入上式，得

$$C=\frac{2\pi}{\frac{1}{\varepsilon_1}\ln\frac{\varepsilon_1}{\varepsilon_2}+\frac{1}{\varepsilon_2}\ln\frac{R_3}{R_2}}$$

(三) 综合题

1. **解**　（1）分析可知，球壳 B 内表面带有电荷 $-Q_A$，外表面带有电荷 $-Q_B+Q_A$，因此球 A 和球壳 B 的电势分布为

$$U_A=\frac{Q_A}{4\pi\varepsilon_0 R_1}-\frac{Q_A}{4\pi\varepsilon_0 R_2}+\frac{-Q_B+Q_A}{4\pi\varepsilon R_3}$$

$$U_B=\frac{Q_A}{4\pi\varepsilon_0 R_3}+\frac{-Q_A}{4\pi\varepsilon_0 R_3}+\frac{-Q_B+Q_A}{4\pi\varepsilon R_3}=\frac{-Q_B+Q_A}{4\pi\varepsilon_0 R_3}$$

（2）球壳 B 接地后，内表面仍带电 $-Q_A$，外表面带电为零，因此球壳 B 的电势为

$$U_B=0$$

球 A 的电势为

$$U_A=\frac{Q_A}{4\pi\varepsilon_0 R_1}-\frac{Q_A}{4\pi\varepsilon_0 R_2}$$

（3）球壳 B 接地后断开，然后再将球 A 接地，此时球 A 的电势为零。设球 A 接地后带

电 q_A，则球壳 B 的内外表面分别带电 $-q_A$ 和 $(-Q_A+q_A)$，则球 A 和球壳 B 的电势分别为

$$U_A=\frac{q_A}{4\pi\varepsilon_0 R_1}+\frac{-q_A}{4\pi\varepsilon_0 R_2}+\frac{-Q_A+q_A}{4\pi\varepsilon_0 R_3}$$

$$U_B=\frac{q_A}{4\pi\varepsilon_0 R_3}+\frac{-q_A}{4\pi\varepsilon_0 R_3}+\frac{-Q_A+q_A}{4\pi\varepsilon_0 R_3}=\frac{-Q_A+q_A}{4\pi\varepsilon_0 R_3}$$

由 $U_A=0$，可得

$$q_A=\frac{R_1R_2}{R_1R_2+R_2R_3-R_1R_3}Q_A$$

因此得

$$U_B=\frac{(R_1R_3-R_2R_3)Q_A}{4\pi\varepsilon_0 R_3(R_1R_2+R_2R_3-R_1R_3)}$$

2. **解** (1) 两极板之间的电场强度为

$$E=\frac{\sigma}{\varepsilon_0}$$

因此，两极板间的电势差为

$$U=E(d-d')=\frac{\sigma}{\varepsilon_0}(d-d')$$

由电容的定义，可得

$$C_0=\frac{Q}{U}=\frac{\sigma\cdot S}{\frac{\sigma}{\varepsilon_0}(d-d')}=\frac{\varepsilon_0 S}{d-d'}$$

(2) 充电后两极板所带的电量为

$$Q_0=C_0U_0=\frac{\varepsilon_0 S}{d-d'}U_0$$

抽出金属板后电容变为

$$C=\frac{\varepsilon_0 S}{d}$$

因为抽出金属板前后，其电荷不变，故抽出金属板后极板的电势差为

$$U=\frac{Q_0}{C}=\frac{d}{d-d'}U_0$$

设抽出金属板前后的电场能量分别为 W_1、W_2，则得

$$W_1=\frac{C_0U_0^2}{2}=\frac{\varepsilon_0 S}{2(d-d')}U_0^2$$

$$W_2=\frac{CU^2}{2}=\frac{\varepsilon_0 Sd}{2(d-d')^2}U_0^2$$

故电场能量的改变为

$$\Delta W=W_2-W_1=\frac{\varepsilon_0 Sd'}{2(d-d')^2}U_0^2$$

由于 ΔW 为正，故抽出过程中需外界做功，做功的大小为

$$A=\Delta W=\frac{\varepsilon_0 Sd'}{2(d-d')^2}U_0^2$$

3. **解　分析**　插入电介质板后，电容器可看成是由两电容串联而成的，而且电容器未外接电路，因此两极板所带电荷量不变，由此可以求出外力所做的功。

(1) 插入电介质后，电容器可看作是由两电容串联而成的，总电容 C 满足如下关系：

$$\frac{1}{C}=\frac{1}{C_1}+\frac{1}{C_2}$$

其中，

$$C_1=\frac{\varepsilon_0 S}{\frac{d}{2}},\quad C_2=\frac{\varepsilon_0\varepsilon_r S}{\frac{d}{2}}$$

由此得

$$C=\frac{2\varepsilon_0\varepsilon_r S}{(1+\varepsilon_r)d}$$

因为插入介质板前后，两极板所带的电荷量保持不变，所以本题还可以根据高斯定理求解。

(2) 抽出介质板时，两极板所带的电荷量保持不变，设抽出介质板前后电容器静电能分别为 W_1、W_2，则得

$$W_1=\frac{Q^2}{2C},\quad W_2=\frac{Q^2}{2C_0}=\frac{Q^2}{2\frac{\varepsilon_0 S}{d}}$$

因此外力所做的功为

$$A=W_2-W_1=\frac{d(\varepsilon_r-1)}{4\varepsilon_0\varepsilon_r S}Q^2$$

4. **解**　检测原理是：纸张厚度的变化会使电容值发生变化，通过传感装置，实时动态监控纸张厚度的变化，当厚度超出允许误差范围，可自动报警。如图 6-33 所示，设电容器两极板间距为 a，极板面积为 S，纸张厚度为 d，纸张的相对电容率为 ε_r，极板的电荷面密度为 σ。

方法 1　两极板间空气中的电场强度为

$$E_1=\frac{\sigma}{\varepsilon_0}$$

介质(纸张)中的电场强度为

$$E_2=\frac{\sigma}{\varepsilon_0\varepsilon_r}$$

因此，两极板间的电势差为

$$U=E_1(a-d)+E_2 d=\frac{\sigma}{\varepsilon_0}(a-d)+\frac{\sigma}{\varepsilon_0\varepsilon_r}d$$

由电容的定义得

$$C=\frac{Q}{U}=\frac{\sigma S}{\frac{\sigma}{\varepsilon_0}(a-d)+\frac{\sigma}{\varepsilon_0\varepsilon_r}d}=\frac{\varepsilon_0 S}{a-d+\frac{d}{\varepsilon_r}}$$

整理得

$$d=\frac{\varepsilon_r a}{\varepsilon_r-1}-\frac{\varepsilon_0\varepsilon_r S}{(\varepsilon_r-1)C}$$

方法 2 可将电容器看成是由两个电容串联而成的，其中

$$C_1=\frac{\varepsilon_0 S}{a-d},\quad C_2=\frac{\varepsilon_0\varepsilon_r S}{d}$$

因此总电容为

$$C=\frac{C_1C_2}{C_1+C_2}=\frac{\dfrac{\varepsilon_0 S}{a-d}\cdot\dfrac{\varepsilon_0\varepsilon_r S}{d}}{\dfrac{\varepsilon_0 S}{a-d}+\dfrac{\varepsilon_0\varepsilon_r S}{d}}=\frac{\varepsilon_0 S}{a-d+\dfrac{d}{\varepsilon_r}}$$

解得

$$d=\frac{\varepsilon_r a}{\varepsilon_r-1}-\frac{\varepsilon_0\varepsilon_r S}{(\varepsilon_r-1)C}$$

5. **解** 设导体板 A 外侧与内侧表面的带电量分别为 Q_1 和 Q_2，导体板 B 内侧与外侧表面的带电量分别为 Q_3 和 Q_4，则根据高斯定理和静电平衡时导体内部电场强度为零可得

$$Q_1-Q_2-Q_3-Q_4=0$$
$$Q_1+Q_2=3Q$$
$$Q_1+Q_2+Q_3-Q_4=0$$
$$Q_3+Q_4=Q$$

由此可得

$$Q_1=Q_4=2Q,\quad Q_2=-Q_3=Q$$

第一阶段：粒子 P 从初始位置运动到右板 B，走过的路程为 $d_1=d$。由于右侧导体板外侧的电场强度为

$$E_1=\frac{2Q}{\varepsilon_0 S}$$

因此粒子 P 在此过程中的加速度为

$$a_1=\frac{qE_1}{m}=\frac{2qQ}{\varepsilon_0 mS}$$

粒子 P 的末速度为

$$v_1=\sqrt{2a_1d}=\sqrt{\frac{4qQd}{\varepsilon_0 mS}}$$

故粒子 P 在此过程中运动的时间为

$$t_1=\frac{v_1}{a_1}=\sqrt{\frac{\varepsilon_0 mSd}{qQ}}$$

第二阶段：粒子 P 从左板 A 运动到右板 B，走过的路程为 $d_2=d$。由于板间的电场强度为

$$E_2=\frac{Q}{\varepsilon_0 S}$$

因此粒子 P 在此过程中的加速度为

$$a_2=\frac{qE_2}{m}=\frac{qQ}{\varepsilon_0 mS}$$

粒子 P 的末速度为

$$v_2^2=v_1^2+2a_2d=\frac{6qQd}{\varepsilon_0 mS}$$

故粒子 P 在此过程中运动的时间为

$$t_2=\frac{v_2-v_1}{a_2}=(\sqrt{6}-2)\sqrt{\frac{\varepsilon_0 mSd}{qQ}}$$

第三阶段：粒子 P 从左板 A 朝左运动直到速度为零。在此过程中，粒子 P 的加速度为

$$a_3=a_1=\frac{2qQ}{\varepsilon_0 mS}$$

故粒子 P 在此过程中运动的时间为

$$t_3=\frac{v_2}{a_3}=\sqrt{\frac{3\varepsilon_0 mSd}{2qQ}}$$

粒子 P 在此过程中运动的路程为

$$d_3=\frac{v_2^2}{2a_3}=\frac{3}{2}d$$

当粒子 P 朝左运动到速度为零时，它又会在电场力的作用力朝右运动至初始位置，这个过程中所花的时间与走过的路程与朝左运动的过程相同，因此再次回到初始位置所花的时间为

$$t=2(t_1+t_2+t_3)=(3\sqrt{6}-2)\sqrt{\frac{\varepsilon_0 mSd}{qQ}}$$

走过的总路程为

$$s=2(d_1+d_2+d_3)=7d$$

第7章 稳恒磁场与磁力

一、基本要求

1. 掌握磁场、磁通量等描述稳恒磁场特点的物理概念，理解稳恒磁场的矢量性、空间分布特点。

2. 掌握毕奥-萨伐尔定律、磁场的叠加原理和三种典型的稳恒磁场，能利用其处理典型磁场的问题。

3. 掌握磁场的高斯定理，理解稳恒磁场的无源性。

4. 掌握磁场的安培环路定理，理解稳恒磁场的有旋性。

5. 掌握洛伦兹力、安培力等描述稳恒磁场中电荷或导体受力特点的物理概念，理解运动电荷在稳恒磁场中的受力特点以及安培力的本质。

6. 掌握载流线圈在匀强磁场中所受的力矩的物理概念，理解电动机的基本物理原理。

二、知识要点

1. 毕奥-萨伐尔定律　磁场叠加原理。

电流元 $I\mathrm{d}\boldsymbol{l}$ 的磁场：$\mathrm{d}\boldsymbol{B}=\dfrac{\mu_0}{4\pi}\dfrac{I\mathrm{d}\boldsymbol{l}\times\boldsymbol{r}}{r^3}$；

磁场叠加原理：$\boldsymbol{B}=\int\mathrm{d}\boldsymbol{B}=\int\dfrac{\mu_0}{4\pi}\dfrac{I\mathrm{d}\boldsymbol{l}\times\boldsymbol{r}}{r^3}$ 或 $\boldsymbol{B}=\sum\boldsymbol{B}_i$。

2. 运动电荷的磁场：$\boldsymbol{B}=\dfrac{\mu_0}{4\pi}\dfrac{q\boldsymbol{v}\times\boldsymbol{r}}{r^3}$。

3. 几种典型的电流分布产生的磁场。

(1) 一段长直载流导线产生的磁场大小：$B=\dfrac{\mu_0 I}{4\pi a}(\cos\theta_1-\cos\theta_2)$。式中，$a$ 为场点到导线的垂直距离；θ_1、θ_2 分别为场点与电流流入点、电流流出点的连线和电流方向的夹角。无限长直载流导线产生的磁场大小：$B=\dfrac{\mu_0 I}{2\pi a}$。

(2) 一段载流圆弧(圆心角为 φ)在圆心处产生的磁场大小：$B=\dfrac{\mu_0 I}{2R}\dfrac{\varphi}{2\pi}$。载流细圆环中心的磁场大小：$B=\dfrac{\mu_0 I}{2R}$。

(3) 均匀密绕载流螺线管在轴线上的磁场大小：$B=\frac{1}{2}\mu_0 nI(\cos\theta_2-\cos\theta_1)$。式中，$\theta_1$ 和 θ_2 分别为轴线与场点到螺线管左右两端的距离 r 之间的夹角。无限长螺线管产生的磁场大小：$B=\mu_0 nI$(管内)和 $B=0$(管外)。其中，n 为绕线的匝密度(单位长度的匝数)。

4. 磁通量：$\Phi_m=\int \boldsymbol{B}\cdot d\boldsymbol{S}$。

5. 磁场的高斯定理：$\oint \boldsymbol{B}\cdot d\boldsymbol{S}=0$——磁场是无源场。

6. 安培环路定理：$\oint_L \boldsymbol{B}\cdot d\boldsymbol{l}=\mu_0\sum I_i$ 或 $\oint_L \boldsymbol{H}\cdot d\boldsymbol{l}=\mu_0\sum I_{传导}$——磁场是有旋场。其中，$\boldsymbol{H}=\boldsymbol{B}/\mu$，为磁场强度。注意：当式中的电流方向与回路 L 的绕向符合右手螺旋关系时，I 取正值，否则，I 取负值。

7. 洛伦兹力。

运动电荷在磁场中所受的磁场力(洛伦兹力)：$\boldsymbol{F}=q\boldsymbol{v}\times\boldsymbol{B}$。

8. 电磁力。

带电粒子在电磁场中受到的电磁力：$\boldsymbol{F}=q\boldsymbol{E}+q\boldsymbol{v}\times\boldsymbol{B}$。

9. 带电粒子在磁场中的几种典型的运动：圆周运动；螺旋运动。

10. 安培力。

电流元 $Id\boldsymbol{l}$ 在磁场中所受的力：$d\boldsymbol{F}=Id\boldsymbol{l}\times\boldsymbol{B}$；

一段载流导线 L 在磁场中所受的力：$\boldsymbol{F}=\int_L Id\boldsymbol{l}\times\boldsymbol{B}$。

11. 载流线圈在匀强磁场中所受的力矩：$\boldsymbol{M}=\boldsymbol{m}\times\boldsymbol{B}$(载流线圈的磁矩 $\boldsymbol{m}=I\boldsymbol{S}$)。

三、知识梗概框图

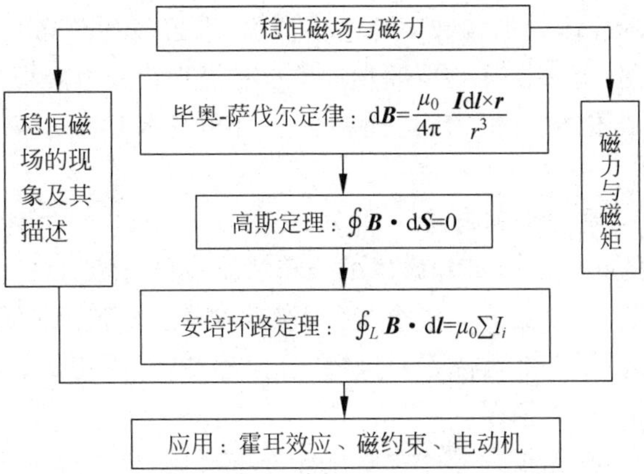

四、基本题型

1. 矢量积分法求解磁场问题

已知电流的空间分布，求磁场的分布。

2. 安培环路求解磁场问题

已知电流的空间对称性，求磁场的分布。电流的对称性有三种情况：柱对称、面对称、螺绕环。

3. 霍耳效应测量磁场问题

已知处于磁场中的导体的电流和霍耳电压情况,求磁场的分布。

4. 磁力和磁力矩问题

已知处于磁场中的导体的电流和磁场的分布情况,求导体受到的力和力矩。

五、解题方法介绍

1. 磁场的矢量积分求解方法

已知电流的空间分布,求磁场的分布。求解这类问题的数学方法为矢量积分法。关键是根据电流空间分布,找到合理的电流物理模型:电流元、圆环电流微元、无限长电流微元,然后根据电流元的磁场、圆环电流微元的磁场、无限长电流微元的磁场,运用矢量的正交分解合成法或者矢量合成法求磁场的分布。

待求问题中电流元模型的选择往往不是唯一的,但是不同的电流元模型对求解问题的计算量可能有较大差异,因此应尽可能建立适合的电流元模型。此类问题中经常采用矢量的正交分解方法,先将磁场正交分解,后在某一方向上合成。

2. 对称磁场的安培环路定理求解方法

已知电流的空间对称性,求磁场的分布。对于这类问题,要根据磁场的对称性,选择合理的安培回路。电流的空间对称性通常有三种情况:柱对称、面对称、螺绕环。柱对称通常选择同轴圆环回路,面对称通常选择矩形回路,螺绕环通常选择同心圆环回路。

待求问题中的回路模型构建是求解的关键,先根据电流分布特点判定磁场的对称性,而后根据磁场的对称性找到与磁场同向同行的对称回路,如果磁场区域不能形成闭合回路,可加上与磁场垂直的部分以形成辅助闭合回路。

3. 霍耳效应测量磁场问题

已知处于磁场中的导体的电流和霍耳电压情况,求磁场的分布。该类问题需要深刻理解霍耳效应的产生机制,明确霍耳效应的物理模型是类平行板电容器模型,动态平衡的临界状态是霍耳电场力和洛伦兹力平衡,进而根据霍耳电压和磁场的正比关系,求出磁场的分布。

4. 磁力和磁力矩问题的求解方法

已知处于磁场中的导体的电流和磁场的分布情况,求导体受到的力和力矩。

对于求磁力的问题,先根据导体中电流分布特点,建立电流元物理模型,然后应用电流元安培力公式分析电流元的受力特点,最后结合对称性,对受力进行正交分解或者矢量合成,进而求出导体受力的总体情况。

对于求磁力矩的问题,先根据导体中电流的分布特点,建立电流元物理模型,然后应用电流元安培力公式分析电流元受力特点,再结合对称性,对所受力矩进行计算,最后对所受力矩进行矢量合成求出导体受力矩的总体情况。

六、典型例题

例题 7.1 一段半径为 R、圆心角为 β 的圆弧形载流线圈如图 7-1 所示,并通有电流 I,求其在过圆心的轴线上距圆心 O 为 x 处的磁场 B。

选题目的　用磁场的叠加法求解给定电流分布的磁感应强度。

分析　此问题所给出的电流分布不具备特殊的对称性，只能用叠加原理求解。

解　为方便求解，以圆心为圆点建立如图 7-1 所示的直角坐标系。首先在电流线上取电流元 $I\mathrm{d}\boldsymbol{l}$，$I\mathrm{d}\boldsymbol{l}$ 在 yOz 平面内的方向角为 θ，对圆心的张角为 $\mathrm{d}\theta$，从 $I\mathrm{d}\boldsymbol{l}$ 到场点的相对位置矢量为 $\boldsymbol{r}$。然后考虑 $I\mathrm{d}\boldsymbol{l}$ 在场点产生的元磁场 $\mathrm{d}\boldsymbol{B}$，由毕奥-萨伐尔定律知

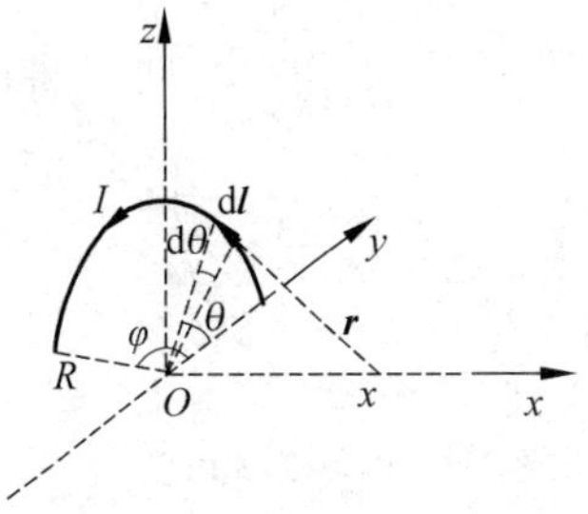

图 7-1　例题 7.1 用图

$$\boldsymbol{B}=\int\mathrm{d}\boldsymbol{B}=\frac{\mu_0}{4\pi}\frac{I\mathrm{d}\boldsymbol{l}\times\boldsymbol{r}}{r^3}$$

将上式中的各个矢量写成分量形式如下：

$$\mathrm{d}\boldsymbol{l}=(-\boldsymbol{j}\sin\theta+\boldsymbol{k}\cos\theta)R\,\mathrm{d}\theta$$
$$\boldsymbol{r}=x\boldsymbol{i}-R(\boldsymbol{j}\cos\theta+\boldsymbol{k}\sin\theta)$$

则

$$\mathrm{d}\boldsymbol{l}\times\boldsymbol{r}=\boldsymbol{i}R^2\mathrm{d}\theta+\boldsymbol{j}Rx\cos\theta\mathrm{d}\theta+\boldsymbol{k}Rx\sin\theta\mathrm{d}\theta$$

故得

$$\mathrm{d}B_x=\frac{\mu_0 I}{4\pi}\frac{R^2\mathrm{d}\theta}{r^3},\quad \mathrm{d}B_y=\frac{\mu_0 I}{4\pi}\frac{Rx\cos\theta\mathrm{d}\theta}{r^3},\quad \mathrm{d}B_z=\frac{\mu_0 I}{4\pi}\frac{Rx\sin\theta\mathrm{d}\theta}{r^3}$$

进而积分得到

$$B_x=\int_0^{\varphi}\frac{\mu_0 I}{4\pi}\frac{R^2\mathrm{d}\theta}{r^3}=\frac{\mu_0 I}{4\pi}\frac{R^2}{r^3}\beta$$

$$B_y=\int_0^{\varphi}\frac{\mu_0 I}{4\pi}\frac{Rx\cos\theta\mathrm{d}\theta}{r^3}=\frac{\mu_0 I}{4\pi}\frac{Rx}{r^3}\sin\beta$$

$$B_z=\int_0^{\varphi}\frac{\mu_0 I}{4\pi}\frac{Rx\sin\theta\mathrm{d}\theta}{r^3}=\frac{\mu_0 I}{4\pi}\frac{Rx}{r^3}(1-\cos\beta)$$

其中，$r=\sqrt{x^2+R^2}$。

讨论　(1) 若它为半圆弧载流线圈，即 $\varphi=\pi$，则得

$$B_x=\frac{\mu_0 I}{4}\frac{R^2}{r^3},\quad B_y=0,\quad B_z=\frac{\mu_0 I}{2\pi}\frac{Rx}{r^3}$$

若它为完整的圆形载流线圈，即 $\varphi=2\pi$，则得

$$B_x=\frac{\mu_0 I}{2}\frac{R^2}{r^3},\quad B_y=0,\quad B_z=0$$

(2) 若 $x=0$，即 $r=R$，则得

$$B_x=\frac{\mu_0 I}{4\pi R}\varphi,\quad B_y=0,\quad B_z=0$$

尤其对于圆形载流导线来说($\varphi=2\pi$)，其在圆心处产生的磁场为 $B_x=\dfrac{\mu_0 I}{2R}$。

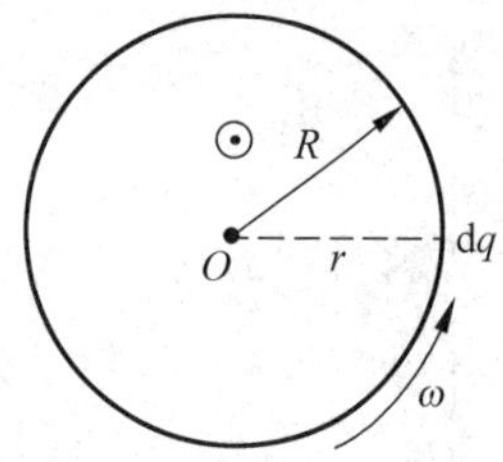

图 7-2 例题 7.2 用图

例题 7.2 如图 7-2 所示，一个半径为 R 的均匀带电细圆环带电荷 $Q(Q>0)$，并以角速度 ω 绕圆心逆时针转动，计算圆心处的磁感应强度 B_0。

选题目的 用叠加原理求解运动电荷的磁场。

分析 运动电荷的磁场分布一般也只能用叠加原理求解。

解 首先在圆环上任取电荷元 $\mathrm{d}q$，它以速度$\boldsymbol{v}$ 运动，显然 $v=R\omega$。$\mathrm{d}q$ 在圆心处产生的磁场为

$$\mathrm{d}\boldsymbol{B}_0=\frac{\mu_0}{4\pi}\frac{\mathrm{d}q\,\boldsymbol{v}\times\boldsymbol{r}}{R^3}$$

其中，$|r|=R$。显然，圆环上各点的电荷在圆心产生的磁场的方向都相同(图 7-2)，故可直接对其数值进行叠加，即

$$B_0=\int\mathrm{d}B_0=\int_0^Q\frac{\mu_0}{4\pi}\frac{v\,\mathrm{d}q}{R^2}=\frac{\mu_0}{4\pi}\frac{vQ}{R^2}=\frac{\mu_0}{4\pi}\frac{vQ}{R^2}$$

讨论 此题还可以用另一种思路求解：把旋转的带电圆环等效地看成圆形载流线圈，其等效电流强度应为 $I=\dfrac{Q}{2\pi/\omega}=\dfrac{Q}{2\pi}\omega$，利用例题 7.1 已经得出的公式直接得到圆心处的磁场大小为 $B=\dfrac{\mu_0 I}{2R}=\dfrac{\mu_0}{4\pi}\dfrac{\omega Q}{R}$。

例题 7.3 将一根导线折成如图 7-3 所示的边长为 a 的正多边形，并通有电流 I，求中心 O 处的磁场 B_0。

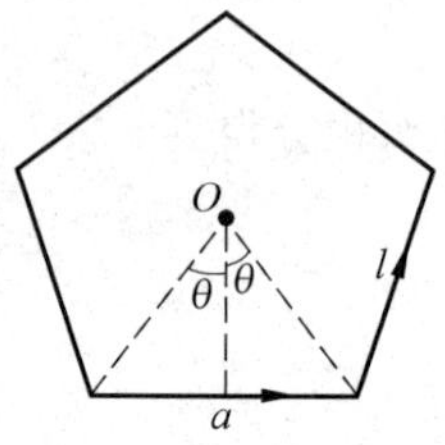

图 7-3 例题 7.3 用图

选题目的 用叠加原理求解给定较为复杂的电流分布的磁场。

分析 可把多边形的电流看成多段直线电流的组合，分别求出每一段在 O 点产生的磁场，再利用叠加原理得到总磁场。

解 如图 7-3 所示，任取一个边，显然它在 O 点产生的磁场方向总是垂直于纸面向外的，磁场的大小可直接利用长直载流导线的磁场公式得到

$$B=\frac{\mu_0 I}{4\pi\left(\dfrac{a}{2}\tan\theta\right)}[\cos\theta-\cos(\pi-\theta)]$$

$$=\frac{\mu_0 I}{2\pi(a\tan\theta)}\cdot 2\cos\theta=\frac{\mu_0 I\cos^2\theta}{\pi a\sin\theta} \qquad (\text{Ⅰ})$$

其中，$\theta=\dfrac{\pi}{2}-\dfrac{\pi}{n}$，$n$ 为多边形的边数。因此，上式可改写为

$$B=\mu_0 I\sin^2\frac{\pi}{n}\Big/\pi a\cos\frac{\pi}{n}$$

由于每一边在 O 点产生的磁场大小应与式(Ⅰ)的结果相同，且方向均垂直于纸面向外，因此由叠加原理可得

$$B_0=nB=\frac{n\mu_0 I\sin^2(\pi/n)}{\pi a\cos(\pi/n)} \qquad (\text{Ⅱ})$$

设 O 到任一顶点的距离为 R，则由几何关系可得

$$R=\frac{a/2}{\cos\theta}=\frac{a}{2\sin(\pi/n)}$$

或

$$a=2R\sin(\pi/n)$$

故式(Ⅱ)还可表示为

$$B_0=nB=\frac{n\mu_0 I}{2\pi R}\tan\frac{\pi}{n}$$

讨论　若保持 R 不变,令 $n\to\infty$,则得

$$B_0=\lim_{n\to\infty}\frac{n\mu_0 I}{2\pi R}\tan\frac{\pi}{n}=\frac{\mu_0 I}{2R}\lim_{n\to\infty}\left(\tan\frac{\pi}{n}\Big/\frac{\pi}{n}\right)=\frac{\mu_0 I}{2R}$$

这就是半径为 R 的圆形载流线圈在圆心处产生的磁场的计算公式。

例题 7.4　如图 7-4(a)所示,无限长均匀载流圆柱形导体的横截面半径为 R,通有电流密度为 J 的电流,求它的内部和外部的磁场分布,并计算穿过图示与导体中心轴共面的平面 S 的磁通量。

例题 7.4

选题目的　用环路积分法求解给定电流分布的磁场。

分析　利用磁场叠加原理可以证明:均匀载流圆柱体的磁感线应为以圆柱轴线为中心轴的一系列圆环,且圆环上各处的磁感应强度大小相等,方向与电流方向成右手螺旋关系(图 7-4(a))。故可以用安培环路定理求解磁场分布,进而求得磁通量。

解　任选一个半径为 r 的磁感线 L 并沿着磁场方向进行环路积分,则得

$$\oint_L \boldsymbol{B}\cdot \mathrm{d}\boldsymbol{l}=\oint_L B\,\mathrm{d}l=B\oint_L \mathrm{d}l=B\cdot 2\pi r$$

由安培环路定理 $\oint_L \boldsymbol{B}\cdot \mathrm{d}\boldsymbol{l}=\mu_0 I$,得

$$B=\frac{\mu_0 I}{2\pi r}$$

其中,$I=\begin{cases}\pi R^2 J, & r\geqslant R\\ \pi r^2 J, & r<R\end{cases}$,故有

$$B=\begin{cases}\dfrac{\mu_0 R^2 J}{2r}, & r\geqslant R\\[2ex] \dfrac{\mu_0 J}{2}r, & r\geqslant R\end{cases}$$

将上式写成矢量形式:

$$\boldsymbol{B}=\begin{cases}\dfrac{\mu_0 R^2}{2r^2}\boldsymbol{r}\times\boldsymbol{J}, & r\geqslant R\\[2ex] \dfrac{\mu_0}{2}\boldsymbol{r}\times\boldsymbol{J}, & r\geqslant R\end{cases}$$

现在计算穿过平面 S 的磁通量 Φ_{m}。根据磁场分布特点,可将 S 划分为如图 7-4(b)所示的细长形面元 $\mathrm{d}\boldsymbol{S}$,其对应的面积元为 $\mathrm{d}S=h\,\mathrm{d}r$,并规定 $\mathrm{d}\boldsymbol{S}$ 的法向与磁场 $\boldsymbol{B}$ 同方向,则得

$$\Phi_{\mathrm{m}}=\int_S \boldsymbol{B}\cdot \mathrm{d}\boldsymbol{S}=\int_S B\,\mathrm{d}S=\int_0^R \frac{\mu_0}{2}rJ\cdot h\,\mathrm{d}r=\frac{\mu_0}{4}JR^2 h$$

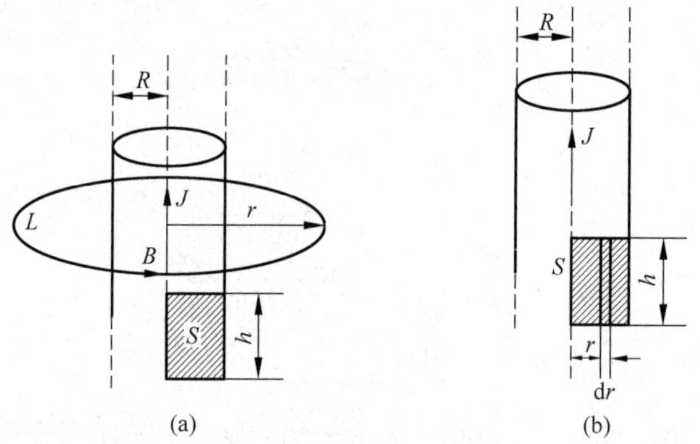

图 7-4 例题 7.4 用图

讨论 (1) 利用安培环路定理求磁场分布的关键是把积分回路取在磁感线上。

(2) 计算非匀强磁场的磁通量的关键是适当地划分面元 dS:一般总是在磁场大小变化的方向上把 dS 的尺寸取成微分量,而在磁场大小不变的方向上把 dS 的尺寸取成有限量。

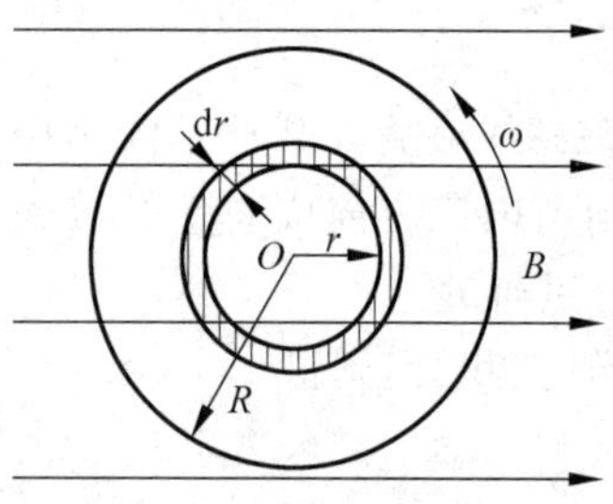

图 7-5 例题 7.5 用图

例题 7.5 如图 7-5 所示,一半径为 R 的薄圆盘,表面上的电荷面密度为 σ,放入均匀磁场 B 中,B 的方向与盘面平行,若圆盘以角速度 ω 绕通过盘心且垂直盘面的轴转动。求作用在圆盘上的磁力矩。

选题目的 磁力矩的计算。

分析 圆盘以角速度 ω 绕通过盘心且垂直盘面的轴转动形成圆电流,且电流为面分布,而磁场是均匀的,因此应采用微积分的方法求出磁矩 P,再由力矩公式 $\boldsymbol{M}=\boldsymbol{m}\times\boldsymbol{B}$ 即可求解。

解 带电圆盘在转动过程中,将形成一系列圆电流,磁场作用在圆盘上的力矩就是对这些圆电流的磁力矩的矢量和。现将圆盘分割成许多同心的细圆环,取任一半径为 r,宽度为 dr 的细圆环(图 7-5),其上所带电荷为

$$dq=\sigma dS=\sigma 2\pi r\,dr \tag{Ⅰ}$$

所产生的电流为

$$dI=\frac{\omega}{2\pi}dq=\sigma\omega r\,dr \tag{Ⅱ}$$

该圆电流的磁矩大小为

$$dm=S\,dI=\pi r^2\sigma\omega r\,dr=\pi\sigma\omega r^3\,dr \tag{Ⅲ}$$

因此,圆盘的磁矩为

$$m=\int dm=\int_0^R \pi\sigma\omega r^3\,dr=\frac{\pi\sigma\omega R^4}{4} \tag{Ⅳ}$$

其方向与转轴同向,垂直于盘面向上(设 $\sigma>0$)。由于磁场为匀强磁场,故整个圆盘所受到的磁力矩大小为

$$M=|\,m\times B\,|=\frac{\pi\sigma\omega R^4 B}{4}$$

磁力矩的方向为竖直向上。

讨论　本题还可以先求出细圆环形成的圆电流受到的磁力矩 $\mathrm{d}\boldsymbol{M}=|\mathrm{d}\boldsymbol{m}\times\boldsymbol{B}|$，再采用叠加原理(即积分)求解整个圆盘受到的磁力矩。

七、课堂讨论与练习

(一) 课堂讨论

1. 图 7-6 所示的电流元 $I\mathrm{d}l$ 是否在空间所有点产生的磁感应强度均不为零？请你指出 $I\mathrm{d}l$ 在 a、b、c、O' 四点产生的磁感应强度的方向。

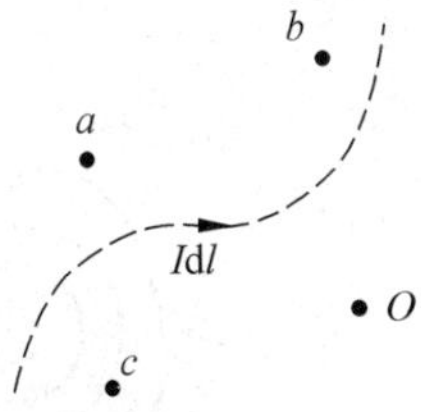

图 7-6　课堂讨论题 1 用图

课堂讨论题 3

2. 分别求图 7-7 中的三种情况下，通有电流 I 的直线电流在 P 点产生磁感应强度 B 的大小和方向。

3. 电流分布如图 7-8 所示，分别求出各图中 O 点的磁感应强度 B_O 的大小和方向。

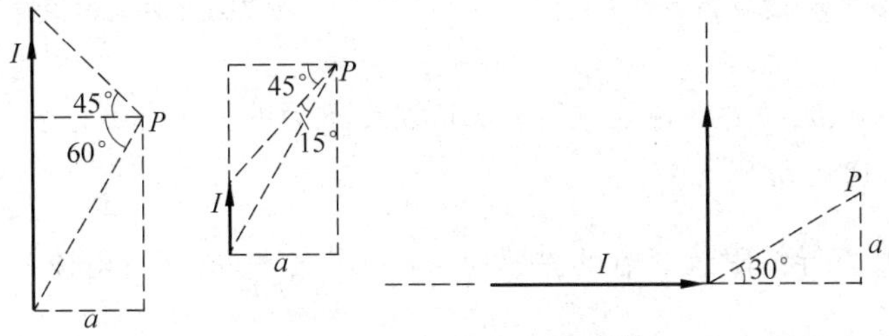

(a)　(b)　(c)

图 7-7　课堂讨论题 2 用图

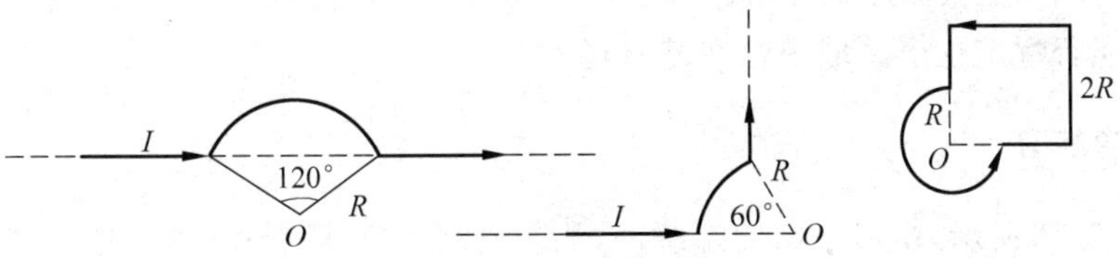

(a)　(b)　(c)

图 7-8　课堂讨论题 3 用图

4. 若空间中存在两条无限长直载流导线，则磁场的分布就不存在简单的对称性，现有以下说法，请判断这些说法是否正确。

A. 安培环路定理已不成立，故不能直接用此定理计算磁场分布。

B. 安培环路定理仍然成立，故仍可直接用此定理计算磁场分布。

C. 可以用安培环路定理与磁场的叠加原理计算磁场分布。

D. 可以用毕奥-萨伐尔定律计算磁场分布。

5. 如图 7-9 所示，环绕两条通有电流 I 的无限长直导线，有四种环路，求每种环路下 $\oint_l \boldsymbol{B}\cdot\mathrm{d}\boldsymbol{l}$ 。

6. 由毕奥-萨伐尔定律可证明：一段载流为 I 的有限长直导线附近 P 点的磁感应强度满足下式：$B=\dfrac{\mu_0 I}{4\pi a}(\cos\theta_1-\cos\theta_2)$，若过 P 点在垂直于电流的平面内作一圆形回路 L(以导线为中心轴)，则以此回路可得如下的环路积分：

$$\oint_L \boldsymbol{B}\cdot \mathrm{d}\boldsymbol{l}=\frac{\mu_0 I}{2}(\cos\theta_1-\cos\theta_2)$$

这与安培环路定理的公式不一致。上述结果正确吗？应如何解释？

7. 如图 7-10 所示，一半径为 R 的圆线圈，通有电流 I，并置于均匀磁场 $\boldsymbol{B}$ 中，当线圈平面与磁场方向垂直时：

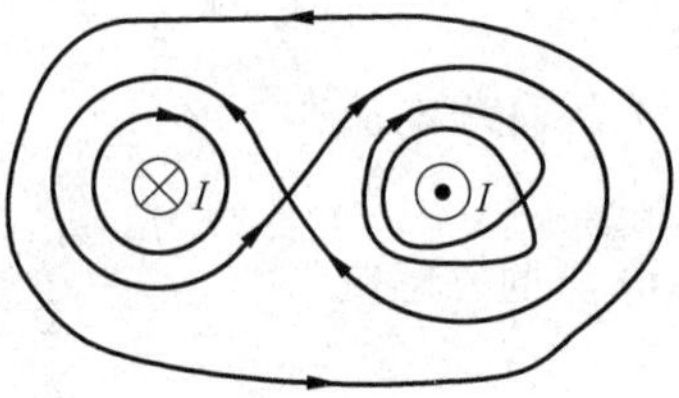

图 7-9 课堂讨论题 5 用图

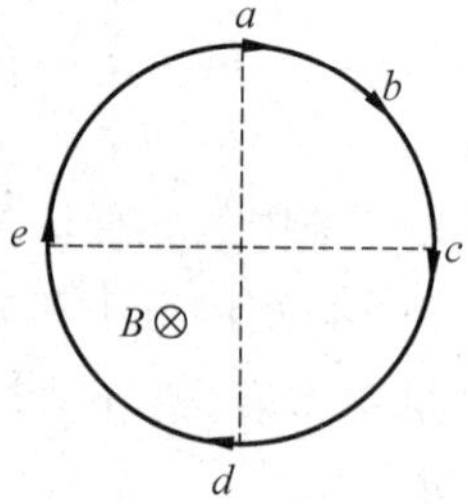

图 7-10 课堂讨论题 7 用图

(1) 求线圈中 a、b、c、d、e 各处电流元 $I\mathrm{d}\boldsymbol{l}$ 所受磁力的大小和方向？

(2) 线圈将如何运动？

8. (1) 载流长直导线附近一点的磁感应强度 $B=\dfrac{\mu_0 I}{2\pi a}$，既然有电流和磁场，是否有一个相应的安培力作用于导线上？为什么？

(2) 一载流线圈上各部分是否受力？力的方向如何？

9. 如果一个电子在通过空间某一区域时不偏转，能否肯定这个区域中没有磁场？如果它发生偏转能否肯定这个区域中存在着磁场？

(二) 课堂练习

1. 如图 7-11 所示，矩形截面的螺绕环，均匀密绕有 N 匝线圈，通有电流 I，求通过螺绕环内的磁通量。

2. 如图 7-12 所示，在半径为 R_1 和 R_2 的两圆周之间，有一总匝数为 N 的均匀密绕平面螺旋线圈，每匝导线中通有电流 I，求螺旋线圈中心处的磁感应强度 $\boldsymbol{B}_O$。

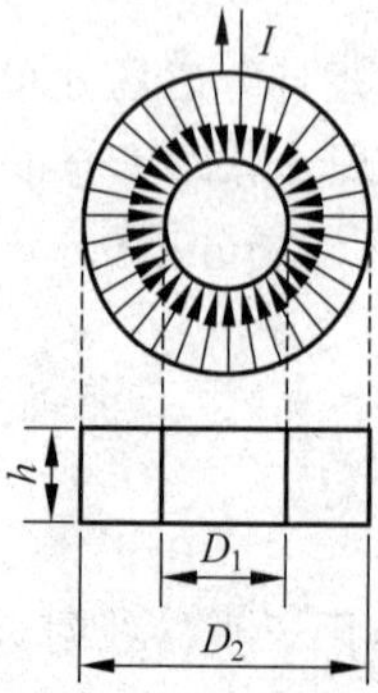

图 7-11 课堂练习题 1 用图

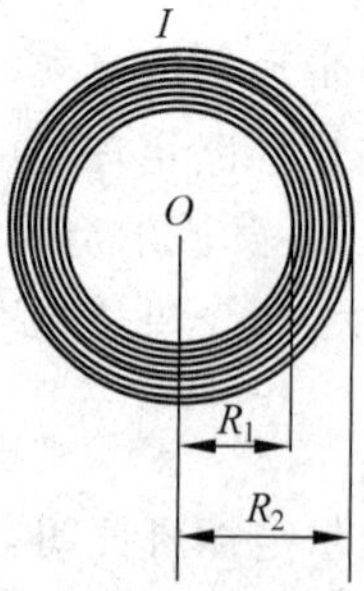

图 7-12 课堂练习题 2 用图

3. 在一半径为 R 的无限长半圆柱形金属薄片中，自上而下地有电流 I 通过，如图 7-13 所示，试求圆柱中心轴线任一点 P 处的磁感应强度。

4. 如图 7-14 所示，由无限多条平行紧密排列的无限长载流为 I 的直导线组成一个载流平面，求空间任一点处的磁感应强度 $\boldsymbol{B}$。

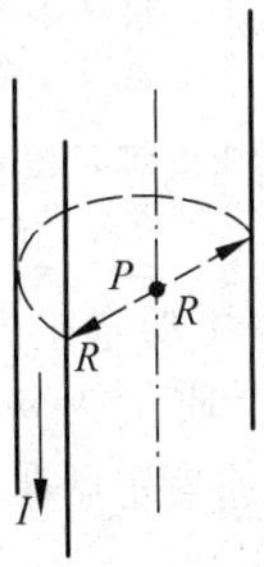

图 7-13　课堂练习题 3 用图

图 7-14　课堂练习题 4 用图

5. 一根外半径为 R_1 的无限长圆柱形导体管，管内空心部分的半径为 R_2，空心部分的轴与圆柱的轴相平行但不重合，两轴的距离为 a。沿导体管轴方向通有电流，电流均匀分布在管的横截面上，电流密度为 $\boldsymbol{J}$，如图 7-15 所示。求：

(1) 圆柱轴线上的磁感应强度的大小和方向；

(2) 空心部分轴线上的磁感应强度的大小和方向；

(3) 空心部分内任一点处的磁感应强度的大小和方向。

6. 一闭合回路由半径为 a 和 b 的两个同心共面半圆环连接而成，如图 7-16 所示。其上均匀分布有线密度为 λ 的电荷，当回路以角速度 ω 绕着过圆心并垂直于回路平面的轴匀速转动时，求圆心处的磁感应强度的大小。

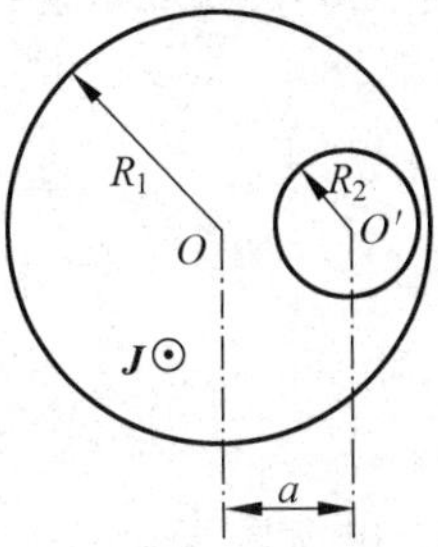

图 7-15　课堂练习题 5 用图

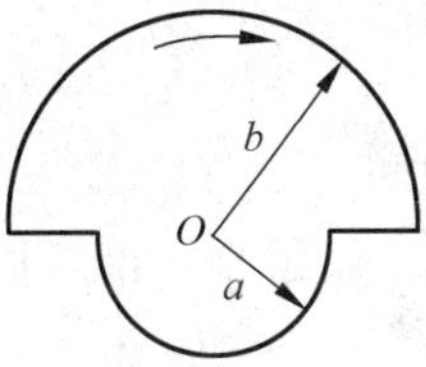

图 7-16　课堂练习题 6 用图

7. 一无限长直导线通以电流 I_1，旁边有一个直角三角形线圈，通以电流 I_2，线圈与长直导线在同一平面内，尺寸如图 7-17 所示，三段导线受电流 I_1 的安培力各为多少？

8. 如图 7-18 所示，将一无限大的均匀载流平面置于匀强磁场中，电流方向垂直于纸面，已知平面两侧的磁感应强度的方向均平行于载流平面向下，大小分别为 B_1 和 B_2。求单位面积上载流平面所受磁场力的大小和方向。

9. 在载电流为 I_1 的长直导线旁边，共面放置一载电流为 I_2 的圆弧导线 AB，其半径为 R，圆心落在直导线上，如图 7-19 所示，求圆弧导线 AB 所受电流 I_1 的安培力。

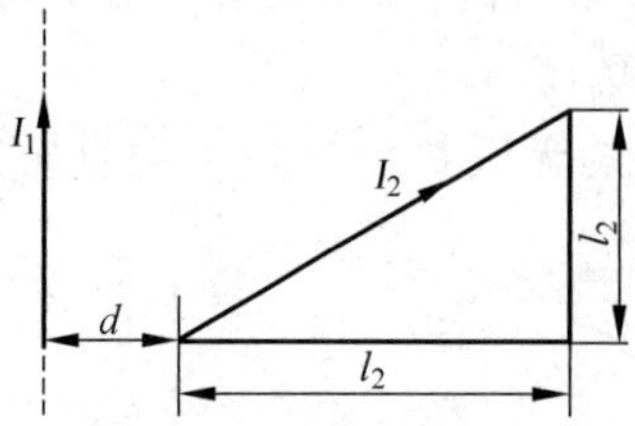

图 7-17 课堂练习题 7 用图

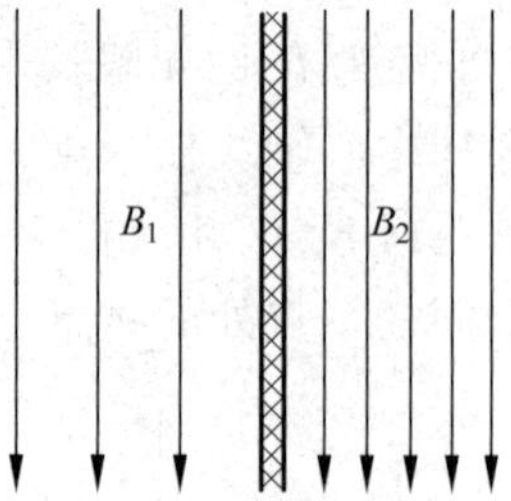

图 7-18 课堂练习题 8 用图

10. 设在讨论的空间范围内有如图 7-20 所示的匀强磁场 $\boldsymbol{B}$,在垂直于磁场的水平面内有一长为 h 的光滑绝缘空心细管 MN,管的 M 端静止放置一个质量为 m,所带电荷为 q ($q>0$)的小球。然后细管带着小球向垂直于管长和 $\boldsymbol{B}$ 的方向以速度 $\boldsymbol{v}$ 做匀速运动,忽略各种阻力。求小球从 N 端离开细管后,在磁场中做圆周运动的半径 r。

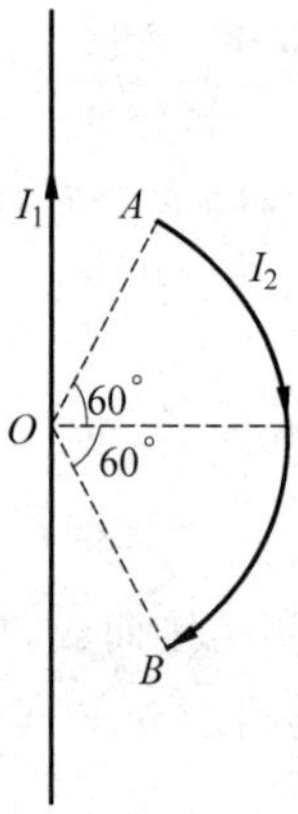

图 7-19 课堂练习题 9 用图

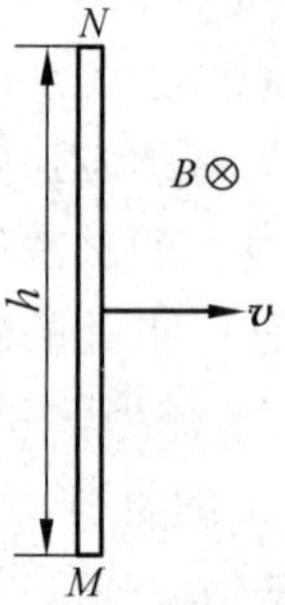

图 7-20 课堂练习题 10 用图

八、解题训练

(一) 课前预习题

1. 下列物理量中,不是矢量的是[　　]。

A. 电流元　　B. 磁感应强度　　C. 电流密度　　D. 电流

2. 如图 7-21 所示,边长为 a 的正三角形线圈中通有电流 I,此线圈在其几何中心点产生的磁感应强度 $\boldsymbol{B}$ 的大小为[　　]。

A. $\dfrac{3\mu_0 I}{2\pi a}$　　B. $\dfrac{\sqrt{3}\mu_0 I}{3\pi a}$　　C. $\dfrac{\sqrt{3}\mu_0 I}{2\pi a}$　　D. $\dfrac{\sqrt{3}\mu_0 I}{\pi a}$

3. 有一半径为 R 的单匝圆线圈,通以电流 I。若将该导线弯成匝数 $N=2$ 的平面圆线圈,导线长度不变,并通以同样的电流,则线圈中心的磁感应强度和线圈的磁矩大小分别是原来的[　　]。

A. 4 倍和 1/4 倍　　B. 2 倍和 1/4 倍

C. 4 倍和 1/2 倍　　D. 2 倍和 1/2 倍

4. 如图 7-22 所示，选取一个与圆电流 I_1、I_2 相套嵌的闭合回路 L，则由安培环路定理可知磁感应强度的环路积分等于[　　]。

A. $I_1-I_2+I_3$　　　　B. $I_1+I_2+I_3$

C. I_1-I_2　　　　D. I_1+I_2

5. 如图 7-23 所示，一无限长直圆筒，沿半径方向上的电流面密度（单位垂直长度流过的电流）为 i，则圆筒内部的磁感应强度方向为沿轴线方向向右，磁感应强度大小为[　　]。

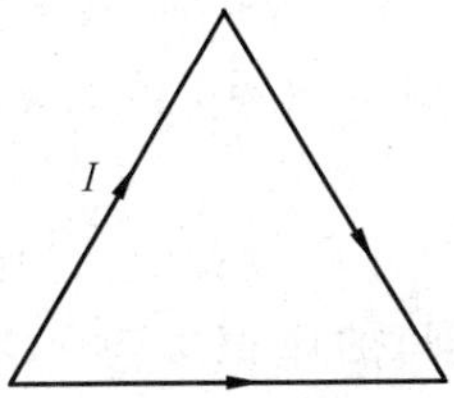

图 7-21　课前预习题 2 用图

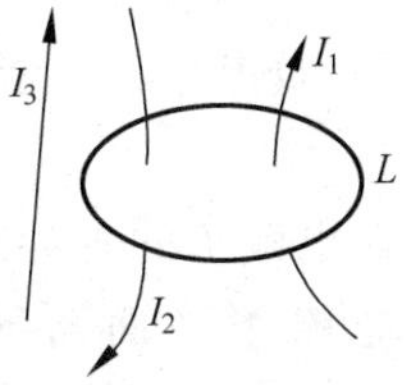

图 7-22　课前预习题 4 用图

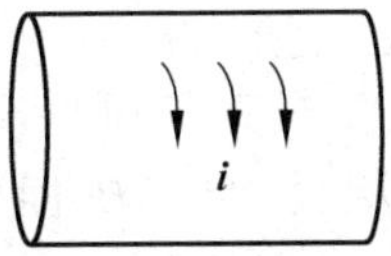

图 7-23　课前预习题 5 用图

A. 0　　B. $\mu_0 i$　　C. $0.5\mu_0 i$　　D. $2\mu_0 i$

6. 简答题：如何利用毕奥-萨伐尔定律求解一段导线激发的磁场？

(二) 基础题

1. 如图 7-24 所示，电流从 a 点分两路通过对称的圆环形分路，汇合于 b 点。若 ca、bd 都沿环的径向，则在环形分路的环心处的磁感应强度[　　]。

A. 方向垂直环形回路平面且指向纸内

B. 方向垂直环形回路平面且指向纸外

C. 方向在环形回路平面，且指向 b

D. 方向在环形回路平面，且指向 a

E. 为零

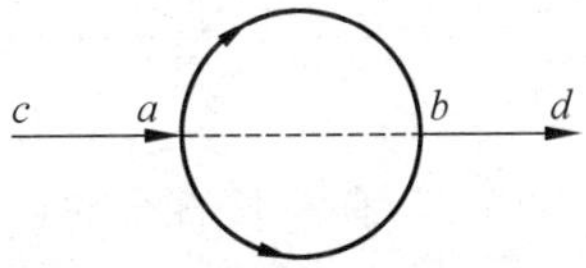

图 7-24　基础题 1 用图

2. 如图 7-25 所示，在磁感应强度为 $\boldsymbol{B}$ 的均匀磁场中作一半径为 R 的半球面 S，S 边线所在平面的单位法向量 $\boldsymbol{n}$ 与 $\boldsymbol{B}$ 的夹角为 θ，则通过半球面 S 的磁通量（取弯面向外为正）为[　　]。

A. $B\pi R^2$　　B. $2B\pi R^2$

C. $-B\pi R^2\sin\theta$　　D. $-B\pi R^2\cos\theta$

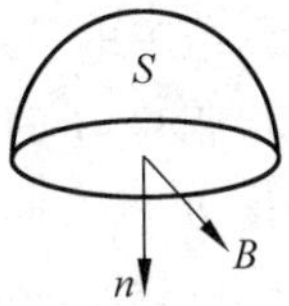

图 7-25　基础题 2 用图

3. 均匀磁场的磁感应强度 $\boldsymbol{B}$ 垂直于半径为 R 的圆面，今以该圆周为边线，作一半球面 S，则通过 S 面的磁通量的大小为[　　]。

A. $B\pi R^2$　　B. $2B\pi R^2$　　C. 零　　D. 无法确定

4. 如图 7-26 所示，无限长直导线在 P 处弯成半径为 R 的圆环，圆环在 P 处不接通，当通以电流 I 时，则在圆心 O 点处的磁感强度大小等于[　　]。

A. $\dfrac{\mu_0 I}{2\pi R}$　　B. $\dfrac{\mu_0 I}{4R}$

C. $\dfrac{\mu_0 I}{2R}\left(1-\dfrac{1}{\pi}\right)$　　D. $\dfrac{\mu_0 I}{2R}\left(1+\dfrac{1}{\pi}\right)$

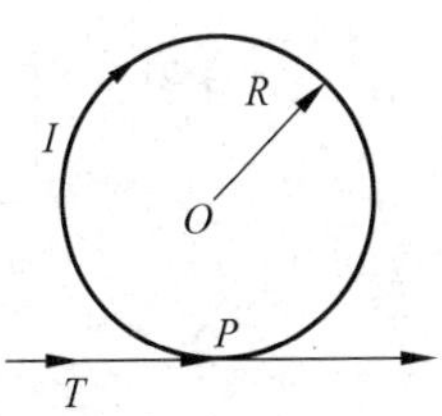

图 7-26　基础题 4 用图

5. 一载有电流 I 的细导线分别均匀密绕在半径为 R 和 r 的长直圆筒上形成两个螺线管,两螺线管单位长度上的匝数相等。设 $R=2r$,则两螺线管中的磁感强度大小 B_R 和 B_r 应满足[　　]。

A. $B_R=B_r$　　B. $B_R=2B_r$　　C. $B_R=0.5B_r$　　D. $B_R=4B_r$

6. 有一个圆形回路 1 及一个正方形回路 2,圆的直径和正方形的边长相等,两个回路中通有大小相等的电流,它们在各自中心产生的磁感强度的大小之比 B_1/B_2 为[　　]。

A. 0.90　　B. 1.00　　C. 1.11　　D. 1.22

7. 一个电荷为 e 的电子以速率 v 做半径为 R 的圆周运动,其等效圆电流的磁矩 $\boldsymbol{m}$ 的大小为________。

8. 如图 7-27 所示,两条通有直流电流 I 的直导线 AB 和 CD 平行放置,它们所通的电流方向相反,且 AB 固定不动,若忽略水平面与导体 CD 之间的摩擦力,则 CD 将做________运动。

9. 四条相互平行的载流长直导线如图 7-28 所示放置,导线中通过的电流均为 I,正方形的边长为 a,则正方形中心的磁感应强度大小为________。

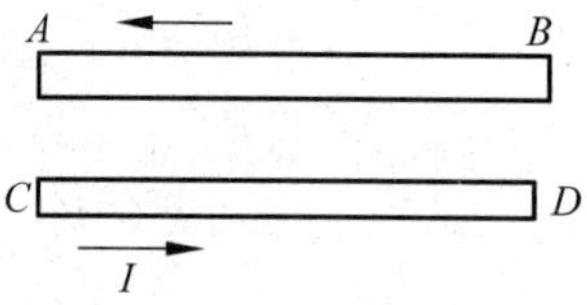

图 7-27　基础题 8 用图

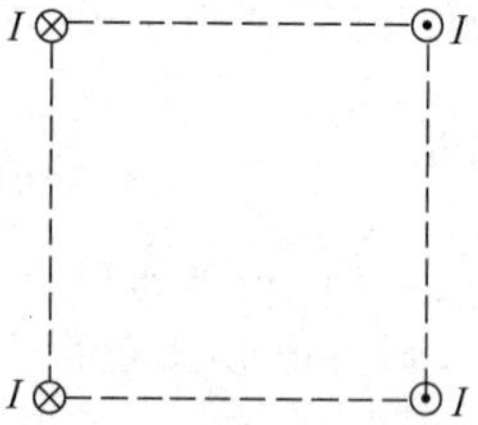

图 7-28　基础题 9 用图

10. 若有一长直金属圆筒,沿长度方向有稳恒电流 I 流过,在横截面上电流均匀分布,则筒内空腔各处的磁感应强度为________,筒外空间中离轴线 r 处的磁感应强度为________。

11. 一正电子在磁场中运动,已知其速度 $\boldsymbol{v}$ 沿 x 轴正向,如图 7-29。如果电荷不受力,则磁感应强度 $\boldsymbol{B}$ 的方向为________;如果受力的方向沿 z 轴方向,且力的数值为最大,则磁感应强度 $\boldsymbol{B}$ 的方向为________。

12. 一载流平面半圆线圈,半径为 R,电流为 I,放在磁感应强度为 $\boldsymbol{B}$ 的均匀磁场中,磁场方向与线圈平面平行,如图 7-30 所示,则该载流线圈磁矩 $\boldsymbol{m}$ 的大小为________,方向为________;该载流线圈所受磁力矩的大小为________,方向为________。

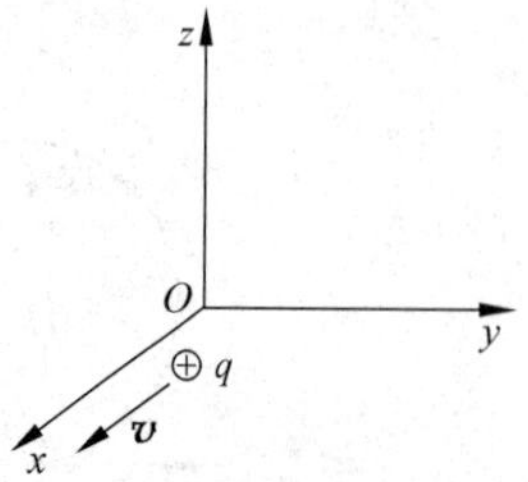

图 7-29　基础题 11 用图

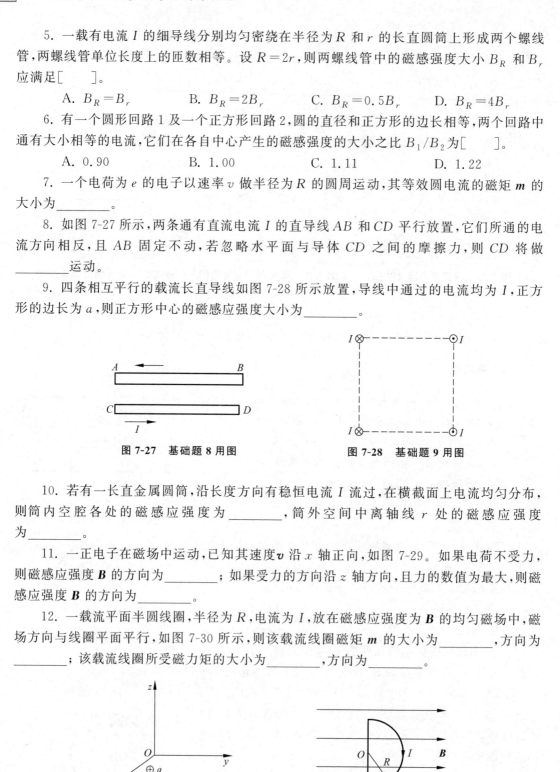

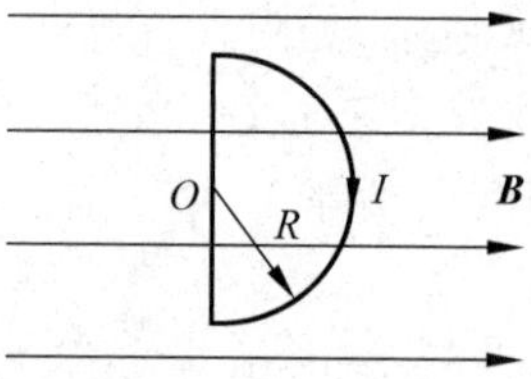

图 7-30　基础题 12 用图

13. 在磁场空间分别取两个闭合回路，若两个回路各自包围载流导线的条数不同，但电流的代数和相同，则磁感强度沿各闭合回路的线积分________；两个回路上的磁场分布________。（填：相同或不相同）

14. 一磁场的磁感强度为 $\boldsymbol{B}=a\boldsymbol{i}+b\boldsymbol{j}+c\boldsymbol{k}$ (SI)，则通过一半径为 R，开口向 z 轴正方向的半球壳表面的磁通量的大小为________。

15. 一均匀带电的薄圆环，内外半径分别为 a 和 $b(a<b)$，电荷面密度为 σ，若圆盘绕通过圆心且垂直于盘面的轴匀速转动，角速度为 ω，求圆盘中心处磁感应强度的大小。

16. 两块平行的大金属板上通有均匀的电流，电流面密度都是 $\boldsymbol{j}$，但方向相反。求板间和板外的磁场分布。

17. 载有电流 I_1 的长直导线旁有一通有电流 I_2 的正三角形线圈（边长为 l），其一边与直导线平行，底边到直导线的垂直距离为 a，如图 7-31 所示，直导线与线圈在同一平面内，求：

（1）载流三角形线圈所受到的合力；

（2）载流三角形线圈所受到的合力矩（以通过 C 点并垂直于纸面方向的轴为转轴）。

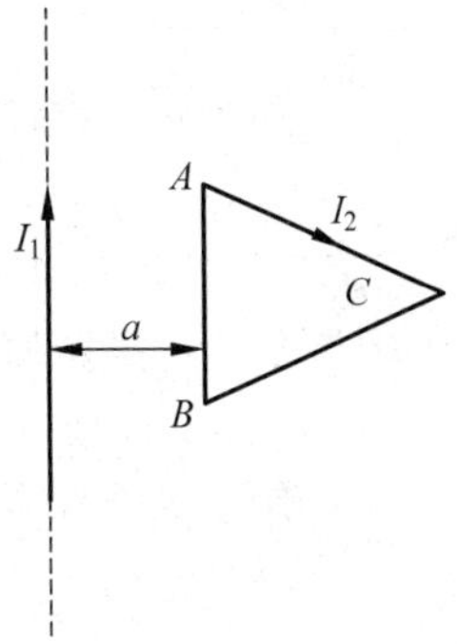

图 7-31　基础题 17 用图

18. 两个半径均为 r_0 的圆形线圈，彼此平行并共轴，间距为 $2d$。两个线圈均通有电流 I，且电流的方向相同，设其圆心连线的中点为 O，求：

（1）轴线上任一点的磁感应强度；

（2）d 为何值时，O 点附近的磁场最均匀。

19. 两条彼此绝缘的无限长且具有缺口的圆柱形导线的横截面如图 7-32 所示。它们的半径均为 R，两轴的间距为 $\overline{O_1O_2}=1.60R$，沿轴向同时通有电流 I，但电流的方向相反。求它们所包围的缺口空间中的磁感应强度。

20. 将 N 条相互绝缘的无限长直导线紧密平行排列成截面半径为 R 的圆柱面，如图 7-33 所示，每条导线均通以同方向的电流 I。求每条导线单位长度上所受力的大小和方向。

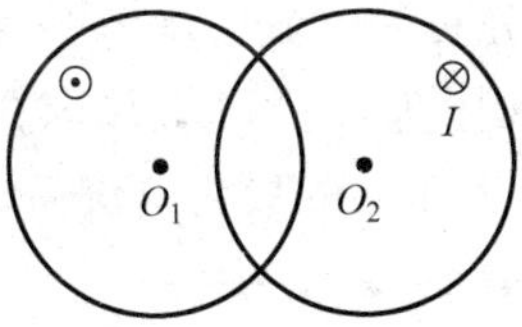

图 7-32　基础题 19 用图

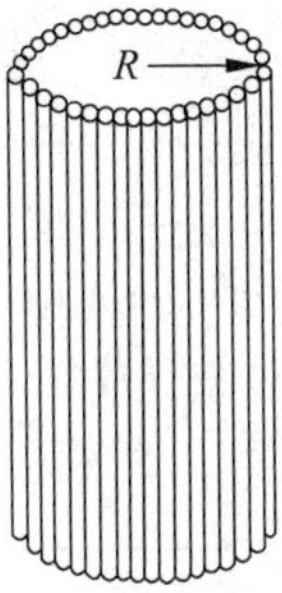

图 7-33　基础题 20 用图

（三）综合题

1. 一条无限长的传输电流的扁平铜片如图 7-34 所示，其宽度为 a，厚度忽略不计，传输的电流为 I，求离铜片中心线正上方为 y 处的 P 点的磁感应强度的大小。

2. 如图 7-35 所示，一多层密绕螺线管的内半径为 R_1，外半径为 R_2，长度为 $2l$，设其总匝数为 N_0，导线中通过的电流为 I，求螺线管中心 O 点的磁感应强度 $\boldsymbol{B}$。

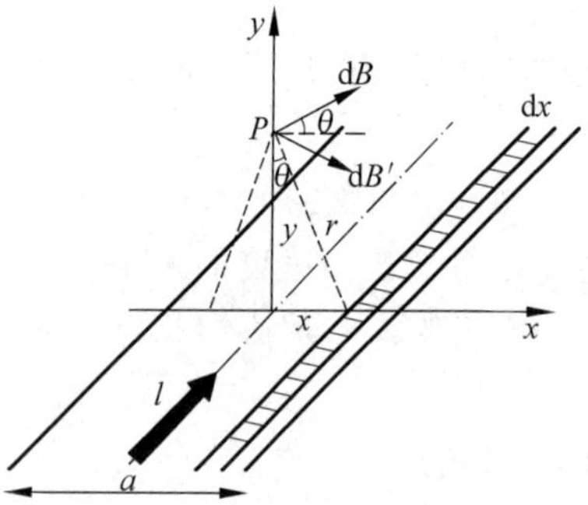

图 7-34 综合题 1 用图

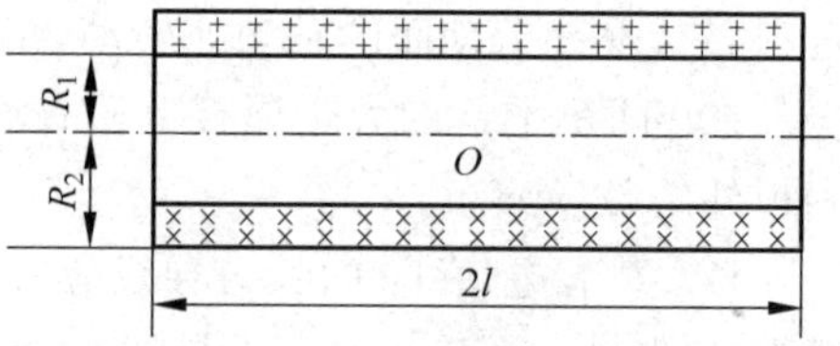

图 7-35 综合题 2 用图

3. 如图 7-36 所示，一个半径为 R，均匀带正电(电荷线密度为 λ)的半圆弧线，以其直径为轴匀速旋转，设转动的角速度为 ω，求：

(1) O 点的磁感应强度；

(2) 旋转半圆的等效磁矩。

综合题 3

4. 如图 7-37 所示，一块宽度为 a 的无限长金属薄板，通有均匀分布的电流 I。

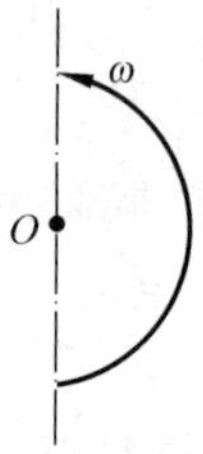

图 7-36 综合题 3 用图

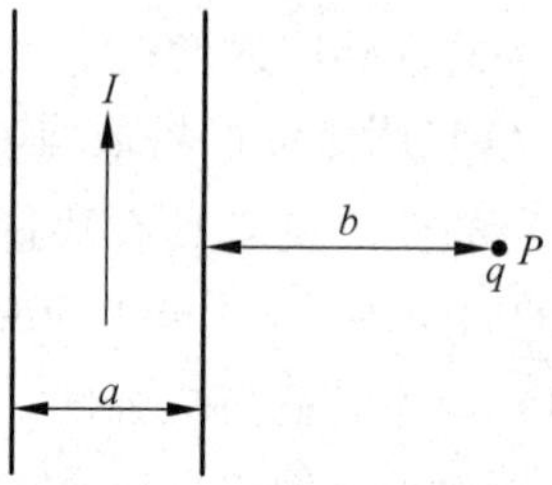

图 7-37 综合题 4 用图

(1) 求薄板所在平面上与板的边缘相距为 b 的点 P 处的磁感应强度。

(2) 若在 P 点处有一点电荷 q，其运动速度 $\boldsymbol{v}$ 与板的边缘平行，则该电荷的受力情况如何？

5. 如图 7-38 所示，一无限大薄金属板上均匀分布着电流密度为 i_0 的电流，在金属板的两侧各紧贴一个相对磁导率分别为 μ_{r1} 和 μ_{r2} 的无限大(有限厚)均匀介质板，试分别计算两介质板内的磁场强度、磁感应强度以及两介质板表面上的极化电流面密度。

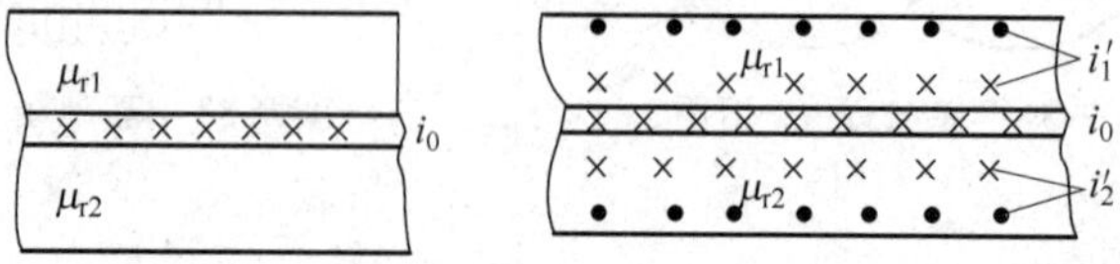

(a) (b)

图 7-38 综合题 5 用图

解题训练答案及解析

(一) 课前预习题

1. D　2. A　3. C　4. C　5. B

(二) 基础题

1. E　2. D　3. A　4. C　5. A　6. C

7. $\frac{1}{2}evR$

分析　可利用电流定义求得等效电流。

解　由电流定义可知，一个电荷为 e 的电子以速率 v 做半径为 R 的圆周运动形成的等效电流强度为

$$I=\frac{q}{t}$$

其中，t 为电子做圆周运动的周期，其表达式为

$$t=\frac{2\pi m}{qB}$$

则得

$$I=\frac{q}{\frac{2\pi m}{qB}}=\frac{ev}{2\pi R}$$

因此磁矩为

$$m=IS=\frac{ev}{2\pi R}\pi R^2=\frac{1}{2}evR$$

讨论　带电粒子作周期运动可看作等效电流。

8. 向着远离导线 AB 的方向运动

分析　可利用安培力公式计算载流导线在磁场中所受的磁力。

解　因为 AB 固定不动，所以可以考虑 CD 在 AB 所产生的磁场中的受力情况。由右手螺旋定则可知，AB 在 CD 附近产生的磁场方向垂直纸面向外。因此由安培力公式 $\mathrm{d}\boldsymbol{F}=I\mathrm{d}\boldsymbol{l}\times\boldsymbol{B}$ 可知，当 AB 和 CD 互相平行时，CD 将受到竖直向下的力。因此 CD 将向着远离导线 AB 的方向运动。

讨论　本题利用安培力公式可以得出受力情况。

9. $\frac{2\sqrt{2}\mu_0 I}{\pi a}$

10. 0；$\frac{\mu_0 I}{2\pi r}$

分析　可利用安培环路定理计算。

解 由安培环路定理$\oint_L \boldsymbol{B}\cdot \mathrm{d}\boldsymbol{l}=\mu_0\sum I$,在空腔内取回路$L_1$,此回路包围的电流为零,所以有

$$\oint_{L_1}\boldsymbol{B}\cdot \mathrm{d}\boldsymbol{l}=B2\pi r=0$$

即筒内空腔各处的磁感应强度为$B=0$。在空腔外取回路L_2,此回路包围的电流为I,根据安培环路定理,此时

$$\oint_{L_2}\boldsymbol{B}\cdot \mathrm{d}\boldsymbol{l}=B2\pi r=\mu_0 I$$

所以,筒外的磁感应强度为$B=\dfrac{\mu_0 I}{2\pi r}$。

讨论 利用安培环路定理求解时要注意环路的取法。

11. 沿x轴;沿y轴。

分析 可由洛伦兹力公式求解。

解 由洛伦兹力公式$\boldsymbol{F}=q\boldsymbol{v}\times\boldsymbol{B}$可得洛伦兹力大小为$F=qvB\sin\theta$,方向由右手螺旋定则确定,如果电荷不受力,即$\sin\theta=0$,故$\theta=0$或$\pi$,即$v$的方向与$B$的方向平行,因此磁感应强度$\boldsymbol{B}$的方向为沿$x$轴;如果受力的方向沿$z$轴方向,且力的数值为最大,即$\sin\theta=0$,故$\theta=\dfrac{\pi}{2}$或$-\dfrac{\pi}{2}$,即$v$的方向与$B$的方向垂直,因此磁感应强度$\boldsymbol{B}$的方向为沿$y$轴。

讨论 由洛伦兹力公式可知,当运动电荷不受力时,其速度的方向与磁感应强度的方向平行,由此判定磁感应强度的方向。

12. $\dfrac{\pi}{2}IR^2$;垂直纸面向里;$\dfrac{\pi}{2}IR^2B$;向下。

分析 可用磁矩及磁力矩公式求解。

解 由磁矩公式$\boldsymbol{m}=I\boldsymbol{S}$,可得半径为$R$的载流平面半圆线圈的磁矩$\boldsymbol{m}$的大小为

$$m=I\ \frac{\pi}{2}R^2=\frac{\pi}{2}IR^2$$

方向垂直纸面向里。由磁力矩公式$\boldsymbol{M}=\boldsymbol{m}\times\boldsymbol{B}$,可得该载流线圈所受磁力矩的大小为

$$M=mB=\frac{\pi}{2}IR^2B$$

方向竖直向下。

讨论 磁矩与磁力矩的方向不同。

13. 相同;不相同。

14. $c\pi R^2$

分析 可根据磁通量的定义及磁场的高斯定理求解。

解 由磁场的高斯定理,通过闭合面的磁通量为

$$\Phi_{\mathrm{m}}=\oiint \boldsymbol{B}\cdot \mathrm{d}\boldsymbol{S}=0$$

若作一封闭的半球形闭合面,则穿过此闭合面的磁通量为零,所以穿过半球面的磁通量为

$$\Phi_{\mathrm{m}S_1}=-\Phi_{\mathrm{m}S_2}$$

式中,S_1表示半球面;S_2表示半球形闭合面的底面。穿过底面的磁通量为

$$\Phi_{mS_2}=\iint_{S_2}\boldsymbol{B}\cdot d\boldsymbol{S}_2$$

由于$d\boldsymbol{S}_2=dS_2\boldsymbol{k}$，$\boldsymbol{B}=a\boldsymbol{i}+b\boldsymbol{j}+c\boldsymbol{k}$，因此上式可改写为

$$\Phi_{mS_2}=\int(a\boldsymbol{i}+b\boldsymbol{j}+c\boldsymbol{k})\cdot dS_2\boldsymbol{k}=c\pi R^2$$

所以穿过半球面的磁通量为

$$\Phi_{mS_1}=-c\pi R^2$$

讨论　(1) 磁场为无源场，穿过闭合曲面的磁通量为零。

(2) 由磁场的高斯定理可求磁场的磁通量，本题是一个很好的例子。

15. **分析**　先利用电流定义求得等效电流，再求磁感应强度。

解　旋转的电荷等效圆电流。取距圆心为 r，宽度为 dr 的圆环为微元，此微元所带电荷为

$$dq=\sigma ds=\sigma 2\pi r dr$$

当此微元以角速度 ω 转动时，其等效电流强度为

$$dI=\frac{\omega}{2\pi}dq=\sigma\omega r dr$$

故此微元在圆盘中心产生的磁感应强度为

$$dB=\frac{\mu_0 dI}{2r}$$

因此圆盘中心处磁感应强度的大小为

$$B=\int dB=\int_a^b\frac{\mu_0\sigma\omega r dI}{2r}=\frac{1}{2}\mu_0\sigma\omega(b-a)$$

讨论　(1) 在讨论稳恒磁场时，旋转的电荷等效圆电流。

(2) 本题也可利用运动电荷产生的磁场 $d\boldsymbol{B}=\frac{\mu_0}{4\pi}\frac{q\boldsymbol{v}\times\boldsymbol{r}}{r^3}$ 求解得到，请读者自己练习。

16. **分析**　本题中磁场分布具有面对称性，可利用安培环路定理求解大金属板的磁场分布，然后利用磁场的叠加原理求解板间和板外的磁场分布。

解　由安培环路定理可知，无限大载流金属极在其两侧产生的磁感应强度大小为

$$B=\frac{\mu_0 j}{2}$$

两侧的磁感应强度方向相反。由磁场的叠加原理可得，板间的磁感应强度为

$$B=2\cdot\frac{\mu_0 j}{2}=\mu_0 j$$

板外的磁感应强度为

$$B=0$$

讨论　当多个载流导体为几个常见载流导体的组合时，可直接利用其磁场分布公式进行矢量叠加求解。

17. **分析**　长直载流导线产生沿径向分布的非均匀磁场，可利用积分求解。

解　(1) 无限长直载流导线在其周围产生非均匀磁场 $B=\frac{\mu_0 I_1}{2\pi r}$，由对称性可知，载流三

角形线圈与长直载流导线不平行的两条边 AC,CB 在平行于无限长直载流导线方向上所受的合力为零,在垂直于无限长直载流导线方向上所受的合力为

$$F_1 = F_{AC}\sin30° + F_{BC}\sin30° = 2\int BI\,\mathrm{d}l\sin30°$$

又由几何关系可得

$$\mathrm{d}l = \frac{\mathrm{d}r}{\cos30°}$$

则得

$$F_1 = \frac{\mu_0 I_1 I_2}{\pi}\tan30°\int_a^{a+\frac{\sqrt{3}}{2}l}\frac{\mathrm{d}r}{r} = \frac{\mu_0 I_1 I_2}{\pi}\left(\frac{1}{\sqrt{3}}\ln\frac{a+\frac{\sqrt{3}}{2}l}{a}\right)$$

方向与无限长直载流导线垂直且向右。载流三角形线圈与长直载流导线平行的边 AB 所受的力为

$$F_2 = \frac{\mu_0 I_1 I_2}{2\pi a}l$$

方向与无限长直载流导线垂直且向左。则载流三角形线圈所受的合力为

$$F = F_1 - F_2 = \frac{\mu_0 I_1 I_2}{\pi}\left(\frac{1}{\sqrt{3}}\ln\frac{a+\frac{\sqrt{3}}{2}l}{a} - \frac{l}{2a}\right)$$

(2) 载流三角形线圈所受到的合力矩为三条边所受的力矩的矢量和,即

$$\boldsymbol{M} = \boldsymbol{M}_{BA} + \boldsymbol{M}_{AC} + \boldsymbol{M}_{CB}$$

由力矩 $\boldsymbol{M}=\boldsymbol{r}\times\boldsymbol{F}$ 得,$\boldsymbol{M}_{BA}=0$,$\boldsymbol{M}_{AC}+\boldsymbol{M}_{CB}=0$,所以载流三角形线圈所受到的合力矩为零(以通过 C 点并垂直于纸面方向的轴为转轴)。

讨论 长直载流导线产生沿径向分布的非均匀磁场,讨论载流线圈在此磁场中受力时要利用积分求解。

18. **分析** 本题可利用磁场的叠加原理求解。

解 (1) 载流圆形线圈在其轴线上任一点处产生的磁场为

$$B = \frac{\mu_0 IR^2}{2r^3}$$

设轴线上任一点到其中一个圆形线圈的圆心的距离为 $x-d$,则到另一圆形线圈的圆心的距离为 $x+d$,两线圈在该点产生的磁感应强度分别为

$$B_{1x} = \frac{\mu_0 I r_0^2}{2[r_0^2+(x-d)^2]^{\frac{3}{2}}}$$

$$B_{2x} = \frac{\mu_0 I r_0^2}{2[r_0^2+(x+d)^2]^{\frac{3}{2}}}$$

因此在该点产生的总磁感应强度为

$$B=B_{1x}+B_{2x}$$

$$=\frac{\mu_0 I r_0^2}{2}\left\{\frac{1}{\left[r_0^2+(x-d)^2\right]^{\frac{3}{2}}}+\frac{1}{\left[r_0^2+(x+d)^2\right]^{\frac{3}{2}}}\right\}$$

(2) 当$\frac{\mathrm{d}B}{\mathrm{d}x}=0$时，磁场分布最均匀，解得 $d=r_0/2$。

讨论　熟练掌握典型的圆电流的磁场分布是解本题的关键。

19. **分析**　本题可利用磁场的叠加原理和补偿法来求解。

解　无限长圆柱电流的磁感应强度分布公式为

$$\boldsymbol{B}_r=\begin{cases}\frac{\mu_0}{2}\boldsymbol{J}\times\boldsymbol{r} & 0<r\leqslant R\text{(圆柱内)}\\ \frac{\mu_0 IR}{2}\boldsymbol{J}\times\boldsymbol{r}, & r\geqslant R\text{(圆柱外)}\end{cases}$$

假设两绝缘导线在缺口处均有电流通过，设缺口处任一点到 O_1 的距离为 r_1，到 O_2 的距离为 r_2，导线 1 和 2 中的电流在该点产生的磁感应强度分别为 $\boldsymbol{B}_{r_1}$ 和 $\boldsymbol{B}_{r_2}$，则

$$\boldsymbol{B}_{r_1}=\frac{\mu_0}{2}\boldsymbol{J}_1\times\boldsymbol{r}_1$$

$$\boldsymbol{B}_{r_2}=\frac{\mu_0}{2}\boldsymbol{J}_2\times\boldsymbol{r}_2$$

其中，$r_1=O_1O_2+r_2$，$J_1=-J_2$。由磁场的叠加原理可知缺口空间中任一点的磁感应强度为

$$\boldsymbol{B}=\boldsymbol{B}_{r_1}+B_{r_2}=\frac{\mu_0}{2}\boldsymbol{J}_1\times\boldsymbol{r}_2+\frac{\mu_0}{2}\boldsymbol{J}_1\times\boldsymbol{O}_1\boldsymbol{O}_2+\frac{\mu_0}{2}\boldsymbol{J}_2\times\boldsymbol{r}_2$$

$$=\frac{\mu_0}{2}\boldsymbol{J}_1\times\boldsymbol{O}_1\boldsymbol{O}_2$$

又$|J_1|=|J_2|=\frac{I}{\pi R^2}$，且$|\boldsymbol{O}_1\boldsymbol{O}_2|=1.6R$，所以

$$B=0.285\mu_0 I/R$$

方向垂直于 O_1O_2 向上。

讨论　对电流非对称分布的情况可用补偿法解决问题。

20. **分析**　由于导线沿圆周对称分布，所以可通过磁场叠加原理计算出每条导线所处位置的磁场强度，再根据安培定律计算出每条导线所受安培力的大小和方向。

解　取某处(设为 P 点)单条导线为研究对象，因为电流均匀分布，所以圆柱面电流密度为

$$j=\frac{NI}{2\pi R}$$

在圆周上对称取宽度为 $\mathrm{d}l$ 的一组导线，则电流强度为

$$\mathrm{d}I=j\,\mathrm{d}l=\frac{NI}{2\pi R}R\,\mathrm{d}\theta=\frac{NI}{2\pi}\mathrm{d}\theta$$

因此该组导线在 P 点产生的磁场大小为

$$\mathrm{d}B=\frac{\mu_0\,\mathrm{d}I}{2\pi r}=\frac{\mu_0 NI\,\mathrm{d}\theta}{4\pi^2 r}$$

$\mathrm{d}\boldsymbol{B}$ 的方向与 P 点到 $\mathrm{d}\boldsymbol{l}$ 的距离 $\boldsymbol{r}$ 相垂直。

由对称性知,圆柱面在 P 点产生的磁感应强度沿 x 轴方向的分量为零,即 $\boldsymbol{B}$ 的方向沿 y 轴方向,则 P 点的磁感应强度大小为

$$B_P = 2\int \mathrm{d}B_y = 2\int \mathrm{d}B\sin\beta$$

由几何关系可知

$$r = 2R\sin\frac{\theta}{2},\quad \beta = \frac{\theta}{2}$$

则得

$$B_P = 2\int_0^{\pi} \frac{\mu_0 NI}{4\pi^2 2R\sin\frac{\theta}{2}}\sin\frac{\theta}{2}\mathrm{d}\theta$$

$$= \frac{\mu_0 NI}{4\pi^2 R}\int_0^{\pi}\mathrm{d}\theta = \frac{\mu_0 NI}{4\pi R}$$

根据安培力公式 $\mathrm{d}\boldsymbol{F} = I\,\mathrm{d}\boldsymbol{l}\times\boldsymbol{B}$,由于电流的方向与磁场的方向垂直,则得

$$\mathrm{d}F = NIB\,\mathrm{d}l$$

即得

$$\frac{\mathrm{d}F}{\mathrm{d}l} = IB = \frac{\mu_0 IN^2}{4\pi R}$$

方向指向轴心。

讨论 解本题的关键是充分利用对称性进行分析,采用叠加法计算出每条导线所处位置的磁感应强度。

(三) 综合题

1. **分析** 本题可利用磁场的叠加原理积分求解。

解 把铜片划分成无限个宽度为 $\mathrm{d}x$ 的细长条,每个细长条通有电流 $\mathrm{d}I = \frac{I}{a}\mathrm{d}x$,如图 7-34 所示,该电流在 P 点产生的磁场为

$$\mathrm{d}B = \frac{\mu_0}{2\pi r}\mathrm{d}I = \frac{\mu_0 I}{2\pi a y/\cos\theta}\mathrm{d}x$$

由对称性知 $\sum \mathrm{d}B_y = 0$,而

$$\mathrm{d}B_x = \mathrm{d}B\cos\theta = \frac{\mu_0 I\cos^2\theta}{2\pi a y}\mathrm{d}x$$

由几何关系可得,$x = y\tan\theta$,则 $\mathrm{d}x = y\sec^2\theta\mathrm{d}\theta$,因此可得 P 点的磁感应强度大小为

$$B = \int \mathrm{d}B_x = \int \frac{\mu_0 I\cos^2\theta}{2\pi a y}y\sec^2\theta\mathrm{d}\theta = \int_{-\theta}^{\theta}\frac{\mu_0 I}{2\pi a}\mathrm{d}\theta = \frac{\mu_0 I}{\pi a}\theta = \frac{\mu_0 I}{\pi a}\arctan\frac{a}{2y}$$

方向平行 x 轴。

当 $y \gg a$ 时,$B = \frac{\mu_0 I}{2\pi y}$。

当 $y \ll a$ 时，$B=\frac{\mu_0 I}{2a}=\frac{\mu_0 i}{2}$。

讨论　可把铜片上的电流看作多段直线电流的组合，分别求出每一段直电流在场点处产生的磁场大小，再利用叠加原理得到总磁场。

2. **分析**　本题可利用磁场的叠加原理积分求解。

解　通电螺线管在轴线上的磁场分布为

$$B=\frac{\mu_0 nI}{2}(\cos\theta_2-\cos\theta_1)$$

当场点位于螺线管中心时 $\cos\theta_1=-\cos\theta_2$，则

$$B=\mu_0 nI\cos\theta_2=\mu_0 nI\cos\theta$$

一个多层密绕螺线管可看成是由厚度为 $\mathrm{d}r$ 的均匀密绕载流螺线叠加而成的。设半径为 r，长度为 l，厚度为 $\mathrm{d}r$ 的均匀密绕载流螺线管通有电流 $\mathrm{d}I$，则其在轴线中心上产生的磁感应强度为

$$\mathrm{d}B=\mu_0 n\mathrm{d}I\cos\theta=\mu_0 n\mathrm{d}I\frac{\frac{l}{2}}{\sqrt{\left(\frac{l}{2}\right)^2+r^2}}$$

其中

$$n\mathrm{d}I=\frac{N_0 I}{(R_2-R_1)l}\mathrm{d}r$$

则在螺线管中心 O 点处的磁感应强度为

$$B=\int\mathrm{d}B=\int_{R_2}^{R_1}\mu_0\frac{\frac{l}{2}}{\sqrt{\left(\frac{l}{2}\right)^2+r^2}}\frac{N_0 I}{(R_2-R_1)l}\mathrm{d}r$$

$$=\frac{\mu_0 N_0 I}{2(R_2-R_1)}\ln\frac{R_2+\sqrt{R_2^2+\left(\frac{l}{2}\right)^2}}{R_1+\sqrt{R_1^2+\left(\frac{l}{2}\right)^2}}$$

讨论　求出厚度为 $\mathrm{d}r$ 的螺线管在 O 点产生的磁场大小是解本题的关键。

3. **分析**　在半圆弧线圈上取微元，则带电的微元可看作点电荷。在讨论稳恒磁场时，旋转的电荷等效为圆电流。

解　(1) 在半圆弧上取长度微元 $\mathrm{d}\boldsymbol{l}$，此微元所带电荷为

$$\mathrm{d}q=\lambda\,\mathrm{d}l=\lambda R\,\mathrm{d}\theta$$

$\mathrm{d}l$ 旋转时等效于一圆电流，其对应的电流元为

$$\mathrm{d}I=\frac{\mathrm{d}q}{T}=\frac{\omega}{2\pi}\mathrm{d}q=\frac{\omega}{2\pi}\lambda R\,\mathrm{d}\theta$$

它在 O 点产生的磁感应强度为

$$\mathrm{d}B=\frac{\mu_0\mathrm{d}Ir^2}{2(x^2+r^2)^{\frac{3}{2}}}$$

由于 $x=R\cos\theta$，$r=R\sin\theta$，所以

$$dB=\frac{\mu_0 dI(R\sin\theta)^2}{2R^3}$$

又因为

$$dI=\frac{dq}{T}=\frac{\lambda R d\theta}{\frac{2\pi}{\omega}}=\frac{\omega\lambda R d\theta}{2\pi}$$

则得

$$dB=\frac{\mu_0(R\sin\theta)^2}{2R^3}\cdot\frac{\omega\lambda R d\theta}{2\pi}=\frac{\mu_0\omega\lambda}{4\pi}\sin^2\theta d\theta$$

所以 O 点的磁感应强度大小为

$$B=\int dB=\int_0^{\pi}\frac{\mu_0\omega\lambda}{4\pi}\sin^2\theta d\theta=\frac{\mu_0\omega\lambda}{8}$$

(2) 由于带电体长度微元 dl 在旋转过程可等效为一个圆电流，则磁矩为

$$dM=dI\pi r^2=\frac{\lambda\omega R d\theta}{2\pi}\pi R^2\sin^2\theta=\frac{\lambda R^3\omega}{2}\sin^2\theta d\theta$$

因此，旋转半圆的总磁矩为

$$M=\int dM=\frac{\lambda R^3\omega}{2}\int_0^{\pi}\sin^2\theta d\theta=\frac{\pi\lambda R^3\omega}{4}$$

讨论 在讨论稳恒磁场时，旋转的电荷等效为圆电流，此时由于带电体旋转形成的等效电流为 $I=\frac{dq}{dt}=\frac{q}{T}$。

4. **分析** 由于电流均匀分布，因此可将薄板划分为无限多条无限长直载流导线，用积分的方法求解磁场分布。

解 (1) 取 x 轴方向为正方向，设薄板上单位宽度的电流 $dI=\frac{I}{a}\cdot dx$，dI 产生的磁感应强度为

$$dB=\frac{\mu_0 dI}{2\pi x}=\frac{\mu_0\frac{I}{a}dx}{2\pi x}$$

所以点 P 处的磁感应强度为

$$B=\int_b^{a+b}\frac{\mu_0}{2\pi a}\cdot\frac{1}{x}dx=\frac{\mu_0 I}{2\pi a}\ln\frac{a+b}{b}$$

(2) 根据洛伦兹公式 $\boldsymbol{F}=q\boldsymbol{v}\times\boldsymbol{B}$，电荷受力为

$$F=Bqv=\frac{\mu_0 Iqv}{2\pi a}\ln\frac{a+b}{b}$$

方向垂直指向薄板。

讨论 当电流不能看作线电流时，必须将其分解后分别求解磁场分布然后利用磁场的叠加原理计算总磁感应强度。

5. **分析** 根据磁介质磁化机制，可通过磁场的叠加原理计算总磁感应强度，再根据磁

场强度和磁感应强度的关系、磁场强度和磁化强度的关系计算出极化电流面密度。

解　如图 7-38(b)所示,设相对磁导率为 μ_{r1} 和 μ_{r2} 的均匀介质板的极化面电流密度分别为 i_1' 和 i_2',磁化强度分别为 M_1 和 M_2,磁场强度分别为 H_1 和 H_2,在均匀各向同性介质中有关系式:

$$i_1' = M_1 = \chi_{m1} H_1 = (\mu_{r1} - 1) H_1$$

$$i_2' = M_2 = \chi_{m2} H_2 = (\mu_{r2} - 1) H_2$$

由 $\boldsymbol{H}$ 和 $\boldsymbol{B}$ 的关系、磁场的叠加原理及无限大载流平板的磁场公式有

$$B_1 = B_0 + B_1' = \mu_0 \left(\frac{i_0}{2} + i_1'\right) = \mu_0 \mu_{r1} H_1 = \frac{\mu_0 \mu_{r1}}{\mu_{r1} - 1} i_1'$$

$$B_2 = B_0 + B_2' = \mu_0 \left(\frac{i_0}{2} + i_2'\right) = \mu_0 \mu_{r2} H_2 = \frac{\mu_0 \mu_{r2}}{\mu_{r2} - 1} i_2'$$

解得

$$i_1' = (\mu_{r1} - 1) \frac{i_0}{2}$$

$$i_2' = (\mu_{r2} - 1) \frac{i_0}{2}$$

讨论　解本题的关键是充分利用磁化机制进行分析,采用叠加法计算出磁感应强度。

第8章 电磁感应

一、基本要求

1. 理解法拉第电磁感应定律和楞次定律的物理意义，熟练掌握应用法拉第电磁感应定律计算感应电动势 ε_i，会用楞次定律判断 ε_i 的方向。

2. 理解动生电动势产生的原因，掌握动生电动势的计算方法。

3. 理解感生电场和感生电动势产生的原因，掌握感生电场和感生电动的计算方法。

4. 理解自感和互感的物理意义，掌握自感系数和互感系数的计算方法。

5. 理解磁场储存能量的概念，会用自感磁能公式和磁能密度公式计算磁能。

二、知识要点

1. 法拉第电磁感应定律：$\varepsilon_i=-\dfrac{d\Phi_m}{dt}$。其中，磁通量 $\Phi_m=\int_S \boldsymbol{B}\cdot d\boldsymbol{S}$ 。

2. 动生电动势：当导体回路在恒定磁场中运动时，引起的感应电动势为

$$\varepsilon=\oint_L(\boldsymbol{v}\times\boldsymbol{B})\cdot d\boldsymbol{l}$$

3. 感生电动势：因磁场变化引起的感应电动势，本质上是由于产生了感应电场，故感生电动势为

$$\varepsilon=-\int_S\frac{\partial\boldsymbol{B}}{\partial t}\cdot d\boldsymbol{S}=\oint_L\boldsymbol{E}_i\cdot d\boldsymbol{l}$$

对于一段导体 ab：$\varepsilon=\int_a^b\boldsymbol{E}_i\cdot d\boldsymbol{l}$。

4. 局限于无限长圆柱(半径为 R)空间内沿轴向的均匀磁场 $\boldsymbol{B}$ 随时间 t 变化时，感应电场分布为

$$\boldsymbol{E}_i=\begin{cases}-\dfrac{r}{2}\dfrac{d\boldsymbol{B}}{dt}, & r\leqslant R\\[2ex] -\dfrac{R^2}{2r}\dfrac{d\boldsymbol{B}}{dt}, & r>R\end{cases}$$

说明 $\boldsymbol{E}_i$ 的方向垂直于 $\boldsymbol{B}$，并与 $\dfrac{d\boldsymbol{B}}{dt}$ 符合左手螺旋关系。

5. 自感。

自感系数：$L=\dfrac{\Phi_{\mathrm{m}}}{i}$。

自感电动势：$\varepsilon_L=-L\dfrac{\mathrm{d}i}{\mathrm{d}t}$。

自感磁能：$W_L=\dfrac{1}{2}Li^2$。

6. 互感。

互感系数：$M=\dfrac{\Phi_{12}}{i_2}=\dfrac{\Phi_{21}}{i_1}$。

互感电动势：$\varepsilon_{12}=-M\dfrac{\mathrm{d}i_2}{\mathrm{d}t}$，$\varepsilon_{21}=-M\dfrac{\mathrm{d}i_1}{\mathrm{d}t}$。

7. 磁场的能量。

磁能密度：$w_{\mathrm{m}}=\dfrac{1}{2}\boldsymbol{B}\cdot\boldsymbol{H}=\dfrac{1}{2\mu}B^2$。

磁场总能量：$W_{\mathrm{m}}=\int_V w_{\mathrm{m}}\mathrm{d}V=\int_V\dfrac{1}{2}\boldsymbol{B}\cdot\boldsymbol{H}\mathrm{d}V$。

三、知识梗概框图

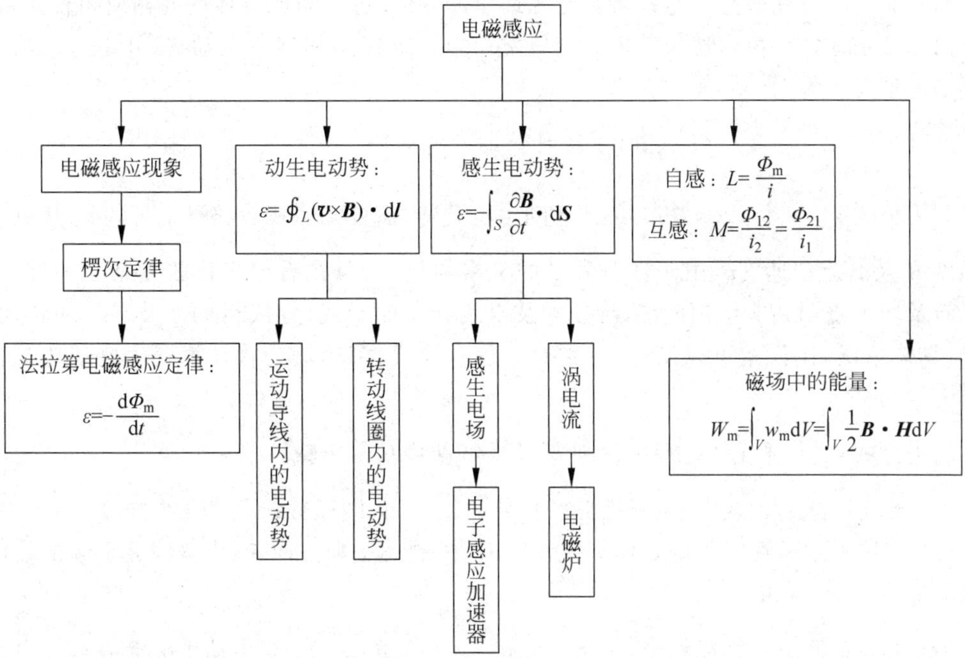

四、基本题型

1. 感应电动势的计算。

(1) 只有动生电动势的计算；

(2) 只有感生电动势的计算；

(3) 既有动生电动势又有感生电动势的计算。

2. 计算自感系数、自感电动势及互感系数、互感电动势的计算。

3. 磁场的能量的计算。

五、解题方法介绍

1. 利用法拉第电磁感应定律 $\varepsilon_i = -\mathrm{d}\Phi_m/\mathrm{d}t$ 计算感应电动势。

无论是何种原因,只要穿过闭合导体回路所包围的磁通量发生变化,就会引起感应电动势,根据引起电动势的原因的不同,感应电动势分为两种,一是动生电动势,二是感生电动势,而这两种电动势原则上均可用法拉第电磁感应定律求解。

由法拉第电磁感应定律求解感应电动势的基本步骤:

(1) 规定回路的正绕向,利用右手螺旋关系确定回路所包围积分曲面的正法向;

(2) 计算穿过回路的磁通量 $\Phi_m = \Phi_m(t)$(具体方法见第7章)。

(3) 将 $\Phi_m(t)$代入法拉第电磁感应定律 $\varepsilon_i = -\mathrm{d}\Phi_m/\mathrm{d}t$ 算出感应电动势,并通过其正负号判断 ε_i 的方向。

由于法拉第电磁感应定律是针对闭合回路而言的,当穿过闭合导体回路中的磁通量发生变化时,在导体回路中产生感应电流,因此,对于闭合回路,求解该回路的感应电动势的关键是确定磁通量的变化关系,即求出 $\Phi_m = \Phi_m(t)$。而对非闭合回路,有时可采取“补辅助回路法”,补充一段或几段感应电动势为已知或零的导体线路,与原导体一起构成闭合回路,然后求出 $\Phi_m = \Phi_m(t)$,再由法拉第电磁感应定律求整个回路的感应电动势,并由此求出待求回路的电动势。

2. 利用公式 $\varepsilon_{ab} = \int_a^b (\boldsymbol{v} \times \boldsymbol{B}) \cdot \mathrm{d}\boldsymbol{l}$ 计算动生电动势。

利用公式 $\varepsilon_{ab} = \int_a^b (\boldsymbol{v} \times \boldsymbol{B}) \cdot \mathrm{d}\boldsymbol{l}$ 计算动生电动势,需要知道积分路径上各线元 $\mathrm{d}\boldsymbol{l}$ 处的感应强度 $\boldsymbol{B}$ 及其运动速度$\boldsymbol{v}$,由于涉及矢量的叉乘和点乘,公式看起来比较复杂。不过,一般磁场涉及均匀磁场和非均匀磁场,导线涉及直线和弯曲导线,导线运动涉及平动和转动,因此,对具体情况,该公式可以简化,特别对一段直导线,利用该公式计算动生电动势就比较简单。

利用公式 $\varepsilon_{ab} = \int_a^b (\boldsymbol{v} \times \boldsymbol{B}) \cdot \mathrm{d}\boldsymbol{l}$ 计算动生电动势基本步骤:

(1) 规定回路的正绕向,也就是路径积分的正方向(即积分线元 $\mathrm{d}\boldsymbol{l}$ 的方向)。

(2) 应用矢量运算规则确定任一线元处$\boldsymbol{v} \times \boldsymbol{B}$ 的大小和方向,写出该线元贡献的元电动势 $\mathrm{d}\varepsilon_{动} = (\boldsymbol{v} \times \boldsymbol{B}) \cdot \mathrm{d}\boldsymbol{l}$。

(3) 沿规定的路径完成积分 $\varepsilon_{动} = \int \mathrm{d}\varepsilon_{动} = \int (\boldsymbol{v} \times \boldsymbol{B}) \cdot \mathrm{d}\boldsymbol{l}$,算出动生电动势 $\varepsilon_{动}$。

3. 利用公式 $\varepsilon_i = \oint_L \boldsymbol{E}_i \cdot \mathrm{d}\boldsymbol{l}$ 计算感生电动势。

利用积分公式 $\varepsilon_i = \oint_L \boldsymbol{E}_i \cdot \mathrm{d}\boldsymbol{l}$ 计算感生电动势需要知道(或求出)积分路径上各点处的感生电场$\varepsilon_i = \oint_L \boldsymbol{E}_i \cdot \mathrm{d}\boldsymbol{l}$,即知道$\boldsymbol{E}_i$ 的分布情况,一般来说,求 $\boldsymbol{E}_i$ 的分布式 $\boldsymbol{E}_i$ 是比较困难的,

因此，在求感生电动势时，尽可能采用法拉第电磁感应定律 $\varepsilon_i = -\mathrm{d}\Phi_m/\mathrm{d}t$ 求解，在此我们把它作为一种解题方法加以介绍。

利用感生电场积分公式 $\varepsilon_i = \oint_L \boldsymbol{E}_i \cdot \mathrm{d}\boldsymbol{l}$ 计算感生电动势的基本步骤：

(1) 建立坐标系，在导线上任取一段有向线元 $\mathrm{d}\boldsymbol{l}$，写出该线元所在处的感生电场，即求出感生电场分布 $\boldsymbol{E}_i$。

(2) 规定回路的正绕向，也就是路径积分的正方向，再应用矢量运算规则，写出任一线元 $\mathrm{d}\boldsymbol{l}$ 贡献的元电动势 $\mathrm{d}\varepsilon_{感生} = \oint_L \boldsymbol{E}_i \cdot \mathrm{d}\boldsymbol{l}$ 。

(3) 沿规定的路径完成积分 $\varepsilon_{感生} = \int \mathrm{d}\varepsilon_{感生} = \oint_L \boldsymbol{E}_i \cdot \mathrm{d}\boldsymbol{l}$ ，算出感生电动势。

4. 利用公式 $\varepsilon_i = -\int_S \frac{\partial \boldsymbol{B}}{\partial t} \cdot \mathrm{d}\boldsymbol{S}$ 计算感生电动势。

如果已知变化的磁场 $\boldsymbol{B}(t)$ 或磁感应强度的变化率 $\frac{\partial \boldsymbol{B}}{\partial t}$ 的分布情况时，除用 8.4.1 和 8.4.3 求解感生电动势外，还可以用公式 $\varepsilon_i = -\int_S \frac{\partial \boldsymbol{B}}{\partial t} \cdot \mathrm{d}\boldsymbol{S}$ 计算感生电动势。虽然该公式源于法拉第电磁感应定律，可按照 8.4.1 所述解题步骤计算，但在已知变化的磁场 $\boldsymbol{B}(t)$ 或磁感应强度的变化率 $\frac{\partial \boldsymbol{B}}{\partial t}$ 的分布情况下，我们可以由以下步骤计算求解感生电动势。

(1) 由 $\boldsymbol{B}(t)$ 计算出 $\frac{\partial \boldsymbol{B}}{\partial t}$。

(2) 计算出元电动势 $\mathrm{d}\varepsilon_{感生} = -\frac{\partial \boldsymbol{B}}{\partial t} \cdot \mathrm{d}\boldsymbol{S}$。

(3) 沿所选的闭合路径完成积分 $\varepsilon_{感生} = \int \frac{\partial \boldsymbol{B}}{\partial t} \cdot \mathrm{d}\boldsymbol{S}$，算出感生电动势。

5. 自感系数和自感电动势的计算。

(1) 假设回路中通有电流 I。

(2) 求出该电流激发的磁场，进而求出穿过回路的磁通量 Φ_L（具体方法见第 7 章）。

(3) 由 $L = \Phi_L / I$ 求出自感系数 L。

除以上方法外，求 L 值还可以利用自感电动势公式 $\varepsilon_L = -L\frac{\mathrm{d}i}{\mathrm{d}t}$ 和磁能的公式 $W_L = \frac{1}{2}LI^2$ 求得。

6. 互感系数和互感电动势的计算。

(1) 假设回路 1（或回路 2）中通有电流 I_1（或 I_2）。

(2) 求出该电流激发的磁场分布，进而求出穿过回路 2（或回路 1）的磁通量 Φ_{21}（或 Φ_{12}）。

(3) 由 $M = \Phi_{21}/I_1 = \Phi_{12}/I_2$ 计算互感系数 M。

互感系数 M 值也可以由公式 $\varepsilon_{12} = -M\frac{\mathrm{d}i_2}{\mathrm{d}t}$ 和 $\varepsilon_{21} = -M\frac{\mathrm{d}i_1}{\mathrm{d}t}$ 计算。

计算时注意：先规定电动势的方向。

六、典型例题

例题 8.1 如图 8-1 所示，长直载流导线通有电流 I，一段长为 l 的直导线 CD 位于图示位置并以速度 $\boldsymbol{v}$ 沿平行于电流的方向运动，求 CD 中产生的感应电动势 ε_i。

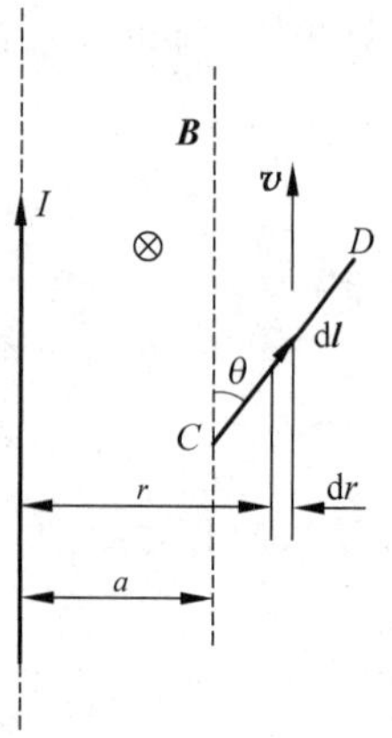

图 8-1 例题 8.1 用图

选题目的 利用公式 $\varepsilon_i=\int d\varepsilon_i=\int(\boldsymbol{v}\times\boldsymbol{B})\cdot d\boldsymbol{l}$ 计算动生电动势。

分析 对于一段直导线在非均匀磁场中运动产生动生电动势的问题，可直接用动生电动势的公式计算。

解 首先规定电动势的正方向为：$C\to D$。计算动生电动势的公式应为

$$\varepsilon_i=\int_{A\to B}(\boldsymbol{v}\times\boldsymbol{B})\cdot d\boldsymbol{l}$$

由于直导线作平动，故导线上各点的速度相同，但导线上各点处的磁感应强度不同。因此，应任取一线元 $d\boldsymbol{l}$，该线元处的 $\boldsymbol{v}\times\boldsymbol{B}$ 的方向水平向左，磁场 $\boldsymbol{B}$ 的方向如图 8-1 所示，则 $\boldsymbol{v}\times\boldsymbol{B}$ 的大小为

$$|\boldsymbol{v}\times\boldsymbol{B}|=vB\sin 90^0=vB$$

由此可得元电动势为

$$d\varepsilon_i=(\boldsymbol{v}\times\boldsymbol{B})\cdot d\boldsymbol{l}=-vB\,dl\cos\theta=-vB\,dr$$

其中 $B=\dfrac{\mu_0 I}{2\pi r}$。因此，所求的感应电动势为

$$\varepsilon_i=\int d\varepsilon_i=\int_{A\to B}-vB\,dr=\int_a^{a+l\sin\theta}-vB\,dr$$

$$=\int_a^{a+l\sin\theta}-\frac{\mu_0 Iv}{2\pi r}dr=-\frac{\mu_0 Iv}{2\pi}\ln\frac{a+l\sin\theta}{a}$$

因为所求的 $\varepsilon_i<0$，所以感应电动势的方向与规定的方向相反，即动生电动势的实际方向应为：$D\to C$。

讨论 (1) 在计算感应电动势时，应先规定其正方向，而实际方向可以通过结果的正负号判断，这样做能够避免很多计算错误。

(2) 由本题的推导可以看出，动生电动势的方向实际上总由矢量 $(\boldsymbol{v}\times\boldsymbol{B})$ 在积分线路上的投影方向决定。

(3) 本题也可通过“补辅助回路法”用法拉第电磁感应定律求解，读者可自行练习。

例题 8.2

例题 8.2 一长直载流导线的电流随时间按指数规律 $I=I_0e^{-\lambda t}$ 衰减。一个长为 l、宽度为 b 的矩形导线框与其共面放置，一个长边到长直导线的距离为 a，$t=0$ 时矩形线圈所处的位置如图 8-2(a)所示。

(1) 求导线框中产生的感应电动势 ε_i。

(2) 设线框的电阻为 R，计算从 $t=0$ 开始到最后线框中流过的总电量 Q。(忽略自感。)

(3) 若线圈向右水平匀速运动，t 时刻矩形线圈处于如图 8-2(b)所示的位置，求该时刻

线圈中的感应电动势。

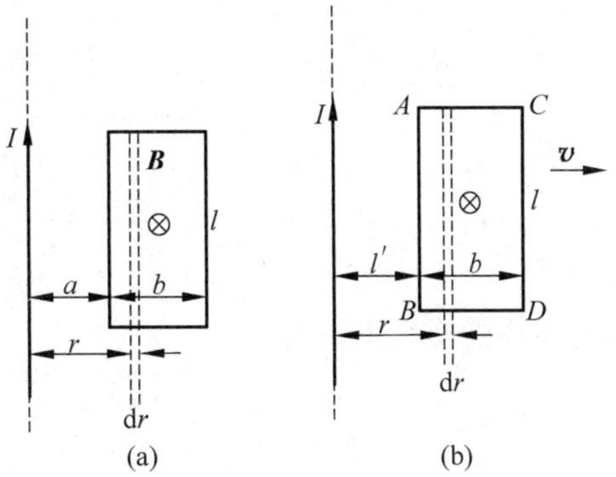

图 8-2　例题 8.2 用图

选题目的　利用法拉第电磁感应定律 $\varepsilon_i=-\mathrm{d}\Phi_m/\mathrm{d}t$ 计算感生电动势。

分析　本题已知一长直载流导线的电流随时间按指数规律 $I=I_0\mathrm{e}^{-\lambda t}$ 衰减，由此可知，该电流在空间所激发的磁场为变化的非均匀磁场，矩形线圈不运动时，在该线圈中产生的感应电动势为感生电动势，当矩形线圈运动时，则该线圈中既有感生电动势，又有动生电动势。本题可采用多种方法求解。

解　(1) **方法 1**　对矩形线圈，最简便的求解思路是：先计算回路中的磁通量随时间的变化关系，然后计算感生电动势，即直接利用法拉第电磁感应定律求解。计算穿过矩形线框的磁通量，首先规定线框的正绕向为顺时针方向。

$$\Phi_m=\int_S \boldsymbol{B}\cdot \mathrm{d}\boldsymbol{S}=\int_S B\,\mathrm{d}S$$

其中 $B=\dfrac{\mu_0 I}{2\pi r}$，根据磁场分布特点和线框形状，取 $\mathrm{d}S=l\,\mathrm{d}r$，代入积分式得

$$\Phi_m=\int_a^{a+b}\frac{\mu_0 I}{2\pi r}\cdot l\,\mathrm{d}r=\frac{\mu_0 Il}{2\pi}\ln\frac{a+b}{a}=\frac{\mu_0 I_0 l}{2\pi}\mathrm{e}^{-\lambda t}\ln\frac{a+b}{a}$$

则感生电动势为

$$\varepsilon_i=-\frac{\mathrm{d}\Phi_m}{\mathrm{d}t}=\frac{\mu_0\lambda I_0 l}{2\pi}\mathrm{e}^{-\lambda t}\ln\frac{a+b}{a}$$

由于所求出的感生电动势 $\varepsilon_i>0$，所以电动势实际方向与规定方向相同，即 ε_i 沿顺时针方向。

方法 2　利用公式 $\varepsilon_i=-\int_S\dfrac{\partial \boldsymbol{B}}{\partial t}\cdot \mathrm{d}\boldsymbol{S}$ 计算感生电动势。取矩形面积元 $\mathrm{d}\boldsymbol{S}$，其法向与 $\boldsymbol{B}$ 相同，垂直指向纸面内。由已知电流 $I=I_0\mathrm{e}^{-\lambda t}$ 和 $B=\dfrac{\mu_0 I}{2\pi r}$ 求磁感应强度对时间的变化率的大小，即得

$$\frac{\partial B}{\partial t}=\frac{\mathrm{d}B}{\mathrm{d}t}=\frac{\mu_0}{2\pi r}\frac{\mathrm{d}I}{\mathrm{d}t}=-\frac{\lambda\mu_0 I}{2\pi r}$$

方向与 $\boldsymbol{B}$ 相反。由此可计算出

$$-\frac{\partial \boldsymbol{B}}{\partial \boldsymbol{t}}\cdot \mathrm{d}\boldsymbol{S}=-\frac{\mathrm{d}\boldsymbol{B}}{\mathrm{d}t}\cdot \mathrm{d}\boldsymbol{S}=-\frac{\lambda\mu_0 I}{2\pi r}\mathrm{d}S\cos 180^\circ=\frac{\lambda\mu_0 I}{2\pi r}\mathrm{d}S$$

将 $\mathrm{d}S=l\mathrm{d}r$ 代入上式，由 $\varepsilon_{感生}=\int\frac{\partial \boldsymbol{B}}{\partial t}\cdot \mathrm{d}\boldsymbol{S}$ 积分，得

$$\varepsilon_{\mathrm{i}}=\int \mathrm{d}\varepsilon_{\mathrm{i}}=\int_a^{a+b}\frac{\lambda\mu_0 Il}{2\pi r}\mathrm{d}r=\frac{\mu_0\lambda Il}{2\pi}\ln\frac{a+b}{a}=\frac{\mu_0\lambda I_0 l}{2\pi}\mathrm{e}^{-\lambda t}\ln\frac{a+b}{a}$$

与方法一结果一致。

(2) 由欧姆定律得，流过导线框感生电流为

$$I_i=\frac{\varepsilon_{\mathrm{i}}}{R}=\frac{\mu_0\lambda I_0 l}{2\pi R}\mathrm{e}^{-\lambda t}\ln\frac{a+b}{a}$$

而流过导线框的电荷为

$$Q=\int_0^{\infty}I_{\mathrm{i}}\mathrm{d}t=\int_0^{\infty}\frac{\mu_0\lambda I_0 l}{2\pi R}\mathrm{e}^{-\lambda t}\ln\frac{a+b}{a}\mathrm{d}t$$
$$=\frac{\mu_0\lambda I_0 l}{2\pi R}\ln\frac{a+b}{a}\int_0^{\infty}\mathrm{e}^{-\lambda t}\mathrm{d}t=\frac{\mu_0 I_0 l}{2\pi R}\ln\frac{a+b}{a}$$

(3) 当矩形线圈运动时，则该线圈中既有感生电动势 $\varepsilon_{感}$，又有动生电动势 $\varepsilon_{动生}$，总的感应电动势等于 $\varepsilon_{\mathrm{i}}=\varepsilon_{动生}+\varepsilon_{感}$。

方法 1 直接利用法拉第电磁感应定律求解。由问题(1)可知，t 时刻穿过矩形线框的磁通量为

$$\Phi_{\mathrm{m}}=\int_{l'}^{l''+b}\frac{\mu_0 I}{2\pi r}\cdot l\mathrm{d}r=\frac{\mu_0 Il}{2\pi}\ln\frac{l'+b}{l'}$$

其中，$l'=a+vt$，所以磁通量

$$\Phi_{\mathrm{m}}=\frac{\mu_0 Il}{2\pi}\ln\frac{a+b+vt}{a+vt}$$

则整个线圈中的总的感应电动势为：

$$\varepsilon_{\mathrm{i}}=-\frac{\mathrm{d}\Phi_m}{\mathrm{d}t}=-\frac{\mu_0 l}{2\pi}\frac{\mathrm{d}I}{\mathrm{d}t}\ln\frac{a+b+vt}{a+vt}-\frac{\mu_0 Il}{2\pi}\frac{\mathrm{d}}{\mathrm{d}t}\left(\ln\frac{a+b+vt}{a+vt}\right)$$
$$=\frac{\mu_0 I_0\lambda l}{2\pi}\mathrm{e}^{-\lambda t}\ln\frac{a+b+vt}{a+vt}+\frac{\mu_0 Ilv}{2\pi}\left(\frac{1}{a+vt}-\frac{1}{a+b+vt}\right)$$

方法 2 由问题(1)其中一种方法求出 t 时刻线圈中的感生电动势，再利用 $\varepsilon_{动}=\int \mathrm{d}\varepsilon_{动}=\int(\boldsymbol{v}\times\boldsymbol{B})\cdot \mathrm{d}\boldsymbol{l}$ 求出动生电动势，二者之和就是所要求的感应电动势 ε_{i}。由问题(1)方法易求出 t 时刻线圈中的感生电动势为

$$\varepsilon_{感}=\frac{\mu_0 I_0\lambda l}{2\pi}\mathrm{e}^{-\lambda t}\ln\frac{a+b+vt}{a+vt}$$

由于动生电动势是由于导体切割磁感线产生的，因此，当矩形线圈水平向右匀速运动时，只有 AB 和 CD 两条边切割磁感线而产生感应电动势，因此，整个线圈内的动生电动势为

$$\varepsilon_{动}=vB_1 l-vB_2 l$$

其中，B_1 和 B_2 分别为导线 AB 和导线 CD 处的磁感应强度，即

$$B_1=\frac{\mu_0 I}{2\pi l'}=\frac{\mu_0 I}{2\pi}\frac{1}{a+vt}$$

$$B_2=\frac{\mu_0 I}{2\pi(l'+b)}=\frac{\mu_0 I}{2\pi}\frac{1}{a+b+vt}$$

由此可得

$$\varepsilon_{动}=vB_1 l-vB_2 l=\frac{\mu_0 I lv}{2\pi}\left(\frac{1}{a+vt}-\frac{1}{a+b+vt}\right)$$

整个线圈中的感应电动势

$$\varepsilon_i=\varepsilon_{动}+\varepsilon_{感}=\frac{\mu_0 I_0 l}{2\pi}e^{-\lambda t}\ln\frac{a+b+vt}{a+vt}+\frac{\mu_0 Ilv}{2\pi}\left(\frac{1}{a+vt}-\frac{1}{a+b+vt}\right)$$

所得结果与方法 1 的结果一致。

讨论　(1) 本问题有多种解法，但无论采用什么方法求解，首先要明确的是感应电动势是瞬时量，因此应取 t 时刻矩形线框所在位置来研究。

(2) 从结果可知，流过线框的总电量主要取决于初始电流 I_0 以及线框的尺寸、位置，而与决定衰减速度的衰减因子 λ 无关。

例题 8.3　如图 8-3(a)所示，无限长直螺线管中磁场均匀分布，并随时间变化，已知 $dB/dt=\alpha$(常数 $\alpha>0$)，其横截面半径为 R。在螺线管内放置一段长为 b 的直导线 CD，螺线管中心轴到 CD 的垂直距离为 h，垂足 P 为 CD 的中点。

(1) 计算螺线管产生的感应电场 $\boldsymbol{E}_i$。

(2) 由感生电场分布求 CD 中的感应电动势 ε_i。

选题目的　利用感生电场的环路定理计算简单情况下感生电场；利用感生电场的路径积分公式 $\varepsilon_{感生}=\int \boldsymbol{E}_i\cdot d\boldsymbol{l}$ 和公式 $\varepsilon_i=-\int_S\frac{\partial \boldsymbol{B}}{\partial t}\cdot d\boldsymbol{S}$ 方法计算感生电动势。

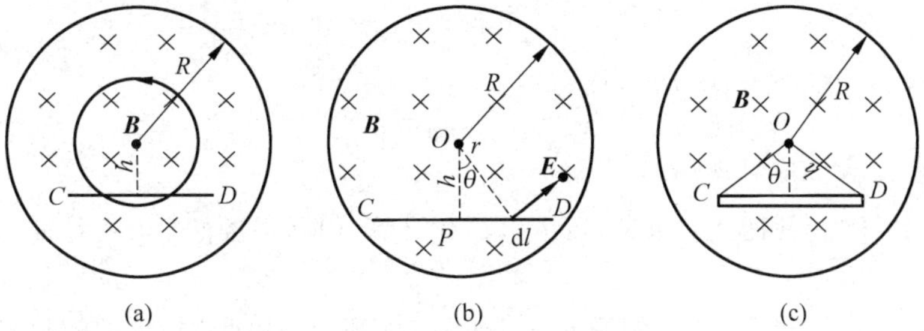

图 8-3　例题 8.3 用图

分析　显然系统具有轴对称性(与无限长载流圆柱体十分类似)，可以直接利用感生电场的环路定理来求感生电场分布。

解　(1) 感生电场线应为一系列与螺线管共轴的圆环，根据楞次定律，方向应与磁场变化的方向成左手螺旋关系，亦即：逆时针方向，如图 8-3(a)所示。取半径为 r 的电场线 L 作路径积分(规定逆时针方向为正)，则

$$\oint_L \boldsymbol{E}_i\cdot d\boldsymbol{l}=\oint_L E_i dl=E_i\oint_L dl=E_i\cdot 2\pi r$$

由感生电场的环路定理，得

$$\oint_L \boldsymbol{E}_{\mathrm{i}} \cdot \mathrm{d}\boldsymbol{l} = -\int_S \frac{\partial \boldsymbol{B}}{\partial t} \cdot \mathrm{d}\boldsymbol{S} = -\int_S \frac{\partial \boldsymbol{B}}{\partial t} \cdot \mathrm{d}\boldsymbol{S}$$

$$= -\int_S \frac{\mathrm{d}B}{\mathrm{d}t} \cdot \mathrm{d}S\cos 180^\circ = \frac{\mathrm{d}B}{\mathrm{d}t}\int_S \mathrm{d}S = \frac{\mathrm{d}B}{\mathrm{d}t} \cdot \pi r^2$$

得

$$E_{\mathrm{i}} = \frac{\mathrm{d}B}{\mathrm{d}t}\frac{r}{2} = \frac{\alpha}{2}r$$

(2) CD 中的感生电动势应为(图 8-3(b))

$$\varepsilon_{\mathrm{i}} = \int_{C\to D} \boldsymbol{E}_{\mathrm{i}} \cdot \mathrm{d}\boldsymbol{l} = \int_{C\to D} E_{\mathrm{i}}\cos\theta \mathrm{d}l = \int_{C\to D} \frac{\alpha}{2} r\cos\theta \mathrm{d}l$$

方法 1 统一变量:$r = h/\cos\theta, l = h\tan\theta \to \mathrm{d}l = h\mathrm{d}\theta/\cos^2\theta$

$$\varepsilon_{\mathrm{i}} = \int_{C\to D} \frac{\alpha}{2}\frac{h}{\cos\theta}\cos\theta \cdot \frac{h}{\cos^2\theta}\mathrm{d}\theta$$

$$= \alpha\frac{h^2}{2}\int_{C\to D}\frac{\mathrm{d}\theta}{\cos^2\theta} = \alpha\frac{h^2}{2}\tan\theta\Big|_A^B = \alpha S_{\triangle OCD}$$

其中,$S_{\triangle OCD}$ 为$\triangle OCD$ 的面积。

方法 2 补闭合回路,利用$\varepsilon_{\mathrm{i}} = -\int_S \frac{\partial \boldsymbol{B}}{\partial t} \cdot \mathrm{d}\boldsymbol{S}$ 计算感生电动势。将 OC 和 OD 两段直线与导体 CD 连接,过程一闭合回路 $OCDO$,如图 8-3(c)所示,并取 $OCDO$ 为回路的正方向,则整个回路中的感应电动势为

$$\varepsilon_{\mathrm{i}} = -\frac{\mathrm{d}\Phi_{\mathrm{m}}}{\mathrm{d}t} = -\frac{\mathrm{d}(\boldsymbol{B} \cdot \boldsymbol{S})}{\mathrm{d}t} = \frac{\mathrm{d}\boldsymbol{B}}{\mathrm{d}t} \cdot \boldsymbol{S}$$

$$= \alpha S_{\triangle OCD}$$

由于 OC 和 OD 两段直线上的感生电场均与它们垂直,故在这两段上的感应电动势为零,即

$$\varepsilon_{OC} = \varepsilon_{OD} = 0$$

而 $\varepsilon_{\mathrm{i}} = \varepsilon_{OC} + \varepsilon_{OD} + \varepsilon_{CD} = \varepsilon_{CD}$,所以有

$$\varepsilon_{\mathrm{i}} = \varepsilon_{CD} = \alpha S_{\triangle OCD}$$

与方法一结果一致。

讨论 用"补辅助回路法"求解,可大大简化计算,但前提条件是:所补充的部分不应改变计算结果。

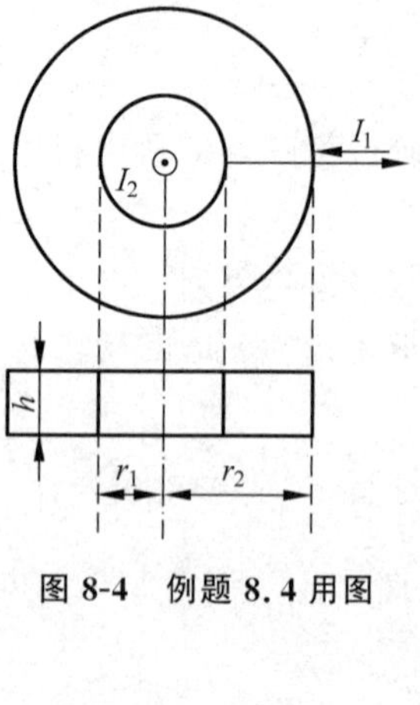

图 8-4 例题 8.4 用图

例题 8.4 如图 8-4 所示,截面为矩形的螺绕环共有 N 匝,同时在其轴线上放有一个无限长的直导线。求:

(1) 螺绕环的自感系数。

(2) 无限长直导线与螺绕环的互感系数。

选题目的 运用磁场的其他知识与方法计算自感系数与互感系数。

分析 需先利用安培环路定理计算磁场分布,然后计算相应的磁通量,进而求得自感和互感。

解 (1) 假定螺绕环中通有电流 I_1,可由安培环路定理求得环内距轴线为 r 处的磁感应强度为

$$B=\frac{\mu_0 NI_1}{2\pi r}$$

磁场的方向由右手螺旋定则决定。穿过螺绕环的总磁通量为

$$\Phi_{\mathrm{m}}=N\int_S \boldsymbol{B}\cdot \mathrm{d}\boldsymbol{S}$$

其中，S 为螺绕环的任一个矩形截面。根据磁场的特点及其与截面的关系，可得

$$\Phi_{\mathrm{m}}=N\int_S \boldsymbol{B}\cdot \mathrm{d}\boldsymbol{S}=N\int_{r_1}^{r_2}\frac{\mu_0 NI_1}{2\pi r}\cdot h\,\mathrm{d}r=\frac{\mu_0 N^2 hI_2}{2\pi}\ln\frac{r_2}{r_1}$$

则自感系数为

$$L=\frac{\Phi_{\mathrm{m}}}{I_1}=\frac{\mu_0 N^2 h}{2\pi}\ln\frac{r_2}{r_1}$$

（2）为方便计算无限长直导线与螺绕环的互感系数，可假定长直导线载有电流 I_2（如图），计算它所激发的磁场 $\boldsymbol{B}_2$ 在螺线管中产生的磁通 Φ_{12}。因 $B_2=\frac{\mu_0 I_2}{2\pi r}$，故在螺绕环中的总磁通量为

$$\Phi_{12}=N\int_S \boldsymbol{B}_2\mathrm{d}\boldsymbol{S}=N\int_{r_1}^{r_2}\frac{\mu_0 I_2}{2\pi r}\cdot h\,\mathrm{d}r=\frac{\mu_0 NhI_1}{2\pi}\ln\frac{r_2}{r_1}$$

互感系数为

$$M=M_{12}=\frac{\Phi_{12}}{I_2}=\frac{\mu_0 Nh}{2\pi}\ln\frac{r_2}{r_1}$$

讨论　由互感系数的性质 $M=M_{12}=M_{21}$ 知，可以有两种方式计算互感系数，一般总是选择一种比较容易计算互感磁通的方式。

七、课堂讨论与练习

(一) 课堂讨论

1. 判断下列情况下可否产生感应电动势，若能产生，其方向如何确定？

（1）如图 8-5(a)所示，在均匀磁场中，载流线圈从圆形变为椭圆形；

（2）如图 8-5(b)所示，在磁铁产生的磁场中，载流线圈向右运动；

（3）如图 8-5(c)所示，在磁场中载流导线 CD 以过中点并与导线垂直的轴旋转；

（4）如图 8-5(d)所示，载流圆环绕着通过圆环直径的长直载流导线转动(二者绝缘)。

2. 如图 8-6 所示，一段导体 ab 置于水平面上的两条光滑金属导轨上(设导轨足够长)，并以初速$\boldsymbol{v}_0$ 向右运动，整个装置处于均匀磁场之中，在图 8-6(a)和图 8-6(b)两种情况下判断导体 ab 最终的运动状态。

3. 长直螺线管产生的磁场 $\boldsymbol{B}$ 随时间均匀增强，$\boldsymbol{B}$ 的方向垂直于纸面向里。判断如下几种情况中，给定导体内的感应电动势的方向，并比较各段导体两端的电势高低。

（1）如图 8-7(a)所示，管内外垂直于 $\boldsymbol{B}$ 的平面上绝缘地放置三段导体 ab、cd 和 ef，其中 ab 位于直径位置，cd 位于弦的位置，ef 位于管外切线的位置。

（2）如图 8-7(b)所示，在管外共轴地套上一个导体圆环(环面垂直于 $\boldsymbol{B}$)，但它由两段不同金属材料的半圆环组成，电阻分别为 R_1、R_2，且 $R_1>R_2$，接点处为 a、b 两点。

4. 今有一木环，将一磁铁以一定的速度插入其中，环中是否有感应电流？是否有感应

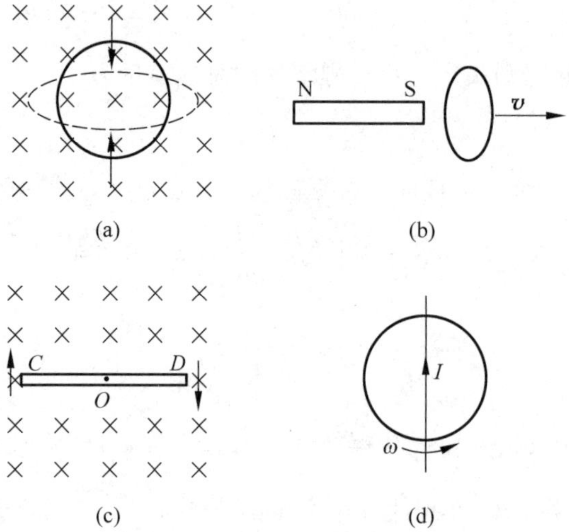

图 8-5 课堂讨论题 1 用图

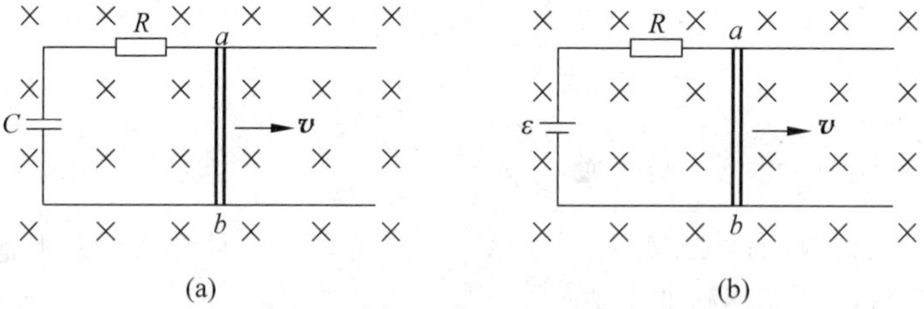

图 8-6 课堂讨论题 2 用图

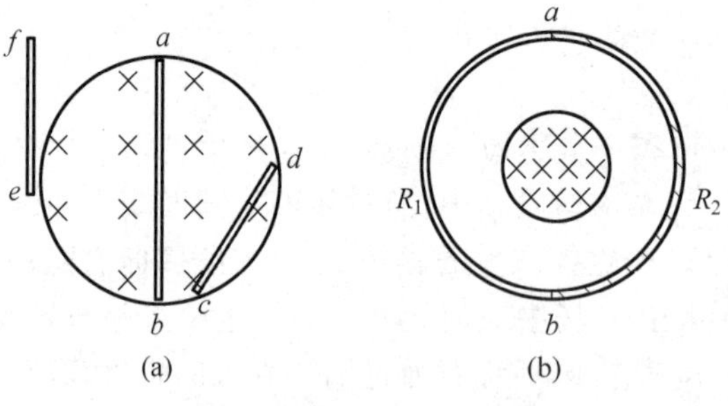

图 8-7 课堂讨论题 3 用图

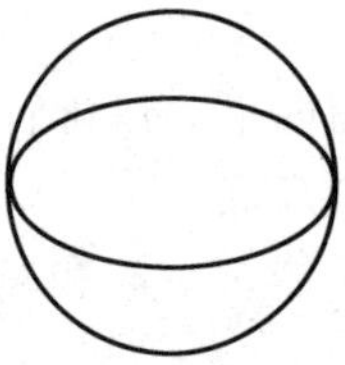

图 8-8 课堂讨论题 5 用图

电动势？如将其换成一个尺寸完全相同的铝环，情况又如何？通过两个环的磁通量是否相同？

5. 两个互相绝缘的圆形线圈如图 8-8 放置。在什么情况下它们的互感系数最小？当它们的电流同时变化时，是否会有感应电动势产生？

6. 试比较动生电动势和感生电动势(从定义、非静电力、一般表达式等方面分析)。

(二) 课堂练习

1. 如图 8-9 所示，在匀强磁场 $\boldsymbol{B}$ 中垂直于磁场的平面内有一段 3/4 圆弧形导线 CD 以速度 $\boldsymbol{v}$ 运动，求其中的动生电动势。

2. 一根无限长直导线通有恒定的电流 I，现有一矩形线圈在初始时刻与导线共面，其两个对边与导线平行，如图 8-10 所示，然后以垂直于线圈平面的速度 $\boldsymbol{v}$ 作匀速运动，求：t 时刻线圈中的感应电动势(忽略线圈自感)。

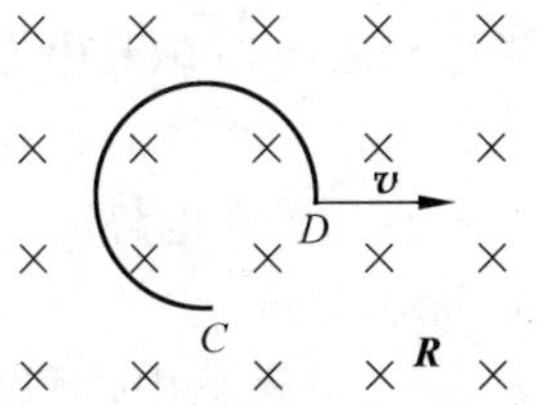

图 8-9　课堂练习题 1 用图

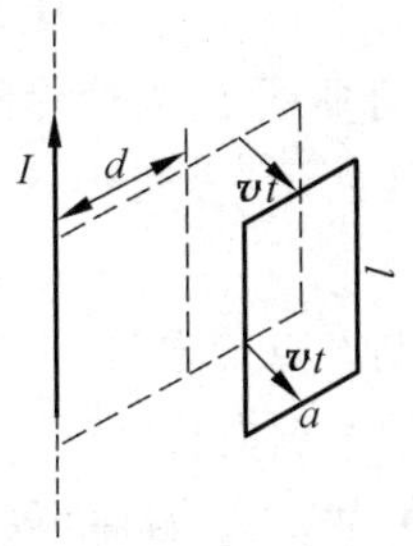

图 8-10　课堂练习题 2 用图

3. 一矩形闭合回路置于均匀磁场 $\boldsymbol{B}$ 中，$\boldsymbol{B}$ 的正方向垂直回路平面向里，如图 8-11 所示，其大小为 $B=B_0(1-at)$(t 为时间，$a>0$ 为常数)，且其 CD 段沿上下两条边向右以速率 v 匀速运动，当 $t=0$ 时，$\overline{BC}=\overline{CD}=l$，忽略自感。求：

(1) t 时刻的动生电动势。

(2) t 时刻的感生电动势。

(3) t 时刻的感应电动势。

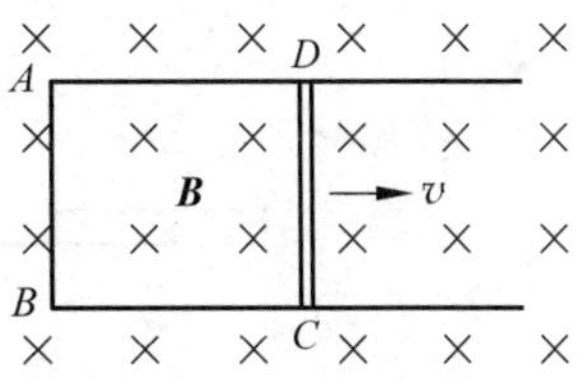

图 8-11　课堂练习题 3 用图

4. 如图 8-12 所示，在半径为 R_1 的线圈轴线上放置半径为 R_2 的小线圈($R_2 \ll R_1$)，且小线圈的平面与轴线垂直，大小线圈分别绕有 N_1、N_2 匝导线，已知二者的距离为 x。

(1) 求它们之间的互感系数 M。

(2) 如小线圈中电流由 0 增至 I_2，则大线圈中流过的总电荷量 q 是多少？(设大线圈的总电阻为 R，忽略自感。)

5. 如图 8-13 所示，在一无限长圆柱形均匀磁场区域中，磁感应强度平行于轴线指向纸面内，且大小随时间均匀增加：$B=kt$(t 为时间，$k>0$ 为常数)，圆柱的半径为 R。今有一长为 $2R$ 的导体棒 CD 沿垂直于棒长的方向以速度 $\boldsymbol{v}$ 横扫过磁场区域，当运动至如图所示的位置时，求棒中的感应电动势。

课堂练习题 5

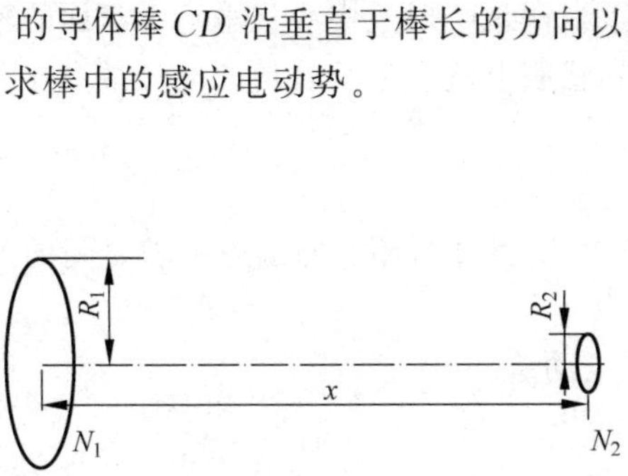

图 8-12　课堂练习题 4 用图

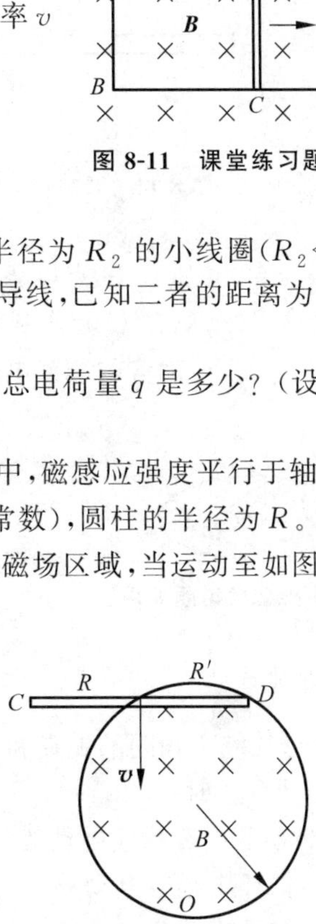

图 8-13　课堂练习题 5 用图

八、解题训练

(一) 课前预习题

1. 关于稳恒电流磁场的磁场强度 $\boldsymbol{H}$,下列几种说法中,正确的是[　　]。

A. $\boldsymbol{H}$ 仅与传导电流有关

B. 若闭合曲线内没有包围传导电流,则曲线上各点的 $\boldsymbol{H}$ 必为零

C. 若闭合曲线上各点 $\boldsymbol{H}$ 均为零,则该曲线所包围传导电流的代数和为零

D. 以闭合曲线 L 为边缘的任意曲面的 $\boldsymbol{H}$ 通量均相等

2. 如图 8-14 所示,金属棒 ab 在均匀磁场 $\boldsymbol{B}$ 中绕过 c 点的轴 OO'转动,ac 的长度小于 bc,则[　　]。

A. a 点与 b 点等电势　　B. a 点比 b 点电势高

C. a 点比 b 点电势低　　D. 无法确定

3. 一根长度为 L 的铜棒,放在磁感应强度为 $\boldsymbol{B}$ 的均匀磁场中,并以速度 $\boldsymbol{v}$ 平移,如图 8-15 所示,则铜棒两端的感应电动势为[　　]。

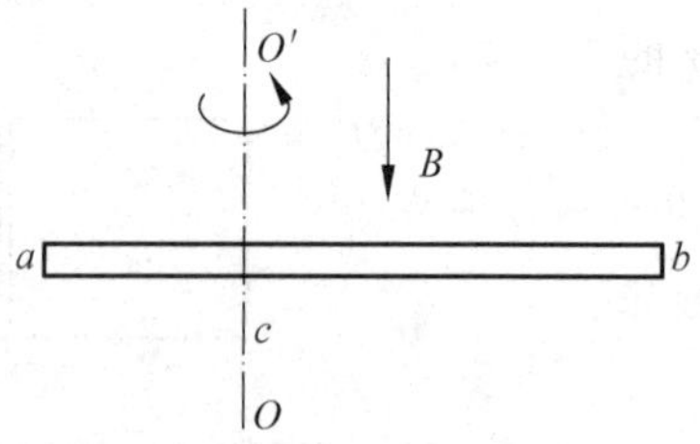

图 8-14　课前预习题 2 用图

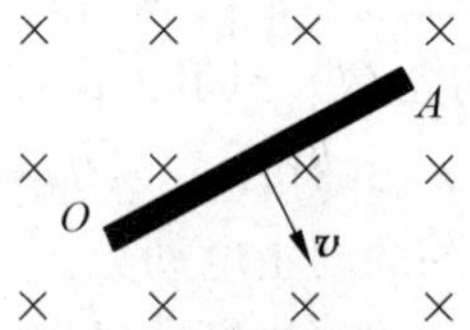

图 8-15　课前预习题 3 用图

A. $\varepsilon=0.5BvL$,O 点电势高　　B. $\varepsilon=BvL$,O 点电势高

C. $\varepsilon=0.5BvL$,O 点电势低　　D. $\varepsilon=BvL$,O 点电势低

4. 产生动生电动势的非静电力是________,产生感生电动势的非静电力是________。

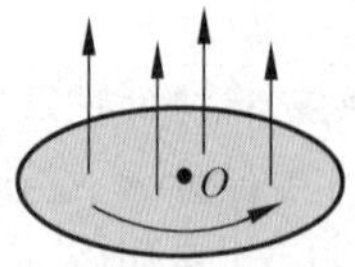

图 8-16　课前预习题 6 用图

5. 线圈的自感系数为 L,通过的电流为 I,则载流线圈的磁场能量为________。

6. 如图 8-16 所示,圆铜盘水平放置在均匀磁场中,$\boldsymbol{B}$ 的方向垂直盘面向上,当铜盘绕通过中心且垂直于盘面的轴逆时针转动时,铜盘上有感应电流产生吗?何处电势最高?

(二) 基础题

1. 将形状完全相同的铜环和木环静止放置,并使通过两环面的磁通量随时间的变化率相等,则不计自感时[　　]。

A. 铜环中有感应电动势,木环中无感应电动势

B. 铜环中感应电动势大,木环中感应电动势小

C. 铜环中感应电动势小,木环中感应电动势大

D. 两环中感应电动势相等

2. 如图 8-17 所示，金属杆 aOc 以速度 $\boldsymbol{v}$ 在均匀磁场 $\boldsymbol{B}$ 中做切割磁力线运动。如果 $Oa=Oc=L$，那么杆中的动生电动势为[　　]。

A. BLv　　B. $BLv\sin\theta$

C. $BLv\cos\theta$　　D. $BLv(1+\cos\theta)$

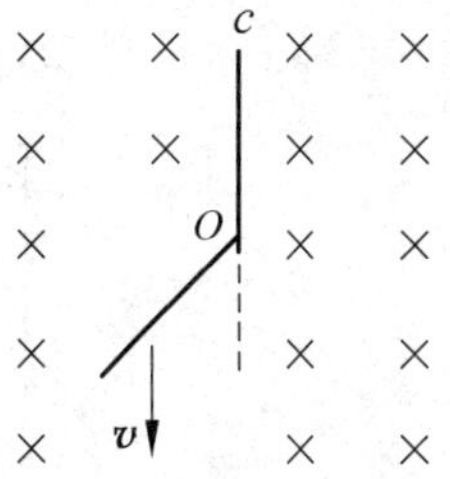

图 8-17　基础题 2 用图

3. 一导体圆线圈在均匀磁场中运动，能使其中产生感应电流的一种情况是[　　]。

A. 线圈绕自身直径轴转动，轴与磁场方向平行

B. 线圈绕自身直径轴转动，轴与磁场方向垂直

C. 线圈平面垂直于磁场并沿垂直磁场方向平移

D. 线圈平面平行于磁场并沿垂直磁场方向平移

4. 如图 8-18 所示，两线圈 P 和 Q 并联地接到一电动势恒定的电源上，线圈 P 的自感和电阻分别是线圈 Q 的 2 倍。当达到稳定状态后，线圈 P 的磁场能量与 Q 的磁场能量的比值是[　　]。

A. 4　　B. $\frac{1}{2}$　　C. 1　　D. 2

5. 如图 8-19 所示，闭合电路由带铁芯的螺线管、电源和滑线变阻器组成。在下列哪一种情况下可使线圈中产生的感应电动势与原电流 I 的方向相反[　　]。

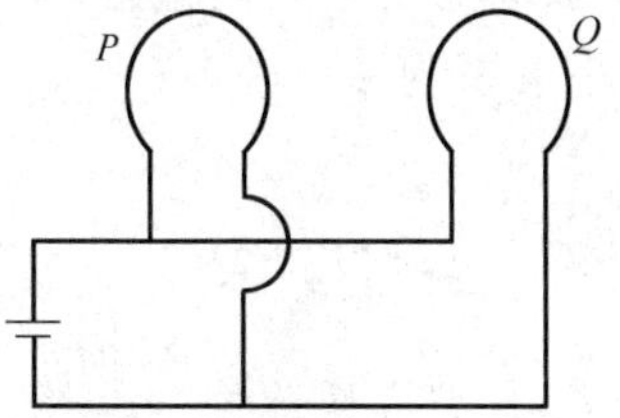

图 8-18　基础题 4 用图

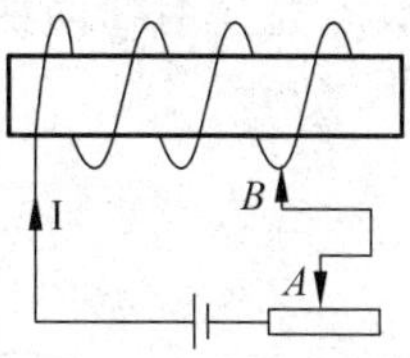

图 8-19　基础题 5 用图

A. 滑线变阻器的触点 A 向左滑动

B. 滑线变阻器的触点 A 向右滑动

C. 螺线管上接点 B 向左移动(忽略长螺线管的电阻)

D. 把铁芯从螺线管中抽出

6. 如图 8-20 所示，直角三角形金属架 abc 放在均匀磁场中，磁场 $\boldsymbol{B}$ 平行于 ab 边，bc 的长度为 l。当金属框架绕 ab 边以匀角速度 ω 转动时，abc 回路中的感应电动势 ε 和 a、c 两点间的电势差 U_a-U_c 为[　　]。

A. $\varepsilon=0, U_a-U_c=B\omega l^2/2$

B. $\varepsilon=0, U_a-U_c=-B\omega l^2/2$

C. $\varepsilon=B\omega l^2, U_a-U_c=B\omega l^2/2$

D. $\varepsilon=B\omega l^2, U_a-U_c=-B\omega l^2/2$

7. 如图 8-21 所示，长度为 L 的导线 ab 放置在垂直于纸面向里的均匀磁场中，并以 a 端为轴，以匀角速度 ω 在纸面转动，则导线上的感应电动势 $\varepsilon=$________。

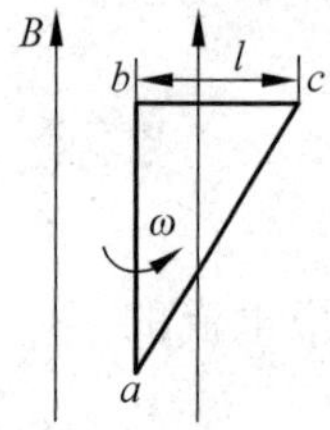

图 8-20 基础题 6 用图

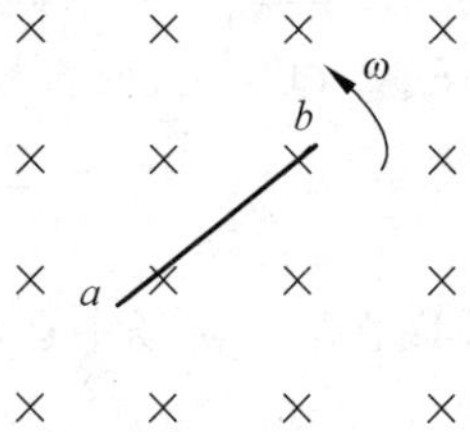

图 8-21 基础题 7 用图

8. 已知圆环式螺线管的自感系数为 L，若将该螺线管锯成两个半环式的螺线管，则两个半环螺线管的自感系数________(填“大于”“小于”或者“等于”)$\frac{1}{2}L$。

9. 恒定磁场垂直于纸面向里，导线 abc 的形状是半径为 R 的 3/4 圆周。导线沿$\angle aoc$ 的分角线方向以速度 v 水平向左运动，如图 8-22 所示，则导线上的感应电动势 $\varepsilon=$________。

10. 有两个长直密绕螺线管，它们的长度及线圈匝数均相同，半径分别为 r_1 和 r_2。管内充满均匀介质，其磁导率分别为 μ_1 和 μ_2。设 $r_1:r_2=1:2$，$\mu_1:\mu_2=2:1$ 当将两只螺线管串联在电路中通电稳定后，其磁能之比 $W_{m1}:W_{m2}=$________。

11. 在圆柱形空间内有一磁感强度为 $\boldsymbol{B}$ 的均匀磁场，如图 8-23 所示，$\boldsymbol{B}$ 的大小以速率 $\mathrm{d}B/\mathrm{d}t$ 变化。有一长度为 l_0 的金属棒先后放在 $\boldsymbol{B}$ 磁场的两个不同位置 1(ab)和 2($a'b'$)，则金属棒在这两个位置时棒内的感应电动势的大小关系为 ε_{ab} ________ $\varepsilon_{a'b'}$(填“>”“=”“<”)

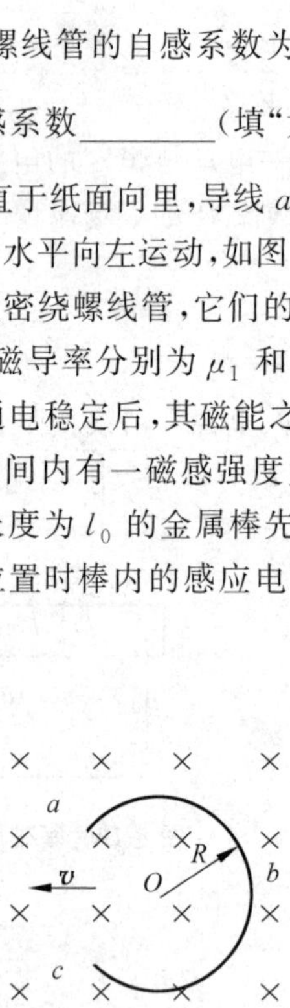

图 8-22 基础题 9 用图

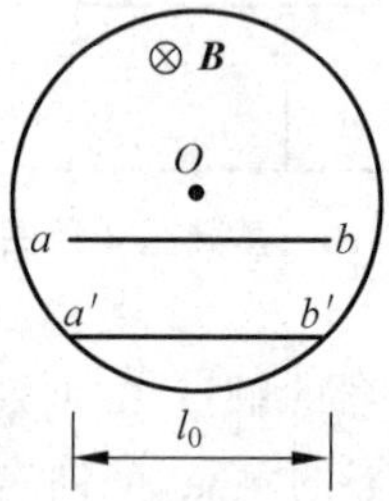

图 8-23 基础题 11 用图

12. 半径为 a 的圆线圈置于磁感应强度为 $\boldsymbol{B}$ 的均匀磁场中，线圈平面与磁场方向垂直，线圈电阻为 R；当把线圈转动使其方向与 $\boldsymbol{B}$ 的夹角为 $\alpha=60°$时，线圈中已通过的电量与线圈面积及转动的时间的关系是________。

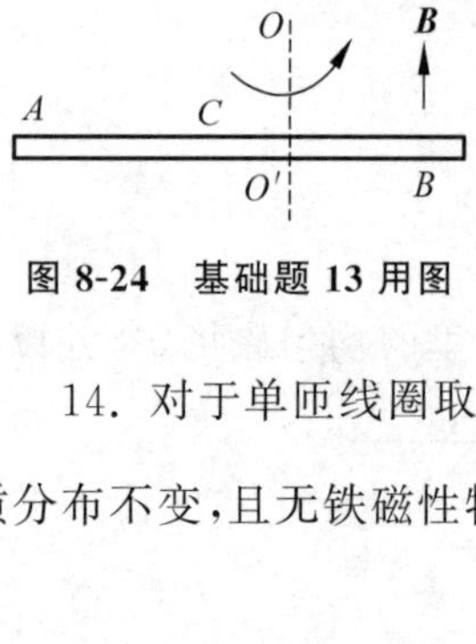

图 8-24 基础题 13 用图

13. 如图 8-24 所示，导体棒 AB 在均匀磁场 $\boldsymbol{B}$ 中绕通过 C 点的垂直于棒长且沿磁场方向的轴 OO' 转动(角速度$\boldsymbol{\omega}$ 与 $\boldsymbol{B}$ 同方向)，若 BC 的长度为棒长的$\frac{1}{3}$，则 A 点电势________(填“等于”“大于”或“小于”)B 点电势。

14. 对于单匝线圈取自感系数的定义式为 $L=\frac{\Phi_m}{I}$，当线圈的几何形状、大小及周围介质分布不变，且无铁磁性物质时，若线圈中的电流强度变小，则线圈的自感系数 L ________

(填“变大”“变小”或“不变”)

15. 如图 8-25 所示，长度为 l 的直导线 ab 在均匀磁场 $\boldsymbol{B}$ 中以速度 $\boldsymbol{v}$ 移动，直导线 ab 中的电动势＝________。

16. 在半径为 R 的长直螺线管中通有变化的电流，如果螺线管内的磁场以 $\frac{\mathrm{d}\boldsymbol{B}}{\mathrm{d}t}$ 的变化率增加，则在螺线管外距轴线为 r 处的感生电场的电场强度为 $\boldsymbol{E}_{\mathrm{i}}=$________。

17. 如图 8-26 所示，一条无限长的直导线绝缘地紧贴在矩形线圈的中心轴 OO' 上，则导线与矩形线圈之间的互感系数为________。

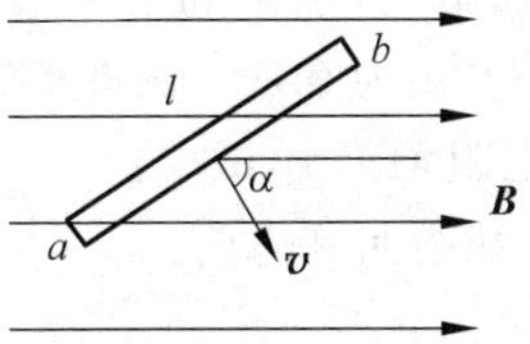

图 8-25　基础题 15 用图

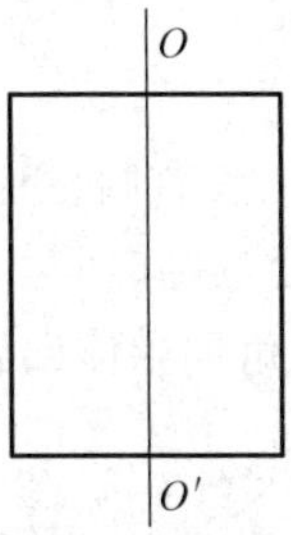

图 8-26　基础题 17 用图

18. 一个自感为 10 H 的线圈，当通有 2 A 的直流电时，储存在线圈中的磁能为________；欲使线圈产生 100 V 的感应电动势，则线圈中电流的变化率 $\frac{\mathrm{d}I}{\mathrm{d}t}$ 应为________。

19. 将半径为 R 的金属圆环置于均匀磁场 $\boldsymbol{B}$ 中，环面与 $\boldsymbol{B}$ 垂直(图 8-27)。现将同种材料的另一直导线置于圆环上，当导线以速度 $\boldsymbol{v}$ 沿圆环面运动至离圆心为 $R/2$ 处时，求感应电流在圆心 O 处产生的磁感应强度的大小。(已知单位长度导线的电阻为 r。)

20. 如图 8-28 所示，在环形磁铁两侧分别绕有两个线圈回路，已知它们的自感系数分别为 L_1 和 L_2，互感系数为 M，如果回路 1 中的电流均匀增加，即 $\frac{\mathrm{d}I}{\mathrm{d}t}=\alpha>0$，求回路 1 中的感应电动势。

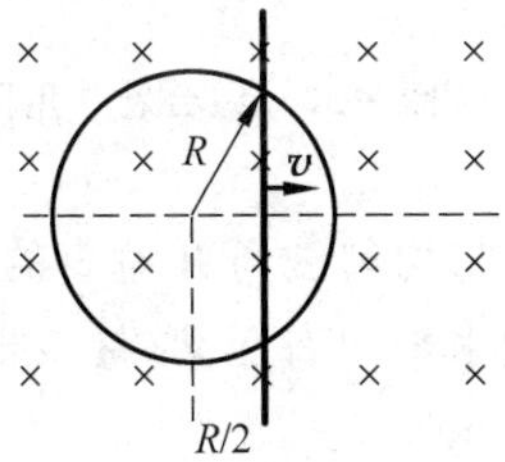

图 8-27　基础题 19 用图

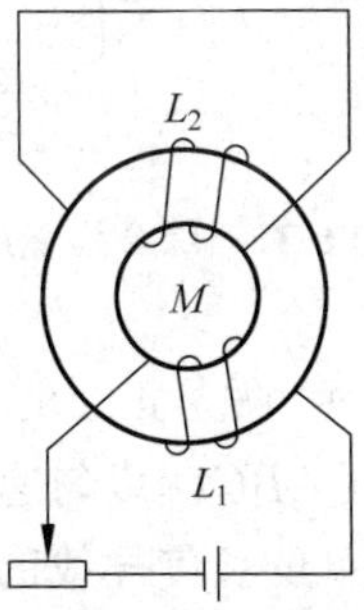

图 8-28　基础题 20 用图

21. 如图 8-29 所示，一矩形导线框(电阻为零)，以初速 $\boldsymbol{v}_0$ 沿 x 轴正方向运动，当 $t=0$ 时，开始进入均匀磁场 $\boldsymbol{B}$ 的区域(即 $x>0$ 的区域)。已知：线框的宽为 a，长为 b(且 b 足够大)，自感系数为 L，质量为 m，并忽略除安培力以外的任何其他力的影响。

(1) 求导线框的右边可到达磁场区域内最远的距离。

(2) 导线框最终将以多大的速率沿 x 轴负方向离开磁场区域?

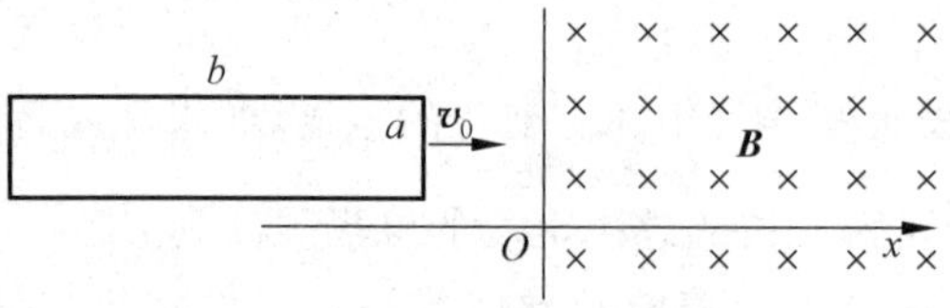

图 8-29 基础题 21 用图

(三) 综合题

1. 半径为 R 的长直圆柱形空间内有轴向匀强磁场,该磁场与圆形剖面(图 8-30)垂直并指向纸面里面,磁场随时间的变化规律为: $B=kt$,k 为常数。圆柱形区域外无磁场,圆柱形正截面内有正三角形导体回路框 $ABCA$,三边电阻均为 r,试求:

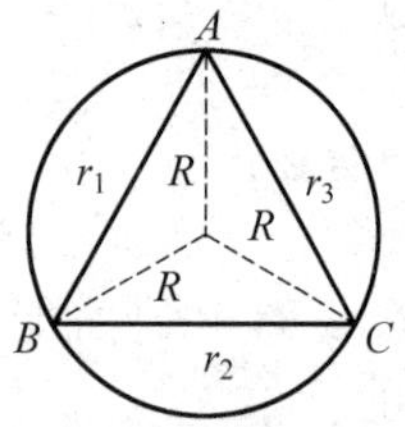

图 8-30 综合题 1 用图

(1) AB 段电动势 ε_{AB},并指明其方向。

(2) AB 段电压 U_{AB}。

2. 在磁导率为 μ 的均匀无限大介质中,有一无限长直导线,通有电流为 I;另一等腰直角三角形线圈 ABC 与直导线共面,底边 BC 长为 $2a$,且与导线平行,间距为 d,如图 8-31 所示。求:

(1) 当线圈开始以速率 v 向右运动时的感应电动势;

(2) 线圈在图示位置处的互感系数 M。

3. 如图 8-32 所示,长直导线中的电流为 $I=I_0\sin\omega t$,图中所标为 I 的正方向,其附近共面地放置一个直角三角形线圈,求线圈中的感应电动势。

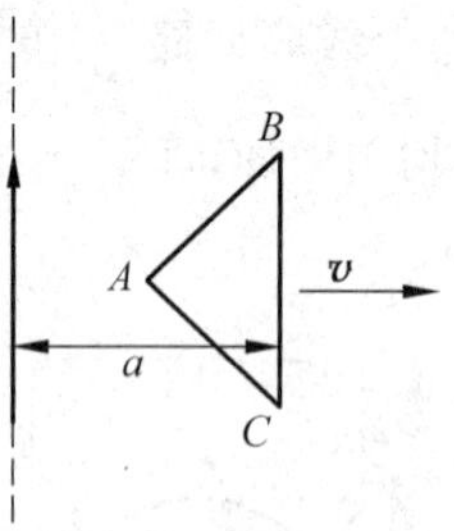

图 8-31 综合题 2 用图

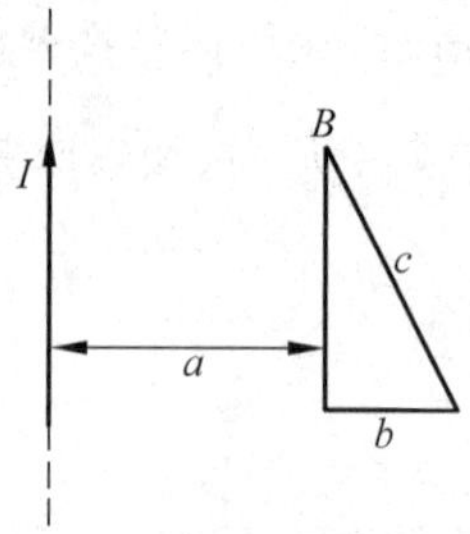

图 8-32 综合题 3 用图

4. 如图 8-33 所示,两条正交的长直导线置于与均匀磁场 $\boldsymbol{B}$ 垂直的平面内,今有一边长为 a 的正方形导线框 $ABCD$ 以匀速 $\boldsymbol{v}$ 沿正交导线水平向右运动(导线框与长直导线间保持良好的接触)。已知单位长度导线的电阻均为 r。求:

综合题 4

(1) 当 B、D 两点移至竖直导线上时,BD 段直导线的感应电流。

(2) 此时导线框 $ABCD$ 所受的总安培力。

5. 在一无限长圆柱中偏轴平行地挖出一细圆柱空间,两圆柱间的轴线间距为 b,两圆柱垂直于轴线的截面如图 8-34 所示。在两圆柱之间有图示方向的均匀磁场 $\boldsymbol{B}$,且它随时间线性增强: $B=kt$,在空腔中过 O' 点置一长为 l 的导线棒 AB,它与 OO' 连线的夹角为 60°。

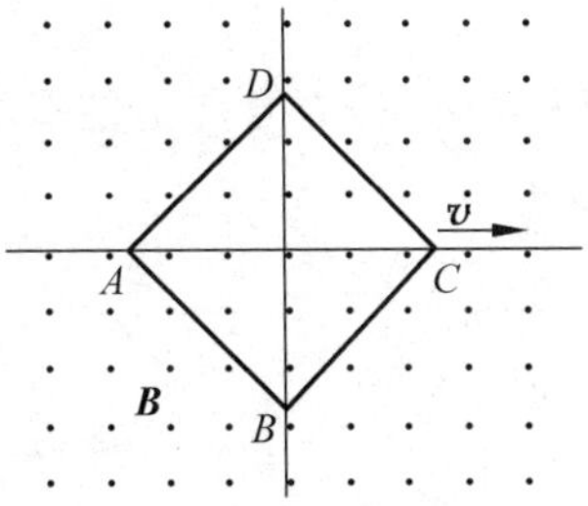

图 8-33　综合题 4 用图

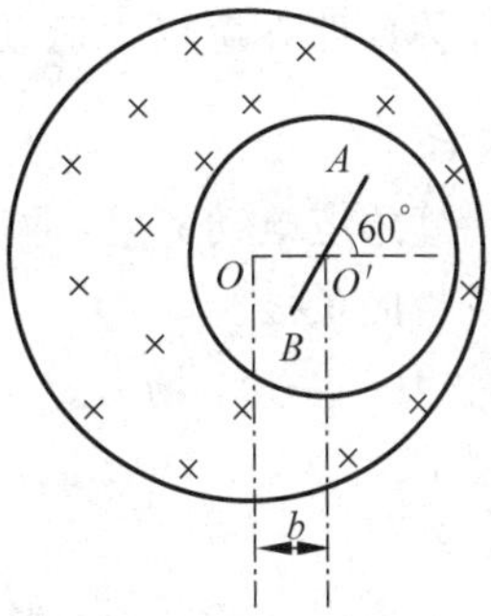

图 8-34　综合题 5 用图

(1) 求空腔中任一点 P 的感应电场的大小和方向。

(2) 求 AB 中的感应电动势。

6. 如图 8-35 所示，无限长直导线通以电流 I，它的右侧放置一个与之共面的直角三角形线圈 ABC。已知 AC 边长为 b，且与长直导线平行，BC 边长为 a。若线圈以垂直于导线方向的速度 v 向右平移，当 B 点与长直导线的距离为 d 时，求线圈 ABC 内的感应电动势的大小和方向。

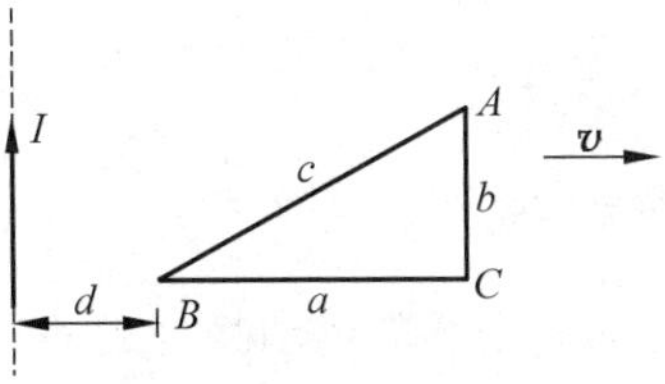

图 8-35　综合题 6 用图

解题训练答案及解析

(一) 课前预习题

1. C

分析　稳恒电流磁场的磁场强度 $\boldsymbol{H}$ 的环路定理。

2. B

分析　可利用动生电动势公式判断电势降落的方向。

解　由导体回路在磁场中运动时的感应电动势公式 $\varepsilon=\oint(\boldsymbol{v}\times\boldsymbol{B})\cdot \mathrm{d}\boldsymbol{l}$ 可知，$\varepsilon_{bc}>0$，即 bc 段电动势的方向由 b 点指向 c 点，所以 $\varphi_c>\varphi_b$。同样地，$\varepsilon_{ac}>0$，即 ac 段电动势的方向由 a 点指向 c 点，所以 $\varphi_c>\varphi_a$。因为 ac 的长度小于 bc，所以有 $\varepsilon_{ac}<\varepsilon_{bc}$，因此 $\varphi_a>\varphi_b$，故选 B。

讨论　计算感应电动势时，应预先规定其正方向，电动势实际方向可根据正负号判断。

3. B

分析　可利用动生电动势公式计算。

解 由导体回路在磁场中运动时的感应电动势公式 $\varepsilon=\oint(\boldsymbol{v}\times\boldsymbol{B})\cdot \mathrm{d}\boldsymbol{l}$，杆中动生电动势为 BLv，故选 B。

讨论 计算感应电动势时，动生电动势的大小与 $\boldsymbol{v}\times\boldsymbol{B}$ 在 $\mathrm{d}\boldsymbol{l}$ 方向上的投影有关，电动势方向从负极指向正极。

4. 洛伦兹力；感生电场力。

5. $W_{\mathrm{m}}=\dfrac{1}{2}LI^2$

6. 铜盘上有感应电流产生，铜盘边缘处电势最高。

(二) 基础题

1. D

分析 可利用法拉第电磁感应定律求解问题。

解 由回路在磁场中运动时的感应电动势公式 $\varepsilon=-\dfrac{\mathrm{d}\Phi_{\mathrm{m}}}{\mathrm{d}t}$，两回路磁通量变化率完全相同，故选 D。

讨论 计算感应电动势时，闭合导体回路会产生感应电流，不是导体回路不产生感应电流。

2. B

分析 可利用动生电动势公式计算。

解 由导体回路在磁场中运动时的感应电动势公式 $\varepsilon=\oint(\boldsymbol{v}\times\boldsymbol{B})\cdot \mathrm{d}\boldsymbol{l}$，杆中动生电动势为 $BLv\sin\theta$，故选 B。

讨论 计算感应电动势时，动生电动势的大小与 $\boldsymbol{v}\times\boldsymbol{B}$ 在 $\mathrm{d}\boldsymbol{l}$ 方向上的投影有关。

3. B

4. B

分析 可根据自感磁能公式计算。

解 由自感磁能公式 $W_L=\dfrac{1}{2}LI^2$，因为线圈 P 的电阻是线圈 Q 的 2 倍，所以其电流是线圈 Q 的 1/2，而其自感是线圈 Q 的 2 倍，因此线圈 P 的磁场能量是 Q 的磁场能量的一半，故选 B。

讨论 自感磁能既与自感系数有关，又与电流有关。

5. A

6. B

7. $\dfrac{1}{2}\omega BL^2$

分析 导线上的感应电动势为动生电动势，可用动生电动势一般公式直接计算。

解 在距棒的一端 a 为 l 处取微长度元 $\mathrm{d}\boldsymbol{l}$，方向由 a 指向 b，则导线上的感应电动势为

$$\varepsilon=\int_L(\boldsymbol{v}\times\boldsymbol{B})\cdot \mathrm{d}\boldsymbol{l}=-\int_a^b vB\,\mathrm{d}l \qquad (\mathrm{I})$$

在转动过程中，导线各部分速度为

$$v=\omega l \tag{Ⅱ}$$

将式(Ⅱ)代入式(Ⅰ)得

$$\varepsilon=-\int_0^L(\omega lB)\mathrm{d}l=-\frac{1}{2}\omega BL^2<0$$

方向由 b 指向 a。

讨论 (1) 注意在匀强磁场中导线在平动和转动过程中产生的动生电势的区别。由于转动过程中导线各部分速度不同，所以式(Ⅰ)中的速度不可从积分号中提出，即 $\varepsilon\neq vBL$。

(2) 本题还可由法拉第电磁感应定律计算得到，请读者自行练习，并将两种方法求解的难易程度作比较。

8. 小于

9. $\sqrt{2}vBR$。

分析 利用“补偿法”由动生电动势一般公式直接计算。

解 设存在一直导线 ac 与导线 abc 构成一闭合线圈，则穿过闭合线圈的磁通量为

$$\Phi_{\mathrm{m}}=\oint B\,\mathrm{d}S=BS_{abca}=c\text{(常量)}$$

根据法拉第电磁感应定律，可得

$$\varepsilon=-\frac{\mathrm{d}\Phi_{\mathrm{m}}}{\mathrm{d}t}=0$$

因此穿过线圈的电动势为

$$\varepsilon=\varepsilon_{abc}+\varepsilon_{ca}=0$$

即

$$\varepsilon_{abc}=-\varepsilon_{ca}=\varepsilon_{ac}$$

由于 ac 间直线长度为$\sqrt{2}R$，因此利用动生电动势的一般公式可得

$$\varepsilon_{ac}=\int_L(\boldsymbol{v}\times\boldsymbol{B})\cdot\mathrm{d}\boldsymbol{l}$$

$$=vBL_{ac}=\sqrt{2}vBR$$

则导线 abc 的动生电动势为

$$\varepsilon_{abc}=\sqrt{2}vBR$$

讨论 计算感应电动势时，动生电动势的大小与$\boldsymbol{v}\times\boldsymbol{B}$ 在 $\mathrm{d}\boldsymbol{l}$ 上的投影有关，当导线不是直导线时，如本题中的导线 abc 的形状是半径为 R 的 3/4 圆周，由于所夹角不是特殊角，所以直接利用动生电动势的一般公式 $\varepsilon_{ac}=\int_L(\boldsymbol{v}\times\boldsymbol{B})\cdot\mathrm{d}\boldsymbol{l}$ 计算很困难。本题巧妙地将难求的弯曲导线产生的动生电动势问题转化成易求的直导线产生的动生电动势问题。

10. 1∶2

11. $<$

分析 此问题中无动生电动势，感生电动势即为总的感应电动势，可利用法拉第电磁感应定律计算此回路上总的感应电动势。

解 将直线两端与圆心相连接，构成等边三角形回路。三角形回路两等边上电动势为

零,所以此回路上总的感应电动势即为直线上的感应电动势。因为$\triangle Oab$的面积小于$\triangle Oa'b'$的面积,所以ab段上电动势小。

讨论 在条件允许的情况下,利用假设构建辅助闭合回路,直接利用法拉第电磁感应定律解决问题可使问题简化。

12. 与线圈面积成正比,与时间无关

13. 大于

14. 不变

15. 0

分析 导体棒没有切割磁感线。

16. $\frac{R^2}{2r}\frac{dB}{dt}$

分析 电场、磁场的分布都具有柱对称性,可利用感生电场满足的安培环路定律求解。

解 当$r>R$,沿电场线取积分回路有

$$\oint \boldsymbol{E}_i \cdot d\boldsymbol{l} = \oint E_i dl = E_i \oint dl = E_i \cdot 2\pi r$$

而

$$\int \frac{d\boldsymbol{B}}{dt} \cdot d\boldsymbol{S} = -\int \frac{d\boldsymbol{B}}{dt} d\boldsymbol{S} = -\frac{dB}{dt} \cdot \pi R^2$$

由安培环路定理

$$\oint \boldsymbol{E}_i \cdot d\boldsymbol{l} = \int \frac{d\boldsymbol{B}}{dt} \cdot d\boldsymbol{S}$$

得

$$E_i \cdot 2\pi r = -\frac{dB}{dt} \cdot \pi R^2$$

整理上式得

$$E_i = \frac{R^2}{2r}\frac{dB}{dt}$$

讨论 电场、磁场的分布都具有柱对称性,电场线应为一系列与柱状区域同心的圆环,且同一圆环上的电场大小相等,故可沿电力线取积分回路。

17. 0

分析 可根据互感系数公式计算。

解 考虑长直导线产生的磁场,穿过线圈的磁通量为零。根据互感系数公式$M=\frac{\Phi_{12}}{i_2}=\frac{\Phi_{21}}{i_1}$,互感系数为零。

讨论 长直导线对于其所在平面磁通量的贡献为零。

18. 20 J; 10 A/s

分析 根据自感磁能以及自感电动势公式计算。

解 根据自感磁能公式$W_L=\frac{1}{2}LI^2$,计算得储存在线圈中的磁能为20 J,根据自感电动势公式$\varepsilon_L=-L\frac{dI}{dt}$,线圈中电流的变化率$\frac{dI}{dt}$应为10 A/s。

讨论　熟练应用自感磁能以及自感电动势的表达式。

19. **分析**　本题可通过求解动生电动势进而求得感应电流。圆心 O 处的磁场可看成是直导线、左右圆弧电流产生磁场的叠加。

解　圆环与导线组成一回路，在此回路中导线和圆环对电阻的贡献分别为

$$R_{导线}=\sqrt{3}Rr$$

$$R_{圆环}=\frac{1}{\dfrac{1}{2\pi R\cdot\dfrac{2}{3}\cdot r}+\dfrac{1}{2\pi R\cdot\dfrac{1}{3}\cdot r}}$$

总电阻为

$$R_{总}=R_{导线}+R_{圆环}=\sqrt{3}Rr+\frac{1}{\dfrac{1}{2\pi R\cdot\dfrac{2}{3}\cdot r}+\dfrac{1}{2\pi R\cdot\dfrac{1}{3}\cdot r}}$$

$$=\frac{4}{9}\pi Rr+\sqrt{3}Rr$$

导线运动至距圆心 $R/2$ 处时，其上的感生电动势为

$$\varepsilon=Blv$$

其中，$l=\sqrt{3}R$。直导线上的感应电流为

$$I=\frac{\varepsilon}{R_{总}}=\frac{\sqrt{3}Bv}{\dfrac{4}{9}\pi r+\sqrt{3}r}$$

左侧 2/3 圆环上电流为 $I_{左}=I/3$，右侧 1/3 圆环上电流为 $I_{右}=2I/3$。设直导线、左侧圆环和右侧圆环上电流在圆心产生的磁感应强度 B_1,B_2,B_3，由毕奥-萨伐尔定律，磁感应强度分别为

$$B_1=\frac{\mu_0 I}{4\pi\dfrac{R}{2}}2\cos 30^\circ=\frac{\sqrt{3}\mu_0 I}{2\pi R}\quad（方向垂直纸面向外）$$

$$B_2=\frac{\mu_0 I_{左}}{2R}\frac{\dfrac{2}{3}\pi}{2\pi}=\frac{\mu_0 I}{18R}\quad（方向垂直纸面向外）$$

$$B_3=\frac{\mu_0 I_{右}}{2R}\frac{\dfrac{1}{3}\pi}{2\pi}=\frac{\mu_0 I}{18R}\quad（方向垂直纸面向里）$$

所以感应电流在圆心 O 处产生的磁感应强度为

$$B_{感}=B_1+B_2-B_3=B_1=\frac{3\mu_0 vB}{2\pi\left(\sqrt{3}+\dfrac{4}{9}\pi\right)Rr}$$

方向垂直纸面向外。

讨论　磁感应强度是矢量，用叠加原理时，应注意其方向的判定。

20. **分析**　本题既要考虑互感电动势，又要考虑自感电动势。可利用自感电动势和互

感电动势公式求解。

解 回路1中电流变化,环形磁铁中的磁感应强度也随之发生变化。在回路2上产生的互感电动势为

$$\varepsilon_{21}=-M\frac{\mathrm{d}i_1}{\mathrm{d}t}=-L_2\frac{\mathrm{d}i_2}{\mathrm{d}t}。$$

此时在回路1上亦产生互感电动势,即

$$\varepsilon_{互}=-M\frac{\mathrm{d}i_2}{\mathrm{d}t}=\frac{M^2}{L_2}\frac{\mathrm{d}i_1}{\mathrm{d}t}$$

同时回路1上存在自感电动势,即

$$\varepsilon_{自}=-L_1\frac{\mathrm{d}i_1}{\mathrm{d}t}$$

所以总电动势为

$$\varepsilon=\varepsilon_{自}+\varepsilon_{互}=\frac{M^2}{L_2}\frac{\mathrm{d}i_1}{\mathrm{d}t}-L_1\frac{\mathrm{d}i_1}{\mathrm{d}t}。$$

讨论 此类题目既要考虑互感电动势又要考虑自感电动势。

21. **求解提示** 根据法拉第电磁感应定律判断出导线框产生感应电流,导线框进入磁场区域后受到安培力,当导线框全部进入磁场后所受安培力合力为零,达到受力平衡状态。

(1) 导线框的右边可到达磁场区域内最远的距离为 $x_m=\frac{\sqrt{mL}}{aB}v_0$。

(2) 导线框最终将以速率 v_0 沿负 x 方向离开磁场区域。

(三) 综合题

1. **分析** 本题可通过法拉第电磁感应定律求解电动势,进而求得电压。三段导线对称分布,其电动势相同。

解 (1) 回路电动势为

$$\varepsilon_{ABCA}=-\frac{\mathrm{d}\Phi}{\mathrm{d}t}=-\frac{\mathrm{d}}{\mathrm{d}t}\left(-B\cdot\frac{1}{2}\cdot\frac{3}{2}R\cdot\sqrt{3}R\right)=\frac{3\sqrt{3}}{4}kR^2$$

根据对称性,即得

$$\varepsilon_{AB}=\frac{1}{3}\varepsilon_{ABCA}=\frac{\sqrt{3}}{4}kR^2$$

(2) 回路电压为

$$U_{ABCA}=0$$

由于具有对称性,因此可得

$$U_{AB}=U_{BC}=U_{CA}$$

则得 $U_{AB}=0$。

讨论 正三角形导体框中的电动势为感生电动势,也可以通过感生电场的作用机理探讨电压关系。

2. **分析** 无限长直导线在其径向产生非均匀磁场,本题可利用动生电动势的一般公式积分求解,也可以利用法拉第电磁感应定律求解。

解　(1) **方法 1**　由对称性，AB 与 AC 段产生的动生电动势相等，故只考虑 AB 段。在 AB 段距离导线 x 处取微元 $\mathrm{d}l$，在 $\mathrm{d}l$ 上产生的动生电动势为

$$\mathrm{d}\varepsilon = Bv\mathrm{d}l\sin\theta = \frac{\mu I}{2\pi x}v\mathrm{d}x$$

则 AB 上的动生电动势为

$$\varepsilon_{AB} = \int_{d-a}^{d} \frac{\mu I}{2\pi x}v\mathrm{d}x = \frac{\mu I v}{2\pi}\ln\frac{d}{d-a}$$

BC 上的动生电动势为

$$\varepsilon_{BC} = Blv = \frac{\mu I}{2\pi d}2av = \frac{\mu I v a}{\pi d}$$

故总电动势为

$$\varepsilon = 2\varepsilon_{AB} - \varepsilon_{BC} = \frac{\mu I v}{\pi}\left(\ln\frac{d}{d-a} - \frac{a}{d}\right)$$

方法 2　在三角形内距离无限长直导线为 r 处，平行于无限长直导线取宽度为 $\mathrm{d}r$ 的微元，设 t 时刻 A 点距无限长直导线的距离为 x，穿过此微元的磁通量为

$$\mathrm{d}\Phi = B\mathrm{d}S = \frac{\mu I}{2\pi r}2(r-x)\mathrm{d}r$$

则穿过三角形的总磁通量为

$$\Phi = \int_{x}^{x+a} \frac{\mu I}{\pi r}(r-x)\mathrm{d}r = \frac{\mu I a}{\pi} - \frac{\mu I x}{\pi}\ln\frac{x+a}{x}$$

故得总电动势为

$$\varepsilon = -\frac{\mathrm{d}\Phi}{\mathrm{d}x}\frac{\mathrm{d}x}{\mathrm{d}t} = \frac{\mu I v}{\pi}\left(\ln\frac{x+a}{x} - \frac{d-x}{x+a}\right)$$

当线圈开始以速率 v 向右运动时，取 $x=d-a$，此时

$$\varepsilon = \frac{\mu I v}{\pi}\left(\ln\frac{d}{d-a} - \frac{a}{d}\right)$$

(2) 由互感系数公式 $M=\dfrac{\Phi_{21}}{I_1}$ 求解。首先计算穿过三角形的磁通量 Φ。在三角形内距离直导线为 x 处，平行于 BC 方向取宽度为 $\mathrm{d}x$ 的微元，穿过此微元的磁通量为

$$\mathrm{d}\Phi = B\mathrm{d}S = \frac{\mu I}{2\pi x}2(d-x)\mathrm{d}x$$

所以穿过三角形的总磁通量为

$$\Phi = \int_{d-a}^{d} \frac{\mu I}{\pi x}(d-x)\mathrm{d}x = \frac{\mu I}{\pi}\left[a - (d-a)\ln\frac{d}{d-a}\right]$$

自感系数为

$$M = \frac{\Phi_{21}}{I_1} = \frac{\Phi}{I} = \frac{\mu}{\pi}\left[a - (d-a)\ln\frac{d}{d-a}\right]$$

讨论　(1) 感应电动势是瞬时量，因此应取 t 时刻线框所在的位置进行研究。

(2) 对于非均匀磁场，通过积分计算磁通量。

(3) 若在三角形线圈运动的同时,长直导线中电流也在变化,这该如何计算。

3. **分析** 长直导线与直角三角形之间不存在相互运动,故只有感生电动势存在。长直导线在其径向产生非均匀磁场,只能用积分求解。

解 在三角形内距离直导线为 x 处,平行于长直导线方向取宽度为 $\mathrm{d}x$ 的面元,穿过此面元的磁通量为

$$\mathrm{d}\Phi_{\mathrm{m}} = B\mathrm{d}S = \frac{\mu I}{2\pi x}\left(\frac{a+b-x}{b}\sqrt{c^2-b^2}\right)\mathrm{d}x$$

穿过三角形的总磁通量为

$$\Phi_{\mathrm{m}} = \int \mathrm{d}\Phi_{\mathrm{m}} = \int_a^{a+b} \frac{\mu I}{2\pi x}\left(\frac{a+b-x}{b}\sqrt{c^2-b^2}\right)\mathrm{d}x$$

$$= -\frac{\mu_0 I_0}{2\pi a}\sqrt{c^2-b^2}\left[(a+b)\ln\frac{a+b}{a}-b\right]\sin\omega t$$

所以线圈中的感应电动势为

$$\varepsilon = -\frac{\mathrm{d}\Phi_{\mathrm{m}}}{\mathrm{d}t} = -\frac{\mu_0 \omega I}{2\pi a}\sqrt{c^2-b^2}\left[(a+b)\ln\frac{a+b}{a}-b\right]\cos\omega t$$

讨论 本题中只有感生电动势存在,直接用法拉第电磁感应定律求解。

4. **分析** 本题可看作长直导线 BD 运动而正方形导线框静止,通过求解长直导线 BD 上的动生电动势来求解电流强度和所受安培力。

解 (1) 直导线 BD 以速度 $\boldsymbol{v}$ 沿正交导线向左运动,BD 上产生的动生电动势为

$$\varepsilon = Blv = \sqrt{2}Bva$$

由于水平直导线 AC 间无电流,BD 间总电阻 R 可看作导线 BAD 与导线 BCD 并联后的电阻 $R_{BD'}$ 和导线 BD 的电阻 R_{BD} 串联之后的总电阻,则得

$$R = R_{BD} + R_{BD'} = \sqrt{2}ar + ar = (1+\sqrt{2})ar$$

所以 BD 段直导线的感应电流为

$$I = \frac{\varepsilon}{R} = \frac{\sqrt{2}Bv}{(1+\sqrt{2})r}$$

(2) 导线框 $ABCD$ 所受的总安培力等于 BD 段导线所受的安培力,即

$$F = IB\sqrt{2}a = \frac{2avB^2}{(1+\sqrt{2})r}$$

讨论 (1) 本题涉及电阻的串并联,正确画出等效电路图很重要。

(2) 求 BD 段直导线的感应电流还可分别计算出正方形导线框的四个边所产生的电动势,画出相应的等效电路图,由全电路的欧姆定律计算得到;同样地,求导线框 $ABCD$ 所受的总安培力也可先分别计算出四个边所受的安培力,然后求出合力即可,请读者自己练习。

5. **分析** 无限长圆柱体中的磁场分布具有柱对称性,可用法拉第电磁感应定律结合补偿法求解。

解 (1) 如图 8-34 所示,假设大圆柱中充满磁场,根据法拉第电磁感应定律得

$$\oint \boldsymbol{E}_{\mathrm{i}} \cdot \mathrm{d}\boldsymbol{l} = \int \frac{\mathrm{d}\boldsymbol{B}}{\mathrm{d}t} \cdot \mathrm{d}\boldsymbol{S}$$

取电场线方向为环路积分方向,则大圆柱中磁场在距离 O 点为 r_1 处产生的感生电场强度

满足

$$E_1 2\pi r_1 = \frac{\mathrm{d}B}{\mathrm{d}t}\pi r_1^2$$

即

$$\boldsymbol{E}_1 = -\frac{r_1}{2}\boldsymbol{k}$$

方向与 $\boldsymbol{r}_1$ 垂直，且与$\frac{\mathrm{d}\boldsymbol{B}}{\mathrm{d}t}$满足左手螺旋定则，写成矢量式为

$$\boldsymbol{E}_\mathrm{i} = \frac{1}{2}\frac{\partial \boldsymbol{B}}{\partial t}\times \boldsymbol{r}_1$$

假设在小圆柱中存在大小相等的反向磁场，与大圆柱中磁场在距离 O 点为 $\boldsymbol{r}_1$ 处产生的感生电场强度的求法相同，此时小圆柱中反向磁场在距离 O 点为 r_2 处产生的感生电场强度为

$$\boldsymbol{E}_2 = \frac{1}{2}\frac{\partial \boldsymbol{B}}{\partial t}\times \boldsymbol{r}_2$$

由几何关系可得，$\boldsymbol{r}_1 - \boldsymbol{OO}' = \boldsymbol{r}_2$，且大小圆柱中磁场反向，产生的电场也反向，因此任一点 P 的感应电场为

$$\begin{aligned}\boldsymbol{E} &= \boldsymbol{E}_1 + \boldsymbol{E}_2 \\ &= -\frac{1}{2}\frac{\partial \boldsymbol{B}}{\partial t}\times(\boldsymbol{r}_1 - \boldsymbol{r}_2) \\ &= -\frac{1}{2}\frac{\partial \boldsymbol{B}}{\partial t}\times \boldsymbol{OO}'\end{aligned}$$

即任一点 P 的感应电场的大小为 $E=\frac{1}{2}kb$；方向垂直于 $\boldsymbol{OO}'$。

(2) AB 中的感应电动势为

$$\varepsilon_{AB} = \int \boldsymbol{E}\cdot \mathrm{d}\boldsymbol{l} = EL\cos 30^\circ = \frac{\sqrt{3}}{4}kbL$$

讨论 本题与静电场中此类问题相类似，均可利用补偿法将其转化为具有高度对称性问题。

6. **分析** 本题是利用法拉第电磁感应定律的典型问题，求磁通量是关键。

解 建立坐标系，以长直导线为 y 轴，BC 边为 x 轴，原点在长直导线上，则斜边的方程为

$$y = (bx/a) - br/a$$

式中，r 是 t 时刻 B 点与长直导线的距离。取与导线平行的条形微元，则三角形中的磁通量为

$$\Phi_\mathrm{m} = \frac{\mu_0 I}{2\pi}\int_r^{a+r}\frac{y}{x}\mathrm{d}x = \frac{\mu_0 I}{2\pi}\left(b - \frac{br}{a}\ln\frac{a+r}{r}\right) = \frac{\mu_0 I}{2\pi}\int_r^{a+r}\left(\frac{b}{a} - \frac{br}{ax}\right)\mathrm{d}x$$

根据法拉第电磁感应定律，可得

$$\varepsilon = -\frac{\mathrm{d}\Phi_\mathrm{m}}{\mathrm{d}t}$$

当 $r=d$ 时,即得

$$\varepsilon=\frac{\mu_0 Ib}{2\pi a}\left(\ln\frac{a^2+2d^2}{d}-\frac{a}{a^2+2d^2}\right)v$$

方向为顺时针方向(即 $A\to C\to B\to A$)。

讨论 本题与例题 8.2 问题类似,既可以利用法拉第电磁感应定律求解,也可以利用动生电动势求解。